DIANFEI DIANJIA
GUANLI

电费电价管理

雷晶晶　王秀琼 / 主编

电子科技大学出版社
University of Electronic Science and Technology of China Press

· 成都 ·

图书在版编目(CIP)数据

电费电价管理 / 雷晶晶，王秀琼主编. -- 成都 ：成都电子科大出版社，2024. 10. -- ISBN 978-7-5770-1219-3

Ⅰ. F426.61

中国国家版本馆CIP数据核字第20249NU688号

电费电价管理
DIANFEI DIANJIA GUANLI
雷晶晶　王秀琼　主编

策划编辑　罗国良
责任编辑　罗国良
责任校对　雷晓丽
责任印制　段晓静

出版发行　电子科技大学出版社
　　　　　成都市一环路东一段159号电子信息产业大厦九楼　邮编 610051
主　　页　www.uestcp.com.cn
服务电话　028-83203399
邮购电话　028-83201495

印　　刷　成都市火炬印务有限公司
成品尺寸　185 mm×260 mm
印　　张　16.5
字　　数　370千字
版　　次　2024年10月第1版
印　　次　2024年10月第1次印刷
书　　号　ISBN 978-7-5770-1219-3
定　　价　48.00元

编 委 会

主　　编　雷晶晶　王秀琼

副主编　黄晓青　梁　英　张利华　周　云

编　　者　袁　娟　李　轩　马中军　周　林

张　晓　李　霞　汪　凤　陈一怀

刘意灵　陈　勇

主　　审　杨云艳　张俊玲

前　言

随着我国电力体制改革纵深推进，新型电力系统建设和“双碳”目标对电费电价管理提出更高要求。为积极响应国家职业教育改革实施方案，深化产教融合，培养适应电力行业发展需求的高素质技术技能人才，我们编写了这本《电费电价管理》教材。

本教材以立德树人为根本，以岗位能力为导向，具有以下特点：

1. 立足行业前沿，构建动态知识体系。

本教材全面梳理我国电价改革政策历程，重点解读输配电价改革、分时电价机制、电力交易等政策，建立“政策解读—业务实操—案例分析”的内容构架，确保教学内容与行业发展同步。

2. 创新教学模式，强化实践能力培养。

本教材以电费电价管理全业务流程为主线，设计“基础知识—抄核收管理—营销稽查—报表分析”四大部分十个教学单元。每个单元均基于真实业务场景设计，通过“学习导读—知识学习—思考练习”的方式，配合“想一想”“练一练”等互动环节，实现理实一体化教学。

3. 深化课程思政，聚焦职业素养培育。

本教材设置“大国工匠”故事、行业警示案例及“思一思”等模块，引导学生理解电价政策的社会价值，培养“人民电业为人民”的职业情怀。

4. 校企协同开发，精准对接岗位需求。

本教材编写团队由国网四川省电力公司营销专家与职业院校教师共同组成，内容严格对标电力企业岗位能力标准，涵盖抄表、核算、电费催收、稽查管理等核心技能，并融入“1+X”、供电服务员职业技能等级认证要求。

本教材适用于职业院校供用电技术专业教学，同时可作为电力企业新员工培训、在岗人员技能提升以及售电公司从业人员的参考用书。

在本教材编写过程中，编者参考了相关书籍和刊物，在此谨向这些书籍和刊物的作者致谢。

由于编者水平有限，教材中难免存在疏漏之处，恳请广大师生和行业同仁提出宝贵意见。

编　者

2024 年 9 月

目 录

第一部分　电价管理及电力市场基础知识……1

单元一　电价管理基础知识……1

模块一　电价的定义、作用和构成……1

模块二　我国电价改革的历程……6

模块三　电价中的交叉补贴……19

模块四　我国常见的电价制度……23

单元二　电力市场化交易基本知识……41

模块一　电力市场成员……41

模块二　电力市场化交易类型……43

模块三　电能计量与电力市场结算……46

模块四　电力市场化交易系统安全……49

模块五　电力市场风险防控与监管……50

模块六　电力市场信息披露与法律责任……51

第二部分　抄表核算收费管理……54

单元一　抄核收管理……54

模块一　抄表管理……54

模块二　用电信息采集……59

模块三　现场补抄……66

单元二　电费计算……83

模块一　居民用户电费计算……83

模块二　代理购电电费计算……91

模块三　市场化交易电费计算……110

单元三　电费核算……125

模块一　电费核算的工作要求……125

模块二　电费核算的方法 ……128
模块三　电费核算典型案例分析 ……134
单元四　电费回收及风险防控 ……139
模块一　收费管理工作要求 ……139
模块二　催费管理及典型案例分析 ……146

第三部分　电力营销稽查及典型案例分析 ……155

单元一　电力营销稽查 ……155
模块一　电力营销稽查概述 ……155
模块二　电力营销稽查工作方法 ……158
单元二　营销稽查典型案例分析 ……171
模块一　线路线损异常专项稽查案例 ……171
模块二　高可靠性供电费收取不规范稽查案例 ……175
模块三　反向有功持续走字稽查案例 ……178
模块四　两部制电价执行错误稽查案例 ……181
模块五　合表大电量异常稽查案例 ……184

第四部分　电力相关报表统计与分析 ……188

单元一　电力相关报表编制 ……188
模块一　应收报表识读 ……188
模块二　电力销售明细报表的编制 ……210
模块三　应实未收平衡表的编制 ……225
单元二　电力经济指标统计与分析 ……236
模块一　电力经济指标统计 ……236
模块二　经济指标分析与报告填写 ……244
模块三　费控管理 ……247

参考文献 ……255

第一部分

电价管理及电力市场基础知识

单元一　电价管理基础知识

单元目标

知识目标

1.能了解电价的定义、作用和构成。

2.能了解电价中的交叉补贴政策。

3.能掌握我国现行的电价制度。

能力目标

1.能根据给定用户区分电价类别。

2.能简述我国电价的发展历程。

3.能根据给定的条件判断用户电价执行情况。

素质目标

1.提高规范电价执行能力。

2.培养法规意识、规则意识。

3.培养精益求精、严谨细致的工作态度。

模块一　电价的定义、作用和构成

学习导读

重点：电价的定义，电价的构成及各环节电价的概念。

难点：电价的四种作用。

一、电价的定义

电价是电力商品在交换或贸易结算中的货币表现形式，是电力商品价格的总称。《中华人民共和国电力法》（以下简称《电力法》）对电价的概念进行了界定：电价包括电力生产企业的上网电价、电网间的互供电价、电网销售电价。与一般商品价格相比，电价的功能和作用更为复杂，兼具社会性、经济性和政治性，常作为国家宏观调控手段使用。它既是电力供求的市场信号，又是电力市场发展的调节杠杆。

二、电价的作用（职能）

电价的作用，亦称电价的职能，是指电价本身固有的功能，不受个人认知或社会环境变化的影响。它具有反映商品价值、核算经济效益、传递经济信息以及调节宏观经济四种职能。

（一）价值反映职能

价值反映职能是指电价能够反映电力商品价值量的大小，即以货币形式对电力商品价值量进行度量。

在市场交易过程中，商品的价值由商品自身所蕴含的可量化社会劳动体现，这种量化社会劳动的大小决定了不同商品及其价值的基础。价值反映职能是电价本质的体现，其核心要求是确保电价尽可能准确地反映商品内在的价值量，因此它是电价最基础的职能；其余三种职能（经济效益核算职能、经济信息传递职能、宏观调节经济与分配职能）均在此基础上派生形成。

（二）经济效益核算职能

经济效益核算职能是指电价用于计量和核算电力企业经济效益的功能。

在市场经济中，生产者和经营者以经济效益为核心目标，而经济效益的评估需通过劳动价值指标实现。由于电力商品的价值无法直接计算，电价作为价值的反映工具，成为经济效益核算的关键。电价不仅是企业交易结算的依据，还通过确定企业的销售收入和成本比较，判定盈利状况，从而优化经营决策。

经济效益核算职能可用于判断电价水平的合理性，并预测未来电价走势。

（三）经济信息传递职能

经济信息传递职能是指电价作为信息载体，通过其变动反映经济运行状况的功能。

电价的经济信息传递职能主要体现在为三个方面：一是向电力企业传递供求、成本和盈利等信息，支撑经营决策；二是引导消费者合理用电；三是为政府提供社会总供需、产业结构和消费水平等关键信息。

电价信号具有自动调节资源配置的作用。高电价不仅意味着盈利机会，还反映供给短缺，吸引资本扩大供给；低电价则预示着收益有限，促使资本转向高收益领域。我国电力发展史上的“还本付息电价”政策虽存在理论缺陷，但在特定时期有效传递了投资保障信号，吸引了大量资金投入电力建设，缓解了电力短缺问题，为后续市场改革奠定了基础。

（四）宏观调节经济与分配职能

宏观调节经济与分配职能是指电价对电力投资、生产等经济活动以及区域间、主体间利益分配进行调控的功能。

电价通过直接与间接、自觉与自动调节机制，不仅能调节电力工业的再生产和供需平衡，还能引导生产资料和劳动力在各部门间的优化配置，对电力工业的发展、建设、生产、供应和消费发挥着重要调节作用。

电价作为国民经济的关键要素，在资源配置、生产引导和能源消费中起着重要作用。电力作为生活必需品和关键生产要素，其价格变动影响消费者支出、企业收入及经济利益分配，进而推动产业结构调整和区域利益再平衡。例如，偏远山区电价应高于城镇地区，但出于普遍服务原则，实行“交叉补贴”政策，这正是电价调节职能的体现。

综上，电价的四项职能既相互依存又存在矛盾。电价只有在准确反映价值的基础上，才能有效发挥经济核算、信息传递和调节职能。若缺乏经济核算职能，经济效益无法客观反映；缺乏信息传递职能，供需难以动态平衡；缺乏宏观调节职能，社会公平目标难以实现。例如，差别电价政策虽体现了宏观调节职能，却可能偏离价值反映职能，而涉及“三农”的电价若仅考虑价值反映，可能忽视社会公平。这种公平与效率的矛盾性决定了电价职能之间的对立统一关系，并在矛盾中共同发挥作用。

三、现行电价的构成

电价作为动态调整的经济杠杆，其构成与政策背景紧密关联。

当前电价体系的制定基于以下时代背景：一是电力市场化改革深入推进，竞争机制逐步完善，电价形成机制由政府定价向市场供需关系决定转变；二是能源结构转型加速，可再生能源占比提高促使政策引导绿色发展；三是智能电网和储能技术进步，有望降低电能损耗和提高电网效率；四是需求侧管理日益成熟，通过峰谷调节平衡电网负荷，降低电价波动。

在新政策背景下，为了更好地理解电价，需要从其基本构成入手。按流通环节，电价可划分为以下几个部分。

（一）上网电价

上网电价是发电企业与购电方进行上网电能结算的价格，直接影响着发电企业的收益和电力市场的供需平衡。

一般而言，上网电能的计量点通常设置在发、输电资产的产权分界处或发电厂出口，以保证计量的准确性与公平性。2015年电力体制改革前，上网电价按照标杆电价确定；改革后逐步转向市场竞争定价和政府指导定价并行。在市场竞争定价下，发电企业会根据市场需求和自身成本来制定电价；而政府指导定价则基于电力市场的实际制定电价标准。合理的上网电价能够激励发电企业提高生产效率，保障电力市场稳定。

（二）输配电价

输配电价是电网企业提供接入系统、联网、电能输送和销售服务的价格总称。在电力系统的发、输、配、售四个环节中，输配电网是整个电力系统的中心环节，其作为连接发电侧和用电侧的桥梁，承载着电力安全供应的重任，因其规模经济性而形成的自然垄断特性，输配电价受到政府的严格监管。

输配电价的形成机制受政府定价和市场定价的影响。政府会根据电力市场的实际情况和电网企业的运营成本来制定输配电价标准；而市场定价则根据市场需求和电网企业的服务水平进行动态调整。科学合理的输配电价政策，能够降低用户用电成本，提升电网企业运营效率，进而促进电力市场健康发展。

2023年5月12日，国家发展改革委发布《关于第三监管周期省级电网输配电价及有关事项的通知》（发改价格〔2023〕526号），核定了全国33个省级电网（不含西藏）输配电价标准。以四川省为例，输配电价改革共经历三个监管周期：第一周期（2017—2019年）依据《关于四川电网2017—2019年输配电价及有关事项的通知》（川发改价格〔2017〕378号）；第二周期（2020—2022年）按照《关于四川电网2020—2022年输配电价和销售电价有关事项的通知》（川发改价格〔2020〕629号）实施；第三周期自2023年6月1日起执行《关于第三监管周期省级电网输配电价及有关事项的通知》（发改价格〔2023〕526号）规定。这一渐进式改革进程体现了我国输配电价机制不断完善的发展轨迹。

（三）销售电价

销售电价是指电网企业或售电公司向终端用户销售电能的价格。作为电力市场中与用户联系最为紧密的价格形式，直接影响着用户的用电成本和电力消费习惯。其本质与一般商品的零售价格相似，反映了电能生产、传输和配送全过程的成本分摊。

销售电价的形成机制，主要包括政府定价和市场定价两种方式。政府定价主要根据电力市场的供需情况和用户的承受能力来制定电价；而市场定价则更加灵活，根据市场变化及时调整电价。从用户的角度看，市场用户的销售电价由竞争性购电价格和输配电价组成，而非市场用户（如居民和农业用户）的销售电价由政府部门核定。这种差异化的定价机制既确保了民生用电的稳定性，又促进了电力市场的有效竞争。

（四）政府性基金及附加

政府性基金及附加是由政府在电力市场中设立专项资金，用于支持电力行业的发展和维护电力市场的稳定。

政府性基金及附加政策在促进可再生能源发展、推动电力市场多元化、保障用户权益和维护电力市场的稳定性等方面发挥着重要作用。

除上网电价、输配电价、销售电价、政府性基金及附加政策以外，电力市场还建立了诸如可再生能源电价补贴、电力负荷管理政策等电价收费政策。这些政策相辅相成，共同推动电力市场的多元化发展，保障用户的用电权益，促进电力行业向绿色、可持续方向转型。

表 1-1 将以上四种电价政策分别从定义、形成机制和政策意义三个方面进行了汇总比较。

表 1-1　四种电价政策比较

电价政策	定义	形成机制	政策意义
上网电价	发电企业与购电方进行上网电能结算的价格	市场竞争定价和政府指导定价	激励发电企业提高生产效率，保障电力市场稳定
输配电价	电网企业提供接入系统、联网、电能输送和销售服务的价格总称	受到政府定价和市场定价的影响	降低用户用电成本，提高电网企业运营效率，进而促进电力市场健康发展
销售电价	电网企业或售电公司向终端用户销售电能的价格	政府定价和市场定价	确保民生用电的稳定性，促进电力市场的有效竞争
政府性基金及附加	政府在电力市场中设立专项资金，用于支持电力行业的发展和维护电力市场的稳定	—	促进可再生能源发展、推动电力市场多元化、保障用户权益和维护电力市场的稳定性等

综上所述，新政策背景下的电价体系涵盖了电价的基本构成、形成机制、政策影响以及用户如何合理利用电价机制等方面。这些政策和机制旨在促进电力市场的健康发展，同时引导用户合理高效使用电力资源。我国电价政策历经多次改革调整，其演变过程深刻反映了不同时期、区域和经济发展阶段的特征。对于电力从业人员而言，应及时掌握最新政策动态，准确理解政策内涵，以确保电价政策有效实施。

思考练习

1. 单选题：电价是电力商品在进行交换或进行贸易结算中的（　　）表现形式，是电力这种商品价格的总称。

A. 价格　　B. 买卖　　C. 货币　　D. 劳动力成本

2. 多选题：电价的职能有（　　）。

A. 价值反映职能

B. 经济效益核算职能

C. 经济信息传递职能

D. 宏观调节经济与分配职能

3. 判断题：电价的公平与效率的矛盾性决定了电价职能之间的对立关系，它们必须在矛盾中去发挥作用。（　　）

4. 简答题：请简述上网电价、输配电价和销售电价的概念。

扫描二维码·参看答案 1

模块二　我国电价改革的历程

学习导读

重点：我国电价改革的历程。

难点：我国电价改革各时期的变化。

电价政策并不是一成不变的，是不同时代背景下、不同经济条件下的产物。作为电价管理者，必须深刻认识到电价在电力工业科学发展中的核心地位，深入了解我国电力工业发展历程中取得了哪些辉煌成就，沉淀了哪些宝贵经验，以便更高效、更规范开展电价管理工作，为电力事业持续发展贡献智慧与力量。

一、完全管制定价时期（1978年至1985年）

完全管制定价时期，政策核心是稳定电价、稳定供应。

20世纪五六十年代，农村普遍使用煤油灯照明。直至70年代，才逐步通上电。1978年12月，第十一届三中全会召开，开启了改革开放的新时期，电力事业迎来重要发展机遇。图1-1展示了20世纪80年代农村安装电表的场景。然而，由于特殊时期的影响，电力工业面临设备落后、供电可靠性低、严重缺电和资金短缺等多重挑战。在这样的背景下，电力工业实行政府高度集中管理模式，从发电、输电到配电各个环节均采用自上而下垂直垄断经营，严格执行计划建设、计划发电、计划供电的体制。电价制定以满足社会公益事业的需要为原则，体现了鲜明的计划经济特征。因此，这一阶段被称为“完全管制定价时期”，见证了我国电力工业的艰难发展，也为后续改革奠定了重要基础。

图1-1　20世纪80年代，农村各家各户开始安装电表

电价政策在稳定总体价格水平基础上，持续推动结构性改革，着力提高电力使用效率。这一时期引入了三种电价制度：一是引入国际普遍采用的两部制电价，有效激励用户提高用电负荷率，改善用电效率过低局面；二是出台功率因数调整电费办法，促进无功就地补偿，减少电网损耗，提高电力系统整体运行效率；三是推广具有分时功能的电表，试点峰谷电价、季节电价，促进削峰填谷。上面三种电价制度历经四十多年的发展，至今仍在沿用，充分证明了其科学性和必要性。

二、还本付息电价时期（1985年至1997年）

还本付息电价时期，政策核心是鼓励投资、保障需求。

1985年后，为应对经济快速发展带来的严重缺电问题，国务院批准实施《关于鼓励集资办电和实行多种电价的暂行规定》，开启了我国电价改革序幕。该政策允许除国家以外的其他投资者投资发电项目，外资、地方政府和社会资本等多元投资主体得以进入，实行中央和地方共同管理模式。

中央政府将地方指导性电价的审批权限下放至地方政府，但销售电价和中央投资发电企业的上网电价仍由中央管控；外资和地方政府投资的发电企业电价由省级政府决定。1994年以后，由于地方电厂电价普遍高于中央电厂，电价管理权重新收归中央集中管理。

多元投资主体的进入催生了独立核算需求，以确保投资回报和电力市场的公平竞争。为此，国家建立了多种电价制度：一是还本付息电价，指利用贷款建设的集资电厂或机组在还本付息期间，依据成本、税金，并考虑其还本付息能力和合理利润的原则核定上网电价和销售电价。二是燃运加价政策，指电价随燃料、运输价格的变化而相应浮动，该政策执行到1993年后并入目录电价。三是衍生出一些子电价政策，如小水电和小火电代售电价、带料加工及议价燃料发电电价、超计划发电自销电价、超计划用电加价、××建设基金、各种地方附加电价等。

三、经营期电价时期（1997年至2002年）

经营期电价时期，政策核心是控制电价过快上涨，扩大需求。

1997年亚洲金融危机后，我国电力供需矛盾有所缓解，为电价调整政策提供了契机。1998年电力工业政企分开改革前，原电力工业部作为政府管理部门和国有资产经营者参与电价核定工作，与国家价格主管部门共同制定电价政策。

上网电价方面，进一步突出投资主体的经营责任，将还本付息电价调整为经营期电价，按经营期统筹考虑运营成本、税金与合理利润核定电价。此举既有利于引导投资，又抑制了电价过快上涨。

销售电价方面，实施了农电“两改一同价”改革，通过城乡用户共同分摊农网经营成本，使农村地区电价从原本普遍超过1元/kW·h降至约0.56元/kW·h，显著提升了农村用电的安全性和经济性，为乡村经济发展提供了电力保障。

四、标杆电价时期（2002年至2014年）

标杆电价时期，政策核心是事前定价、鼓励清洁能源发展。

20世纪80年代末至90年代初，全球电力工业掀起了“放松管制、引入竞争和私有化”为核心的市场化改革浪潮。在此背景下，2002年国务院发布《电力体制改革方案》（国发〔2002〕5号）（图1-2），启动了以“厂网分开”为重点的电力工业结构重组。此次改革确立了国家发展和改革委员会（后简称“国家发展改革委”）与国家电力监管委员会分工负责的专业化电价管理格局。电价体系被明确划分为上网电价、输配电价、终端销售电价。其中，上网电价由容量电价（政府制定）和电量电价（市场竞价）组成；输配电价实行政府定价原则；销售电价与上网电价实行联动机制。这一改革标志着我国电价体系正式形成了三环节电价联动机制。

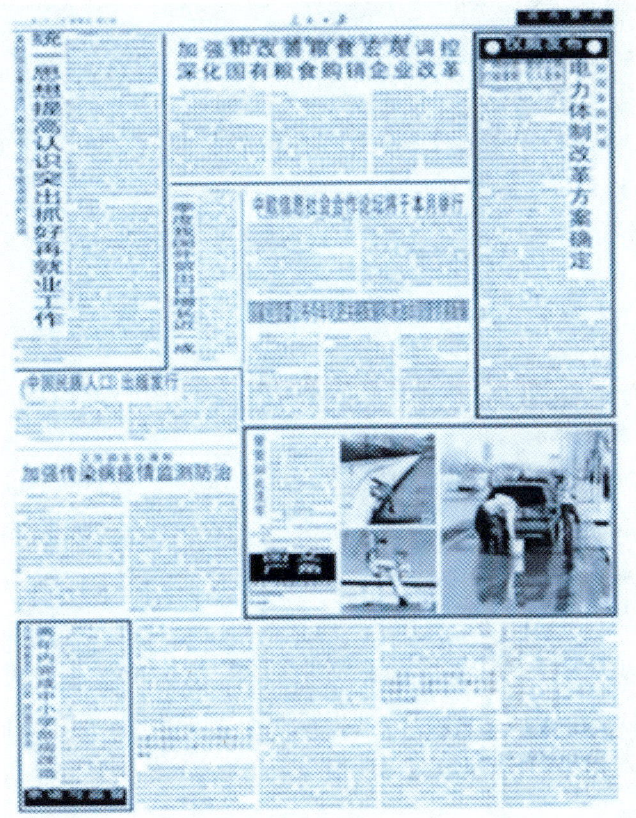
统一思想提高认识突出抓好再就业工作
加强和改善粮食宏观调控
深化国有粮食购销企业改革
电力体制改革方案确定
加强传染病疫情监测防治

图1-2　2002年4月12日的《人民日报》刊登文章《电力体制改革方案确定》

（一）上网电价方面

电力作为一种无法储存的产品，实时生产、实时消耗、动态平衡，其价格可能因缺乏调节工具出现剧烈波动。在电力市场机制尚未完善、竞价上网制度建立前，对电价管控就成了必然，这使得电价呈现出显著的政策管制属性。因此我国推出了“标杆电价”政策，即对新投产机组按照区域内先进机组平均成本来核定统一的上网电价。这一政策既激励发电企业提高运营效率，又通过事前价格信号引导电源合理投资布局。“标杆上网电价”的出台，堪称当时电价体系的定海神针。

2004年，国家发展改革委规定了各地区统一调度范围内的新投产燃煤机组以及部分水电机组的标杆上网电价，使其成为电力产业的关键指标之一。

看一看

以下分别介绍各电源类型标杆电价。

燃煤机组分省标杆价：2004年首次核定文件（发改价格〔2004〕610号），实行煤电价格联动机制文件（发改价格〔2004〕2775号），电价上调多于下调，主要取决于煤价走势。

风电标杆电价：2009年首次核定文件（发改价格〔2009〕1906号），风电机组分四个区域设定标杆价，标杆价快速下调，后续价格水平逐渐降低。

农林生物质机组全国统一标杆价：2010年首次核定文件（发改价格〔2010〕1579号）。

光伏机组全国统一标杆价：2011年首次核定文件（发改价格〔2011〕1594号），分三个区域设定标杆价，并建立退坡机制文件（发改价格〔2013〕1638号），后续价格水平逐渐降低。

垃圾焚烧机组全国统一标杆价：2012年首次核定文件（发改价格〔2012〕801号）。

核电机组全国统一标杆价：2013年首次核定文件（发改价格〔2013〕1130号）。

水电机组分省标杆价：2014年国家发展改革委发布文件（发改价格〔2014〕61号）。水电上网电价政策经历了标杆化、去标杆化、回归标杆化的三次调整。

燃气机组分省标杆价：主要由地方自主制定。2014年国家发展改革委发布文件（发改价格〔2014〕3009号），对三种天然气发电机组制定了相应的上网电价政策框架，此后有12个省（自治区、直辖市）陆续制定或调整了当地气电上网电价政策。

通过对标杆电价政策的梳理，发现煤电标杆上网电价在现行电价体系中居于核心地位，它在多个方面影响着其他电源类型的标杆电价、上限电价和补贴电价；同时，水电与核电相较于煤电，上网电价更具有竞争力，而风电与光伏在加速平价上网后竞争力也在逐步提升。

为推进火电企业节能减排，我国相继出台了脱硫、脱硝、除尘和超洁净排放等一系列环保电价政策。2013年出台的《燃煤发电机组环保电价及环保设施运行监管办法》，对污染物排放超过限值的企业实施环保电价款扣减和罚款处罚。这些政策的实施，有力促进了燃煤发电机组环保设施升级改造，减少了污染物排放，为改善大气环境作出重要贡献。

（二）销售电价方面

2002年以来，我国持续推进销售电价体系改革，重点在以下方面取得显著成效：

一是优化电价分类结构。通过调整销售电价，不断推进城乡各类用电同价和工商业并价，扩大电压等级价差，提高基本电费比重。2013年5月，国家发展改革委发布《关于调整销售电价分类结构有关问题的通知》（发改价格〔2013〕973号），推动电价分类由行业用途转向用电负荷特性。2023年5月，《国家发展改革委关于第三监管周期省级电网输配电价及有关事项的通知》（发改价格〔2023〕526号）进一步明确将用电价格归类为居民生活用电、农业生产用电、工商业用电（含单一制与两部制）。

二是完善差别化电价机制。在用户分类基础上，按电压等级分档定价，用户电价确定后，再实行分时电价、居民阶梯电价、工商业两部制电价等制度。（1）分时电价制度：根据不同时段用户用电需求、电源供电水平等情况，按每日时点、每年季节或每年丰枯情况划分不同时段，对各时段分别制定不同电价水平，包括峰谷分时、季节性分时和丰枯分时。（2）居民阶梯电价制度：按照满足基本用电需求、正常合理用电需求和较高生活质量用电需求，将居民用电量划分为三档，实行分档递增电价。同时，对“低保户、五保户”实施免费用电量。（3）工商业两部制电价制度：对大工业以及部分315 kVA以上的一般工商业用户，执行电度电价和基本电价，其中基本电价主要用于回收固定成本，基本电费既可按变压器容量计费，也可按最大需量计费，由用户选择。

这些改革措施有效促进了用户科学用电、合理用电，同时减轻了农民负担，促进了农村经济发展，形成了结构清晰、比价合理、繁简适当的销售电价体系。

五、新一轮电力改革时期（2015年至2021年）

新一轮电力改革时期，政策核心是输配电价改革和降低用能成本。

2015年，中共中央、国务院发布《关于进一步深化电力体制改革的若干意见》（中发9号文），确定了“三放开、一独立、三强化”的改革路径以及“放开两头、管住中间”的体制框架。“管住中间”是对电网企业的输配电价进行严格监管，确保定价合理透明，防止电网企业利用市场地位进行不公平定价。“放开两头”是指放开发电侧和销售侧的电价，让市场机制在更大程度上决定电价水平。这一改革打破了传统电价体系的僵化局面，通过引入市场竞争机制，优化电力资源配置，提高了电力市场的运行效率。

近年来，我国电价工作按照中发9号文要求，建机制、推改革，成绩斐然。一是形成了完整的输配电价体系。先后印发跨区专项输电工程、区域电网、省级电网、地方电网和增量配电网的定价办法，构建了科学的独立输配电价制度体系，核定了各级电网输配电价水平，适用于所有类型的电力市场化交易。输配电价改革成为我国首个全面完成的电力体制改革专项任务。二是有序放开发用电价格，市场形成价格比例快速提升。推动上网、销售环节政府定价快速向市场定价转变，促进了电力资源优化配置。以下分别从上网电价、输配电价及销售电价三方面进行分析。

（一）上网电价方面

上网电价是发电企业与购电方进行上网电能结算的价格，用于弥补发电环节生产成本，保障合理利润。上网电价内涵丰富，按发电电源类型，可分为燃煤发电电价、燃气发电电价、水力发电电价、抽水蓄能电价、核能发电电价、风力发电电价、太阳能发电电价、生物质发电电价等；按市场类型，可分为电力中长期价格、电力现货价格、电力辅助服务价格（发电侧）、容量成本补偿价格等。

随着电力市场改革的深入，上网电价由政府定价逐步转向市场定价。2014年，国家电网经营区域电力直接交易占全社会用电量比重不到3%。2019年10月，国家发展改革委发布《关于深化燃煤发电上网电价形成机制改革的指导意见》（发改价格规〔2019〕1658号），要求自2020年1月1日起，燃煤发电上网电价完全放开，由市场形成的，不再执行燃煤标杆电价制度，实施“基准价+上下浮动”价格机制。

一是基准价按当地现行燃煤发电标杆上网电价确定，浮动幅度范围为上浮不超过10%、下浮原则上不超过15%。2020年暂不上浮。基准价和浮动幅度范围将适时调整。（这为2021年10月11日国家发展改革委深化燃煤发电上网电价市场化改革埋下了伏笔）

二是燃煤发电电量中居民、农业用户用电对应的电量仍按基准价执行，由电网企业保障供应的用户用电价格，居民、农业用户用电价格继续执行目录电价。

三是可再生能源发电项目上网电价调整为锚定当地基准价，基准价以内由电网结算，高出基准价部分申请补贴。

四是核电、燃气发电、跨省跨区送电价格形成机制等，改为参考基准价。

五是产生的交叉补贴损益在核定电网输配电价时统筹考虑。

（二）输配电价方面

输配电价是电网企业提供接入系统、联网、电能输送和销售服务的价格总称。按“准许成本加合理收益”原则核定输配电准许收入，分电压等级、分用户类别核定输配电价，将输配电价与上网电价、销售电价在形成机制上分开。加强对电网企业投资效率、成本管理、资产管理的监督，在确保电网企业提供安全可靠电力基础上，使输配电价合理反映输配电成本，以尽可能低的价格提供优质的输配电服务。

输配电价改革使得供电企业的盈利模式发生了重大转变。改革前，电网企业采用购销差价模式，其核心是政府价格主管部门核定上网电价、销售电价，电网企业获取差价来实现盈利。这一模式下企业倾向于提高销售电价，压低上网电价以扩大差价空间，但受购售电结构和外部经济形势影响，盈利稳定性较差。改革后，电网企业采用准许成本加合理收益（成本监审核价）模式，这种模式以有效资产为监管核心，严格核定历史成本和控制新增投资，企业在投资合规、成本足额的前提下，通过扩大资产规模实现收益。这一转变使电网企业盈利模式更加透明和稳定。

2015年，第二轮电力体制改革启动。国家提出了“管住中间，放开两头”的总体架构，有序放开竞争性环节电价，以及公益性和调节性以外的发用电计划，从而让电力回归商品属性。2015年至2021年，国家进行了长达六年的探索和实践，电价在计划与市场的双轨制中艰难求索，逐步推进市场化进程。

（三）销售电价方面

销售电价是供电企业对终端用户销售电能的价格。为减轻中小微企业经济负担、激发市场活力，在2018年至2020年期间，国家发展改革委连续三年发布《关于做好2018年降成本重点工作通知》（发改运行〔2018〕634号）、《关于做好2019年降成本重点工作通知》（发改运行〔2019〕819号）和《关于做好2020年降成本重点工作的通知》（发改运行〔2020〕1183号）等密集性减税降费措施，这在电价史上堪称一部“降价连续剧”。

2018年3月5日，《政府工作报告》提出“降低电网环节收费和输配电价格，一般工商业电价平均降低10%”。为贯彻落实国务院降价要求，国家发展改革委提出了“取消部分电网收费、规范转供电加价、提高两部制电价执行灵活性、降低增值税税率、降低重大水利基金征收标准、临时性降低电网输配电价”等八项措施，明确降价空间主要由价、收费两部分组成，以实现一般工商业平均电价降幅10%的目标，并计划于4月、7月分两次实施完成。其中电价的增值税率由原17%降低至16%，执行时间自2018年5月1日起。

2019年3月5日，《政府工作报告》明确提出“降低制造业用电成本，一般工商业平均电价再降低10%”。为落实降价要求，国家发展改革委制定了降低增值税税率、降低重大水利基金征收标准、降低电网折旧率等配套措施，计划通过2～3次电价调整完成降价目标。其中电价的增值税率由16%降为13%，执行时间自2019年4月1日起。

2020年，国家发展改革委落实党中央、国务院的决策部署，在2月份相继出台“支持性两部制电价政策”和“降低非高耗能工商业电费5%政策”，执行时间为2020年2月1日至6月30日。国家电网公司明确独自承担2020年降价空间。5月22日，《政府工作报告》明确提出，推动降低企业生产经营成本，降低非高耗能工商业电价5%政策延长至2020年年底。

六、现阶段

为贯彻落实党中央、国务院决策部署，加快推进电价市场化改革，健全市场主导的电价机制，保障电力安全稳定供应，2021年10月11日国家发展改革委出台《关于进一步深化燃煤发电上网电价市场化改革的通知（发改价格〔2021〕1439号）。

（一）改革的思路

本次改革思路是按照电力体制改革“管住中间、放开两头”总体要求，有序放开全部燃煤发电电量上网电价，扩大市场交易电价上下浮动范围，推动工商业用户全部进入市场，取消工商业目录销售电价，保持居民、农业、公益性事业用电价格稳定，充分发挥市场在资源配置中的决定性作用，优化政府职能，保障电力安全稳定供应，促进产业结构优化升级，加速构建新型电力系统，助力碳达峰、碳中和目标实现。

（二）改革的内容

1. 有序放开全部燃煤发电上网电价

燃煤发电电量原则上全部进入电力市场，通过市场交易在“基准价+上下浮动”范围内形成上网电价。现行燃煤发电基准价继续作为新能源发电等价格挂钩的基准。

2. 扩大市场交易电价上下浮动范围

《关于深化燃煤发电上网电价形成机制改革的指导意见》（发改价格〔2019〕1658号）规定，燃煤发电市场交易价格上浮不超过10%、下浮原则上不超过15%，扩大为上下浮动原则上均不超过20%，高耗能企业市场交易电价不受上浮20%限制。电力现货价格不受上述幅度限制。

3. 推动工商业用户全面市场化

各地需有序引导工商业用户进入电力市场，按市场价购电，取消工商业目录销售电价。10 kV及以上用户必须全部进入，其他用户亦需加速进入。对暂未直接从电力市场购电的用户由电网企业代理购电，代理购电价格通过场内集中竞价或竞争性招标方式确定，首次向代理用户售电时，至少提前1个月通知用户。已参与市场交易、改为电网企业代理购电的用户，其电价按电网企业代理其他用户购电价格的1.5倍执行。鼓励地方对小微企业和个体工商户用电实行阶段性优惠政策。

4. 保持居民、农业用电价格稳定

居民（含执行居民电价的学校、社会福利机构、社区服务中心等公益性事业用户）、农业用电由电网企业保障供应，执行现行目录销售电价政策。

简而言之，2021年的电价改革核心内容可概括为两个“全部”、一个“扩大”和两个“不变”，如图1-3所示。

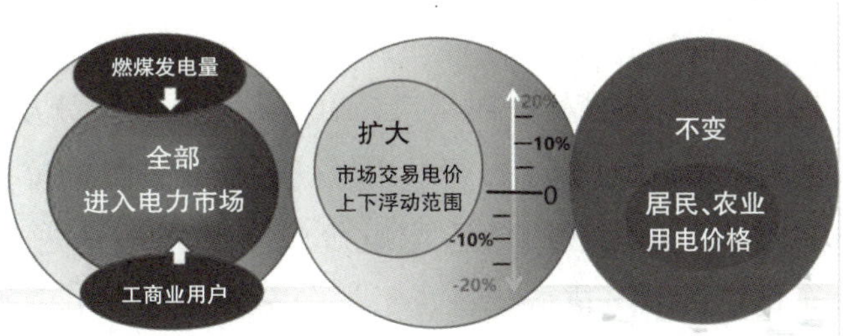

图1-3　2021年的电价改革核心内容

想一想

有专家评论：若非特殊时期能源紧缺危机的催化，电价市场化改革可能耗时更长。通过改革，第三监管周期输配电价将更有价值，核价工作将更为顺畅。用户间交叉补贴与电价有效分离。电网不再为改革兜底，收入更为清晰，电网企业勇敢地做一个快乐的“快递小哥”。电源侧将直面更纯粹的市场竞争，优胜劣汰，坚持高效、清洁与成本集约。你的观点呢？

（三）改革的影响

1.上网电价方面

改革后，上网电价成为发电侧与售电侧之间交易的主要价格指标。这意味着电价更多地由市场供需关系决定，使得电价更加灵活，能够更好地反映电力市场的实际情况。

2. 输配电价方面

改革后，输配电价成为电价构成中的关键要素，其设立既要确保电网企业的合理收益，又要通过政府严格监管维护定价公平性，保护电力用户的合法权益。

2023年5月12日，国家发展改革委发布《关于第三监管周期省级电网输配电价及有关事项的通知》（发改价格〔2023〕526号），核定了省级电网输配电价标准。2023年

5月22日，四川省发布《关于四川电网第三监管周期输配电价及有关事项的通知》（川发改价格〔2023〕233号），主要改革内容如下：

（1）简化了用电分类：原“工商业及其他用电”更名为“工商业用电”，执行工商业用电价格的用户简称“工商业用户”。

（2）扩大两部制电价执行范围：四川电网供区内工商业用户用电容量在100 kVA及以下的，执行单一制电价；315 kVA及以上的，执行两部制电价；100 kVA至315 kVA的，可选择执行单一制或两部制电价，若需变更执行方式，用户应提前15个工作日向电网企业申请。

（3）需量电价机制与负荷率挂钩：对于选择执行需量电价计费方式的两部制工商业用户，每月每千伏安用电量达到260 kW·h及以上的，当月需量电价按四川省发展改革委印发《关于四川电网第三监管周期输配电价及有关事项的通知》（川发改价格〔2023〕233号）公布标准的90%执行。每月每千伏安用电量为用户所属全部计量点当月总用电量除以合同变压器容量（含高压电动机）。

（4）改变了工商业电价构成：由上网电价、上网环节线损费用、输配电价、系统运行费用、政府性基金及附加组成。其中，系统运行费用包括辅助服务费用、抽水蓄能容量电费等。工商业用户承担的上网环节线损费用，以其实际购电上网电价为基础，按国家核定上网环节综合线损率5.79%计算收取，由四川电网随销售电量收取。上网环节线损费用执行分时电价政策，参与功率因数调整电费计算。系统运行费不执行分时电价政策，参与功率因数调整电费计算。

上网环节线损费用=用户实际购电上网电价×上网环节综合线损率÷（1−上网环节综合线损率）。

练一练

某公司为市场化零售用户，2023年8月市场化交易均价为0.33765元/kW·h，则该用户8月上网环节平段线损费用为多少？

扫描二维码·参看答案2

（5）居民、农业用户继续执行现行目录销售电价政策，且暂停实行丰水期居民生活用电电能替代价格政策。

3. 销售电价方面

改革后，居民和农业生产用电执行各省发展改革委制定的目录销售电价；工商业用户的电价则由上网电价、上网环节线损费用、输配电价、系统运行费用、政府性基金及附加组成。

练一练

电价表的认知：请根据四川省省级代理购电工商业用户电价表（表1-2），说明由××供电公司代理购电的某10 kV工商业（单一制）用户2024年7月的电价。

表1-2 四川省省级代理购电工商业用户电价表

（执行时间：2024年7月1日—2024年7月31日）

<table>
<tr><th colspan="2" rowspan="2">用电分类</th><th rowspan="2">电压等级</th><th rowspan="2">非分时电度电价（元/kW·h）</th><th colspan="5">其中</th><th colspan="4">分时电度电价（元/kW·h）</th><th colspan="2">容(需)量电价</th></tr>
<tr><th>代理购电价格</th><th>上网环节线损费用</th><th>电度输配电价</th><th>政府性基金及附加</th><th>系统运行费用折价</th><th>尖峰时段</th><th>高峰时段</th><th>平段</th><th>低谷时段</th><th>需量电价(元/kW·月)</th><th>容量电价(元/kVA·月)</th></tr>
<tr><td colspan="2">公式</td><td>—</td><td>1=2+3+4+5+6</td><td>2</td><td>3</td><td>4</td><td>5</td><td>6</td><td>7</td><td>8</td><td>9=1</td><td>10</td><td>11</td><td>12</td></tr>
<tr><td rowspan="7">工商业用电</td><td rowspan="3">单一制</td><td>不满1 kV</td><td>0.55967</td><td rowspan="7">0.2588</td><td rowspan="7">0.0159</td><td>0.2560</td><td rowspan="7">0.04716875</td><td rowspan="7">-0.0182</td><td rowspan="4">0.82328</td><td>0.87809</td><td>0.55967</td><td>0.24125</td><td></td><td></td></tr>
<tr><td>1～10 kV</td><td>0.53327</td><td>0.2296</td><td>0.83585</td><td>0.53327</td><td>0.23069</td><td></td><td></td></tr>
<tr><td>35 kV及以上</td><td>0.50257</td><td>0.1989</td><td>0.78673</td><td>0.50257</td><td>0.21841</td><td></td><td></td></tr>
<tr><td rowspan="4">两部制</td><td>1～10 kV</td><td>0.44267</td><td>0.1390</td><td>0.69089</td><td>0.44267</td><td>0.19445</td><td>35</td><td>22</td></tr>
<tr><td>35 kV</td><td>0.41287</td><td>0.1092</td><td>0.76606</td><td>0.64321</td><td>0.41287</td><td>0.18253</td><td>32</td><td>20</td></tr>
<tr><td>110 kV</td><td>0.37057</td><td>0.0669</td><td>0.68485</td><td>0.57553</td><td>0.37057</td><td>0.16561</td><td>27</td><td>17</td></tr>
<tr><td>220 kV及以上</td><td>0.35147</td><td>0.0478</td><td>0.64818</td><td>0.54497</td><td>0.35147</td><td>0.15797</td><td>24</td><td>15</td></tr>
</table>

注：1. 上表所列代理购电价格根据当月购电成本测算所得。

2. 上表所列用电价格由代理购电价格、上网环节线损费用、输配电价、系统运行费用、政府性基金及附加组成。其中政府性基金及附加包含：农网还贷资金2分/kW·h（其中：核工程铀扩散厂和堆化工厂生产用电按0.3分/kW·h征收，用电价格在表列价格基础上降低1.7分/kW·h；抗灾救灾用电免征农网还贷资金，用电价格在表列价格基础上降低2分/kW·h）；重大水利工程建设基金0.196875分/kW·h；大中型水库移民后期扶持资金0.62分/kW·h；可再生能源电价附加1.9分/kW·h（其中：汶川地震重灾区按1.8分/kW·h执行，用电价格在表列价格基础上降低0.1分/kW·h）。

3. 符合我省分时电价政策执行范围的由电网企业代理购电的工商业用户和直接从电力市场购电的工商业用户，执行峰谷分时电价政策。分时电价时段划分：高峰时段10：00～12：00，

15：0～21：00；平段7：00～10：00，12：00～15：00，21：00～23：00；低谷时段23：00～次日7：00。高峰时段电价在平段电价上上浮60%，低谷时段电价在平段电价上下浮60%。夏季（7月、8月）15：00～17：00、冬季（1月、12月）19：00～21：00，对执行分时电价的大工业用户实行尖峰电价政策，用电价格在高峰时段电价基础上上浮20%。

4. 已直接参与市场交易改由电网企业代理购电的用户、拥有燃煤发电自备电厂由电网企业代理购电的用户、由电网企业代理购电的高耗能用户，用电价格由电网企业代理购电价格的1.5倍、上网环节线损费用、输配电价、系统运行费用、政府性基金及附加组成。

扫描二维码·参看答案3

由此可见，电改后对销售电价的影响主要表现为电价构成的调整、电价形成机制的转变、电价市场化的实施以及分摊费用角色的变化。这些变化使电价更加灵活和合理，提高了电力市场的效率和公平性，为电力行业的可持续发展奠定了基础。

思考练习

1.单选题："管住中间"是对电网企业的（　　）进行严格监管，确保定价合理透明，防止电网企业利用市场地位进行不公平定价。

A. 上网电价　　B. 输配电价

C. 销售电价　　D. 容量电价

2. 单选题：国家发展改革委于（　　）发布《关于深化燃煤发电上网电价形成机制改革的指导意见》，要求自2020年1月1日起燃煤发电上网电价完全放开，由市场形成，不再执行燃煤标杆电价制度，实施"基准价+上下浮动"价格机制。

A. 2002年10月　　B. 2023年5月

C. 2019年10月　　D. 2020年1月

3. 单选题：电价的增值税率由原17%降低至16%，执行时间自（　　）起。

A. 2018年3月5日　　B. 2018年5月1日

C. 2019年4月1日　　D. 2020年2月1日

4. 判断题：2002年，国务院出台《电力体制改革方案》（国发〔2002〕5号）将电价划分为上网电价、输电电价和配电电价、终端销售电价。（　　）

5. 判断题：国家按"准许成本加合理收益"原则核定输配电准许收入，分用户类别核定输配电价，将输配电价与上网电价、销售电价在形成机制上分开。（　　）

6. 多选题：2013年5月，国家发展改革委下发《关于调整销售电价分类结构有关问题的通知》（发改价格〔2013〕973号）文件，要求各省（自治区、直辖市）价格主管部门及电网公司逐步调整销售电价结构，使其由依据行业、用途分类，逐步调整为以用电负荷特性为主的电价分类。销售电价政策得到不断完善。历时10年，“发改价格〔2023〕526号”文件明确将用电价格归类为（　　）。

A. 居民生活用电　　B. 农业生产用电

C. 工商业用电（含单一制与两部制）　　D. 趸售用电

7. 多选题：在1978年至1985年期间电价的完全管制定价时期，电价政策在稳定总体价格水平基础上，持续推动结构性改革，促进提高电力使用效率，引入的电价制度为（　　）。

A. 引入了国际普遍采用的两部制电价，有效激励用户提高用电负荷率，改善了用电效率过低局面

B. 出台了功率因数调整电费办法，促进无功就地补偿

C. 推广具有分时功能的电表，试点峰谷电价、季节电价，促进削峰填谷

D. 试点实施居民阶梯电价制度

8. 简答题：请根据2021年10月11日国家发展改革委出台《关于进一步深化燃煤发电上网电价市场化改革的通知（发改价格〔2021〕1439号），简要说明它的改革内容。

9. 简答题：请根据国家发展改革委2023年5月9日发布的《关于第三监管周期省级电网输配电价及有关事项的通知》（发改价格〔2023〕526号）规定，简述工商业（单一制）电价用户电价的组成。

10. 简答题：请简述四川省电价在第三监管周期有什么样的政策变化。

扫描二维码·参看答案4

模块三　电价中的交叉补贴

学习导读

重点：交叉补贴的概念及补贴形式。

难点：交叉补贴的影响。

一、交叉补贴的概念

交叉补贴是我国政府定价体系中特有环节，通常是指某一类或多类用电主体的用电价格低于实际供电成本的差额，由其他用电主体用电价格高出实际供电成本的部分进行补偿的制度安排。

目前交叉补贴体现在输配电价表中，《四川电网输配电价表》（自2023年6月1日起执行）见表1-3所列。

表1-3　四川电网输配电价表

用电分类		电量电价(元/kW·h)					容(需)量电价							
							需量电价(元/kW·月)				容量电价(元/kVA·月)			
		不满1 kV	1～10(20) kV	35 kV	110 kV	220 kV	1～10(20) kV	35 kV	110 kV	220 kV	1～10(20) kV	35 kV	110 kV	220 kV
工商业用电	单一制	0.2560	0.2296	0.1989										
	两部制		0.1390	0.1092	0.0669	0.0478	35	32	27	24	22	20	17	15

注：1. 表中各电价含增值税、区域电网容量电费、对居民和农业用户的基期交叉补贴，不含政府性基金及附加、上网环节线损费用

2. 原包含在输配电价内的上网环节线损费用在输配电价外单列，上网环节综合线损率为5.79%。

3. 工商业用户执行上述输配电价表，居民生活、农业生产用电继续执行现行目录销售电价政策。

4. 500 kV“网对网”外送电省外购电用户承担的送出省输电价格为每千瓦时0.0522元（含税、含线损）。

二、交叉补贴的主要形式

1. 用户间电价交叉补贴

工商业用户电价补贴居民、农业电价，这是我国电价交叉补贴的主要形式。

2. 城乡间电价交叉补贴

城市电价补贴农村电价。从成本的角度来看，农村的电价成本必然高于城市。城市供电相对集中，可以理解为批发，而农村则像零售，用户分散且用电量小，导致建设和运维的成本上升，但两者电价相同，彰显了我国社会主义制度的优越性。

3. 电压等级间电价交叉补贴

高电压等级电价补偿低电压等级电价，国家在制定销售电价和输配电价的时候，每个电压等级之间有一个差价，用户的平均规模越小，成本应该增加，最低电压等级与最

高电压等级的成本差最高可达5～6倍，但从电价表来看，实际价差远低于此。例如，《四川电网输配电价表》（表1-3）中220 kV电价比110 kV电价低0.0191元/kW·h。

现行电价政策中的用户间交叉补贴，主要体现在由工商业用户补贴居民和农业用户。因居民和农业用户用电具有负荷分散、电压等级低、供电成本高等特点，需政策性支持以保障民生。而工商业用户中，低电压等级的中小企业同样需要扶持，故在制定电价时遵循“低电压等级电价不抬高，高电压等级电价不压低”原则，避免对低电压等级的中小企业叠加成本压力。

三、交叉补贴的政策效果

现存电价交叉补贴主要实现了以下三个方面的目标：

1. 保障民生

国家单独设立居民用电类别，其电价自2006年以来保持稳定，未随全国消费物价指数（CPI）的上涨而调整，与可获得数据的35个OECD国家相比，我国居民电价处于较低水平。

2. 促进农村发展

国家单独设立农业生产用电类别，实行低电价政策，并不断扩大政策受益范围，如2020年将农村地区建设的冷库等也纳入其中。

3. 推动普遍服务

国家在农网升级改造、脱贫攻坚、村村通电供电等方面下达了大量电网投资计划，来保障居民用电，履行普遍服务责任。但这些投资会使成本增加，主要通过城乡同价的方式转移给工商业用户。尽管我国尚未建立普遍服务补偿的机制，但借助于强有力的交叉补贴方式，仍实现了城乡一体化的共同发展。

四、交叉补贴的影响

交叉补贴政策实施这么多年，虽带来了诸多好处，但其弊端也日益凸显，表现在以下三方面。

1. 补贴规模持续扩大

近年来，居民、农业电量占比稳步上升，每年约增加1%。从2010年我国居民电量占比约10%，到2019年已达到21%，若算上农业电量，2019年更是攀升至22%。这一趋势与发达国家30%～40%的占比水平日趋接近，且未来二三十年仍将持续上涨。补贴规模的扩大，直接导致补贴范围延伸，如居民电价范围包括了学校、养老院、部队、监狱、寺庙等非居民用户，农业生产用电包括了仓储冷库等一般工商业用户。

2. 补贴来源面临流失风险

当前，电价交叉补贴尚未单独核算，一旦输配电价执行不到位（如地方出台优惠电价政策），便可能引发用户逃避交叉补贴责任的现象，进而造成交叉补贴流失的风险。

3. 影响我国产业竞争力的提升

随着我国居民用电量持续快速增长，工商业用户补贴负担将持续加重，这无疑会对其市场竞争力产生不利影响。

输配电价改革是保障交叉补贴得以落实的核心。然而，面临补贴需求增加与来源减少的双重困境：一方面，加大对农网投入以及部分工商业用户执行居民、农业电价等，进一步增加了补贴需求；另一方面，一些地区打造“电价洼地”，对特定企业实行电价优惠，这可能导致国家核定的交叉补贴无法足额收取。

我国发用电计划采取“双轨制”的时期，居民、农业等用户由国家统一安排计划电量并执行政府定价，工商业等用户参与市场竞争并执行市场竞价。因此，如何放开发用电计划，特别是如何确定低价水电和高价燃气的购电主体及其利益分配，成为关乎公平和效率的议题。市场主体（如售电公司、工商业企业）倾向于低价机制进入市场以降低购电成本，高价机组留在电网。这种做法看似有利于市场主体降低成本，但实则会增加非市场主体（如居民、农业用户、公益和保障用户）的购电成本，进而影响交叉补贴的测算基础（即现行平均购电价格），推高了交叉补贴标准和金额，最终可能影响国家托底保障政策的落实。

通过“有序放开全部燃煤发电电量上网电价，扩大市场交易电价上下浮动范围，推动工商业用户都进入市场，取消工商业目录销售电价，保持居民、农业、公益性事业用电价格稳定”等一系列改革措施，除“充分发挥市场在资源配置中的决定性作用、更好发挥政府作用，保障电力安全稳定供应，促进产业结构优化升级，推动构建新型电力系统，助力碳达峰、碳中和目标实现”以外，还将促进用户间交叉补贴与电价有效分离。

思一思

如何理解“交叉补贴政策在一定程度上也体现了我国社会主义制度的优越性”这段话？

思考练习

1. 单选题：输配电价改革是保障交叉补贴得以落实的（　　）。

A. 前提　　B. 基础

C. 关键因素　　D. 核心

2. 判断题：工商业电价补贴居民、农业，这是我国电价交叉补贴的主要形式。(　　)

3. 多选题：交叉补贴的政策效果有（　　）。

A. 保障民生　　B. 促进农村发展

C. 提升产业竞争力　　D. 推动普遍服务

4. 简答题：请简述什么是交叉补贴。

扫描二维码·参看答案5

模块四　我国常见的电价制度

学习导读

重点：单一制电价与两部制电价的概念、执行范围及要求，丰枯季节、峰谷分时电价政策，功率因数调整电费，居民阶梯电价制度。

难点：两部制电价、分时电价和功率因数调整电费的执行要求。

按照电力从生产到消费的各个环节，电价体系包括上网电价、输配电价格和销售电价。随着我国经济政策日益国际化，电价制度正处于一个不断深入研究和论证的阶段。本模块主要介绍销售电价的两种分类形式，以及常见的几种电价制度。

一、按电力固定成本的分摊情况制定电价

电力的生产、输送、使用是同时完成的，用户一旦并网用电，既消耗电能（电量），又占用电力（容量负荷），这直接限制电网接纳新用户的能力。电网总的供电容量为电力固定成本，即容量成本。根据容量成本对不同用电类别用户的分摊比例不同，形成了单一制电价和两部制电价。

（一）单一制电价

单一制电价，是以用户电能表记录的电量（含相应损耗）所计算出的实际用电量为计费依据的电价制度。

（二）两部制电价

1. 两部制电价的概念

两部制电价将电价分为两部分：电度电价和容（需）量电价。电度电价是指按用户计费表所计的电量（含相应损耗）来计算电费的电价，它反映的是电能成本。容（需）量电价是以用户用电接用容（需）量计算的容（需）量电费（基本电费），它反映的是电力容量成本。（四川电网2020—2022年输配电价表中将其基本电价改为了容（需）量电价）

2. 两部制电价的执行范围

1975年12月22日，由国家原水利电力部修订完善的《电、热价格》（水电财字〔1975〕67号）文件中，两部制电价的适用对象仅针对大工业电价用户。在该文件中同时也对大工业电价的应用范围、电价构成和基本电费的计算进行了规定，大工业电价的应用范围为：凡以电为原动力，或以电冶炼、烘焙、熔焊、电解、电化的一切工业生产，其受电变压器容量在320 kVA及以上者，以及符合上述容量规定的下列用电。（1）机关、部门、学校及学术研究、试验等单位的附属工厂（凡以学生参加劳动实习为主的校办工厂除外），有产品生产并纳入国家计划，或对外承受生产及修理业务的生产用电；（2）铁道、地下铁道、航运、电车、电讯、下水道、建筑部门及部队等单位所属的修理工厂用电；（3）自来水厂用电；（4）工业试验用电；（5）照相制版工业水银灯用电。

2013年6月，国家销售电价分类结构调整提出，“将现行销售电价逐步归并为居民生活用电、农业生产用电及其他用电价格三个类别”。在这次调整中暂时单列了大工业用电类别，同时对大工业用电的概念进行了描述：大工业用电，是指受电变压器（含不通过受电变压器的高压电动机）容量在315 kVA及以上的下列用电：（1）以电为原动力，或以电冶炼、烘焙、熔焊、电解、电化、电热的工业生产用电；（2）铁路（包括地下铁路、城铁）、航运、电车及石油（天然气、热力）加压站生产用电；（3）自来水、工业实验、电子计算中心、垃圾处理、污水处理生产用电。大工业用电的应用范围较1975年颁布的《电、热价格》有所扩大。

2019年5月，四川省发展改革委首次提出：将“大工业用电”和“一般工商业用及其他用电”归并为“工商业及其他用电”类别，分两部制和单一制。归并后，“大工业用电”执行“工商业及其他用电”的两部制电价，“一般工商业及其他用电”执行“工商业及其他用电”的单一制电价。变压器容量315 kVA及以上的“一般工商业及其他用电”用户，可以选择执行两部制电价。也就是说，除了大工业用户，其他商业、非工业、非居照用电类别的用户只要达到变压器容量315 kVA及以上都可以选择执行两部制电价了，两部制电价的执行范围不再只局限于大工业用户了。

2023年5月，国家第三监管周期输配电价政策发布，明确了单一制和两部制的界限，也进一步明确了现行两部制电价政策的执行范围：四川电网供区内工商业用户用电容量在100 kVA及以下的，执行单一制电价；315 kVA及以上的，执行两部制电价；100 kVA至315 kVA的，可选择执行单一制或两部制电价。上述工商业用户仅指10 kV及以上高压供电用户，用电容量为用户实际运行的变压器（含高压电动机）容量之和。

3. 需量（最大需量）

（1）最大需量的定义

需量是指在一个规定的时间（15分钟）间隔内的有功功率的平均值。最大需量是指在规定的周期或结算周期内记录的需量的最大值。它反映了电力用户在最短时间内使用电能的最大有功功率值，通常以kW为单位。这个概念主要作为计算用户基本电费的一种依据。

实际最大需量取1个月内15分钟平均功率的最大值，具有明确的时间范畴，目前是一个抄表周期内抄见一个值。当前，多数省份的抄表周期已实现自然月抄表，即从每月1日0时至月末日24时，因此该实际最大需量值就是本月需量的最大值，也称“抄见最大需量值”，可直接从电表中读取。

（2）容（需）量电费计收方式

当前，容（需）量电费（基本电费）计收方式有三种：按变压器容量计收、按合同核定最大需量计收、按抄见实际最大需量计收。

容（需）量电费计算规则须依据《供电营业规则》、国家发展改革委相关文件以及原水利电力部修订完善的《电、热价格》（水电财字〔1975〕67号）相关政策条款执行。

想一想

在实际工作中，该怎样选择容（需）量电费（基本电费）计收方式呢？

扫描二维码·参看答案6

二、根据特殊需要制定电价

由于电网运行的特殊性，客户侧的管理除政策规定外，还要相应的技术手段和经济手段才能保证电网安全、稳定、合理的运行，更大限度地满足社会用电需要。

（一）丰枯季节、峰谷分时电价

丰枯季节电价通常根据来水的时间特征，针对不同月份设置枯水期、丰水期用电价格。在水电比重占绝对多数的电网，水库的储存水量受季节变化的影响较大，丰水期和枯水期发电负荷相差较大，为提高丰水期电力的社会使用率，压低枯水期负荷紧张状况，制定丰枯季节电价。

峰、谷分时电价是根据用户用电需求，将每天的时间划分为尖峰、高峰、平段、低谷、深谷等时段，对各时段分别制定不同的电价水平，以鼓励引导用户削峰填谷，提高电力资源利用效率。《关于进一步完善分时电价机制的通知》（发改价格〔2021〕1093号）要求，峰谷电价价差在上年或当年预计最大系统峰谷差率超过40%的地方原则上不低于4∶1，其他地方原则上不低于3∶1；尖峰时段根据前两年当地电力系统最高负荷95%及以上用电负荷出现的时段合理确定，尖峰电价在峰段电价基础上上浮比例原则上不低于20%；热电联产机组和可再生能源装机占比大、电力系统阶段性供大于求矛盾突出的地方，可参照尖峰电价机制建立深谷电价机制。目前仅山东出台了深谷电价。

自1992年起，四川电力为紧跟经济发展步伐，大规模投运了小火电和小水电，然而这些能源的调节性能不佳，导致电网负荷率下降、峰谷差增大、电压及频率合格率下降、系统调峰困难及拉闸限电问题日益严峻。为了引导能源合理开发和用户合理用电，国家计委颁布了《四川省电网丰枯、峰谷电价暂行规定》（计价格〔1998〕1802号），提出了运用价格杠杆来调节电力需求。据此，四川电网自1999年1月1日正式推行丰枯、峰谷电价浮动政策。

四川省历年丰枯、峰谷电价政策见表1-4所列。

表1-4　四川省历年丰枯、峰谷电价政策

序号	执行时间	执行范围	水期划分	时段划分	时段划分比例	文件依据
1	1999.1.1起	销售电量丰枯、峰谷分时电价的执行范围为受电变压器容量在315 kVA及以上的大工业用户；受电变压器容量在50 kVA及以上非工业、普通工业用户；除党政机关、事业社团、学校、医院、民政福利单位和城市公用路灯以外的非居民照明用户；趸售用电。大工业或非工业、普通工业用户中的自来水生产和城市抛燃气用电不实行丰枯、峰谷电价办法	丰水期：6—10月份。枯水期：1—4月份、12月份。平水期：5月和11月份	高峰时段：7:00—11:00 19:00—23:00 低谷时段：23:00—7:00 平段：11:00—19:00	丰枯销售电价为，丰水期电价在基准电价基础上下浮10%，枯水期电价在基准电价基础上上浮20%，平水期电价按基准电价执行。峰谷销售电价为，在丰枯电价基础上，高峰用电电价上浮60%，低谷用电电价下浮60%	《国家计委关于颁布〈四川省电网丰枯、峰谷电价暂行规定〉的通知》（计价格〔1998〕1802号）

续表

序号	执行时间	执行范围	水期划分	时段划分	时段划分比例	文件依据
2	2010.2.10	规范销售侧执行浮动电价的范围。商业用户、非居民照明用户（计价格〔1998〕1908号文件规定不执行浮动电价的用户除外）均按非普工业用户相同的条件（即专用变压器用户有50 kVA及以上，公用变压器用户在50 kW及以上）执行浮动电价	维持不变	维持不变	丰枯销售电价维持不变；将销售环节峰谷电价上、下浮动比例由60%调整为50%	《国家发展改革委办公厅关于调整四川省丰枯、峰谷电价办法有关问题的复函》（发改办价格〔2010〕300号）
3	2016.1.1—2017.12.31	维持不变	维持不变	维持不变	直供区内用户暂停执行丰枯销售电价政策；销售环节峰谷电价上、下浮动比例保持为50%	《四川省发展和改革委员会关于调整四川电网丰枯峰谷电价政策有关事项的通知》（川发改价格〔2016〕1号）
4	2018.1.1起	维持不变	维持不变	维持不变	销售侧丰枯电价调整为枯水期电价上浮5%，丰水期电价下浮5%；销售环节峰谷电价上、下浮动比例保持为50%	《四川省发展和改革委员会关于调整四川电网丰枯峰谷电价政策有关事项的通知》（川发改价格〔2017〕582号）
5	2021.11.26—2021.12.31	维持不变	维持不变	维持不变	销售侧丰枯电价：2021年11月26日起工商业用户购电价格本身带着水期信号，不再实施丰枯季节浮动电价；销售环节峰谷电价上、下浮动比例保持为50%	《国家发展改革委关于进一步深化燃煤发电上网电价市场化改革的通知》（发改价格〔2021〕1439号）

续表

序号	执行时间	执行范围	水期划分	时段划分	时段划分比例	文件依据
6	2022.1.1起	1.除国家有专门规定的电气化铁路(含地铁)牵引用电外,受电变压器容量在315 kVA及以上的大工业用户,专用变压器在50 kVA及以上、公用变压器在50 kW及以上的一般工商业用户,执行峰谷分时电价。 2.考虑商业用户用电特性,商业用户可自愿选择执行本通知分时电价,或参照全省商业用户原分时电价与目录电价平均差额执行平均电价。选择执行平均电价的商业用户用电价格=交易价格(由电网企业代理购电的用户按代理购电价格)+输配电价+政府基金及附加+原分时电价与目录电价平均差额(差额水平为4.06分钱)。 3.党政机关、事业单位、学校、医院、民政福利单位和城市公用路灯默认不执行分时电价,也可自愿选择执行。污水处理厂可根据实际用电情况选择是否执行分时电价。用户选择执行方式后,一年内保持不变。 4.执行居民合表电价的充电设施用电纳入分时电价政策执行范围	维持不变	高峰时段: 11:00—12:00 14:00—21:00 低谷时段: 23:00—次日7:00 平段: 7:00—11:00 12:00—14:00 21:00—23:00 针对执行分时电价的大工业用户,建立尖峰电价机制:夏季7月26日—8月25日,尖峰时段:15:00—17:00。冬季12月26日—1月25日,尖峰时段:19:00—21:00	1.不再实施丰枯季节浮动电价;销售环节峰谷电价上、下浮动比例由50%调整为60%。 2.尖峰时段电价在高峰时段电价基础上上浮20%	《四川省发展和改革委员会关于进一步完善我省分时电价机制的通知》(川发改价格规〔2021〕499号)
7	2023.6.1起	除取消大型商业用户夏冬两季负荷高峰时期综合平均电价以外,其他事项维持不变	维持不变	高峰时段: 10:00—12:00 15:00—21:00。 低谷时段: 23:00—次日7:00 平段:	维持不变	《四川省发展和改革委员会关于进一步调整我省分时电价机制的通知》(川发改价格规〔2023〕186号)

续表

序号	执行时间	执行范围	水期划分	时段划分	时段划分比例	文件依据
7				7:00—10:00 12:00—15:00 21:00—23:00 针对执行分时电价的大工业用户，建立尖峰电价机制： 夏季7月、8月，尖峰时段：15:00—17:00。 冬季1月、12月，尖峰时段：19:00—21:00		

想一想

工商业用户的电价是由上网电价（交易电价或代理购电价）、上网环节线损费用、输配电价、系统运行费用、政府性基金及附加组成，请问上述电价是否都要执行浮动电价呢？

扫描二维码·参看答案7

练一练

某矿泉水厂，10 kV供电，二班制生产，配变为S_{11}-200/10，计量方式为高供低计，TA为400/5，抄表例日为次月1日。请计算该户2023年8月结算电价（该用户由电网公司代理购电）。四川省省级代理购电公开信息表见表1-5所列。

表 1-5　四川省省级代理购电公开信息表

（执行时间：2023 年 8 月 1 日—2023 年 8 月 31 日）

单位：万 kW·h、元/kW·h

名称	明细	计算关系	数值
预测电量	工商业代理购电量	1=2+3	480 092
	优先发电上网电量	2	395 171
	燃煤上网电量	3	84 921
预测电价	代理购电价格	4=5	0.3961
	平均上网电价	5	0.3961
	其中：保障居民农业用电价格稳定的新增损益等各项费用折合度电水平	6	−0.0006
	上网环节线损费用	7	0.0244
	系统运行费用	8	0

注：1. 工商业用户应分摊或分享系统运行费用、保障居民农业用电价格稳定的新增损益等各项费用。系统运行费用、保障居民农业用电价格稳定的新增损益等各项费用不参与分时电价浮动，不执行1.5倍代理购电价格。上网环节线损费用参与分时电价浮动，不执行1.5倍代理购电价格。

2. 表1-5所列代理购电价格包含了保障居民农业用电价格稳定应分享的新增损益等0.06分/kW·h。扣除分享的损益后，省级代理用户执行分时电价浮动的购电价格为0.3967元/kW·h。

3. 直接参与市场交易（即直接向发电企业或售电公司购电）的用户，与四川电网代理购电用户按相同的标准分摊或分享系统运行费用、保障居民农业用电价格稳定的新增损益等各项费用，在电费结算环节收取或返还。

扫描二维码·参看答案8

（二）功率因数调整电费

在电力系统中，用户实际消耗的电能仅对应于电网运行中有功功率分量，而电网中同时存在无功功率分量，二者共同构成视在功率。为降低线路损耗、提高供电质量，需根据电网无功电源的经济配置和运行要求，采取集中补偿与分散补偿相结合的措施，确保电网无功平衡。为此，我国制定了功率因数调整电价机制，通过经济激励促进用户实施无功补偿，在改善电网运行效率的同时降低用户电费支出。

我国自20世纪50年代实施《力率调整电费办法》以来，在推动用户安装无功补偿设备、节约电能方面取得了一定成效。然而，随着电网和用户情况的显著变化，原有办法已难以适应节能、改善电压质量和提高经济效益的新要求。为此，原水利电力部会同国家物价局修订出台了《功率因数调整电费办法》（水电财字〔1983〕215号）。1984年，水利电力部西南电业管理局进一步出台《功率因数调整电费办法实施细则（试行》（西南电财〔1984〕044号），明确该办法适用于100 kVA及以上的工业、非工业、农业（电力排灌站）及趸售用户。

其考核标准值及其适用范围如下：

（1）功率因数标准0.90：适用于160 kVA以上的高压供电的工业用户（包括社队工业用户）、装有带负荷调整电压装置的高压供电电力用户和3200 kVA及以上的高压供电电力排灌站；

（2）功率因数标准0.85：适用于100 kVA（kW）及以上的其他工业用户（包括社队工业用户）、100 kVA（kW）及以上的非工业用户和100 kVA（kW）及以上的电力排灌站；

（3）功率因数标准0.80：适用于100 kVA（kW）及以上的农业用户和趸售用户，但在工业用户未划由电业局直接管理的趸售用户，功率因数标准为0.85。

功率因数调整电费的计算方法如下：

根据用户的有功电量和无功电量计算出月平均功率因数。当该功率因数高于或低于规定标准时，在计算出当月电费的基础上，依据《功率因数调整电费表》（表1-6）规定的比例进行电费增减调整。

具体计算方法分为两类：

（1）单一制电价用户：功率因数调整电费=电度电费×调整比例。

（2）两部制电价用户：功率因数调整电费=[容（需）量电费+电度电费]×调整比例。

注：上述计算中电度电费不含居民计量点的电度电费和全部政府性基金及附加费。

表 1-6　功率因数调整电费表

表①:以0.90为标准的功率因数调整电费表																											
减收电费	实际功率因数	0.90	0.91	0.92	0.93	0.94	0.95～1.00																				
	月电费减少%	0.00	0.15	0.30	0.45	0.60	0.75																				
增收电费	实际功率因数	0.89	0.88	0.87	0.86	0.85	0.84	0.83	0.82	0.81	0.80	0.79	0.78	0.77	0.76	0.75	0.74	0.73	0.72	0.71	0.70	0.69	0.68	0.67	0.66	0.65	功率因数自0.64及以下，每降低0.01电费增加2%
	月电费增收%	0.5	1.0	1.5	2.0	2.5	3.0	3.5	4.0	4.5	5.0	5.5	6.0	6.5	7.0	7.5	8.0	8.5	9.0	9.5	10.0	11.0	12.0	13.0	14.0	15.0	
表②:以0.85为标准的功率因数调整电费表																											
减收电费	实际功率因数	0.85	0.86	0.87	0.88	0.89	0.90	0.91	0.92	0.93	0.94～1.00																
	月电费减少%	0.0	0.1	0.2	0.3	0.4	0.5	0.65	0.80	0.95	1.10																
增收电费	实际功率因数	0.84	0.83	0.82	0.81	0.80	0.79	0.78	0.77	0.76	0.75	0.74	0.73	0.72	0.71	0.70	0.69	0.68	0.67	0.66	0.65	0.64	0.63	0.62	0.61	0.60	功率因数自0.59及以下，每降低0.01电费增加2%
	月电费增收%	0.5	1.0	1.5	2.0	2.5	3.0	3.5	4.0	4.5	5.0	5.5	6.0	6.5	7.0	7.5	8.0	8.5	9.0	9.5	10.0	11.0	12.0	13.0	14.0	15.0	
表③:以0.80为标准的功率因数调整电费表																											
减收电费	实际功率因数	0.80	0.81	0.82	0.83	0.84	0.85	0.86	0.87	0.88	0.89	0.90	0.91	0.92～1.00													
	月电费减少%	0.0	0.1	0.2	0.3	0.4	0.5	0.6	0.7	0.8	0.9	1.0	1.15	1.30													
增收电费	实际功率因数	0.79	0.78	0.77	0.76	0.75	0.74	0.73	0.72	0.71	0.70	0.69	0.68	0.67	0.66	0.65	0.64	0.63	0.62	0.61	0.60	0.59	0.58	0.57	0.56	0.55	功率因数自0.54及以下，每降低0.01电费增加2%
	月电费增收%	0.5	1.0	1.5	2.0	2.5	3.0	3.5	4.0	4.5	5.0	5.5	6.0	6.5	7.0	7.5	8.0	8.5	9.0	9.5	10.0	11.0	12.0	13.0	14.0	15.0	

练一练

已知：某高压用户2023年9月结算有功电量为211586 kW·h，结算无功电量为139421 kW·h，电度电费为121611.55元，容（需）量电费为9388.94元，根据现行电价政策计算该用户9月力调电费。

扫描二维码·参看答案9

（三）差别电价

差别电价是依据《产业结构调整指导目录》划分的淘汰类、限制类行业，对电解铝、铁合金、电石、烧碱、水泥、钢铁、黄磷、锌冶炼等8类高耗能企业实施用电加价的政策。2004年，《关于进一步落实差别电价及自备电厂收费政策有关问题的通知》（发改电〔2004〕159号）印发，我国首次出台了差别电价，对电解铝、铁合金、电石、烧碱、水泥、钢铁6类高耗能企业划分为限制类、淘汰类行业，分别执行每千瓦时用电0.02元和0.05元加价。2006年，将黄磷、锌冶炼2个行业纳入差别电价执行范围，限制类、淘汰类行业用电加价标准分别提高至每千瓦时0.05元和0.2元；2020年，进一步提高加价标准至每千瓦时0.1元和0.3元。2021年9月3日，《国家发展改革委等部门关于整治虚拟货币“挖矿”活动的通知》（发改运行〔2021〕1283号），将虚拟货币“挖矿”活动列为淘汰类产业，同时将虚拟货币“挖矿”项目纳入差别电价政策实施范围，执行“淘汰类”企业电价，加价标准为每千瓦时0.30元，地方可根据实际情况进一步提高加价标准。在这一背景下，2022年4月15日印发《关于加大整治力度地关停虚拟货币“挖矿”项目实用电量执行差别电价的通知》，对虚拟货币“挖矿”活动的各类用电量执行差别电价，加价标准为每千瓦时2元。

（四）惩罚性电价

惩罚性电价是对能耗（主要是电耗）超过限额标准的企业和产品执行用电执行加价的政策。2010年，按照《关于清理对高耗能企业优惠电价等问题的通知》（发改价格〔2010〕978号）印发，要求对能耗超过国家或地方规定的单位产品能耗（电耗）限额标准的企业和产品实行惩罚性电价；超过限额标准一倍的比照淘汰类电价加价标准执行，超过限额标准一倍以内的由地方价格主管部门会同电力监管机构制定加价标准；企业和产品名单也由地方相关部门确定。与差别电价相比，惩罚性电价主要有三点不同：一是指定实施的行业范围不同；二是与能耗（电耗）直接挂钩，并非参考《产业结构调整指导目录》间接挂钩；三是地方被赋予了制定加价标准的部分权利。

（五）居民阶梯电价

居民阶梯电价是一种将单一电价改为按用电量分段定价的机制，用电价格随用电量增加呈阶梯状递增。全国范围内存在年阶梯和月阶梯两种方式。

1. 试行居民阶梯电价的意义

长期以来，我国居民电价实行低价政策，但随着能源紧缺、环境压力及煤炭等一次能源价格上涨，居民电价调整滞后，导致用电量越多的用户享受的补贴越多，相反用电量越少的用户享受的补贴越少。这既违背公平负担的原则，也不利于资源节约和环境保护。实施阶梯电价旨在促进资源节约型和环境友好型社会建设，引导居民合理用电。

2. 居民阶梯电价遵循的原则

一是补偿成本与公平负担相结合。居民用电价格总体上要逐步反映用电成本，同时，兼顾不同收入居民的承受能力，用电少的居民少负担，用电多的居民多负担。二是统一政策与因地制宜相结合。国家制定阶梯电价政策总体框架和指导性意见，各地结合当地自然地理环境、经济发展程度、居民收入和用电水平等情况，确定具体实施方案。三是立足当前与着眼长远相结合。阶梯电价近期应着力于建立机制，保证大多数居民电价基本稳定；长远目标要逐步反映电力资源价值，引导居民节约用电。四是试点先行与逐步完善相结合。

3. 居民阶梯电价的电量分档和电价确定

居民阶梯电价将城乡居民每月用电量按照满足基本用电需求、正常合理用电需求和较高生活质量用电需求划分为三档：第一档原则上维持较低价格水平，一定时期内保持基本稳定；第二档逐步调整到弥补电力企业正常合理成本并获得合理收益的水平；第三档在第二档基础上，适当体现资源稀缺性和环境成本补偿，最终不超过第二档电价的1.5倍。

电量具体分档标准：

（1）第一档电量：覆盖本区域内80%居民用户的月均用电量，确保大多数居民用电负担稳定。起步阶段电价维持低位，三年之内基本不变。根据各地经济发展水平和承受能力，对城乡“低保户”和农村“五保户”家庭每户每月设置10 kW·h或15 kW·h免费用电基数。

（2）第二档电量：覆盖本区域内95%居民用户的月均用电量（即覆盖率80%～

95%），起步阶段每度电提价不低于0.05元。

（3）第三档电量：超出第二档的电量，起步阶段每度电提价约0.3元。

以四川省为例，居民一户一表目录电度电价为0.5224元/kW·h，具体标准如下：

（1）月用量不超过180 kW·h，价格为0.5224元/kW·h；

（2）月用电量在181 kW·h至280 kW·h，价格为0.6224元/kW·h；

（3）月用电量超过280 kW·h，价格为0.8224元/kW·h。

根据《四川省发展和改革委员关于四川电网2020—2022年输配电价和销售电价有关事项的通知》同步执行居民生活用电低谷时段电价政策。其中，枯平水期居民低谷时段夜间优惠电价为0.2535元/kW·h，丰水期居民低谷时段夜间优惠电价为0.175元/kW·h。

六、销售电价的分类和实施范围

（一）销售电价的历史沿革

新中国成立之初，销售电价由各地分别制定。1961年，国家统一颁布目录电价。

1975年，水利电力部颁发《电、热价格的通知》（水电财字〔1975〕67号），在规定各省（区、市）目录电价水平的同时，对销售电价按用电类别规范为六大类：照明电价、非工业电价、普通工业电价、大工业电价、农业生产电价、趸售电价。

1993年，国家指导各省（自治区、直辖市）出台新电价表，增加贫困县农业排灌用电，并将非工业用电、普通工业用电合并为非普用电。

2000年，非居民照明电价进一步拆分出商业电价，使最初的六种电价派生到八种电价，即大工业电价、非工业电价、普通工业电价、农业生产电价、居民生活电价、非居民照明电价、商业电价、趸售电价。

2005年，国家发展改革会颁布了《销售电价管理暂行办法》，该办法明确销售电价分类改革的总体目标，即将销售电价分为居民生活用电、农业生产用电、工商业及其他用电价格三类。这一改革目标旨在建立健全合理的销售电价机制，充分利用价格杠杆，合理配置电力资源，保护电力企业和用户的合法权益。

2013年，国家发展改革委出台《国家发展改革委关于调整销售电价分类结构有关问题的通知》（发改价格〔2013〕973号），将原非居民照明、非工业、普通工业、商业用电四大类合并为一般工商业及其他用电，此时销售电价分为居民生活用电、大工业用电、农业生产用电、贫困县农业排灌用电、一般工商业及其他用电五大类。

2019年，根据国家发展改革委《关于降低一般工商业电价的通知》（发改价格〔2019〕842号）要求，四川省再次调整销售电价分类结构，将大工业用电和一般工商业及其他用电归并为工商业及其他用电类别，分为两部制和单一制。归并后，大工业用电执行两部制电价，一般工商业及其他用电执行单一制电价。首次规定：变压器容量315 kVA及以上的一般工商业及其他用电用户，可自主选择两部制电价。

2021年10月，根据《国家发展改革委关于进一步深化燃煤发电上网电价市场化改革的通知》（发改价格〔2021〕1439号），四川电网目录销售电价表取消工商业及其他用电电价，仅保留居民生活和农业生产用电电价，工商业及其他用电（单一制和两部制）有序进入电力市场，按市场价格购电，其价格由输配电价、购电价格、各项代征基金及附加构成。

2023年5月22日，四川省发展和改革委员会发布《关于四川电网第三监管周期输配电价及有关事项的通知》（川发改价格〔2023〕233号），文件进一步明确：四川电网供区内工商业用户用电价格由上网电价（交易电价或代理购电价）、上网环节线损费用、输配电价、系统运行费用、政府性基金及附加组成。

（二）销售电价的分类及适用范围

销售电价分类虽然经历了多轮的调整，但目前对于销售电价分类说明仍沿用2013年国家发展改革委出台的《国家发展和改革和关于调整销售电价分类结构有关问题的通知》（发改价格〔2013〕973号）。销售电价分类如图1-4所示。

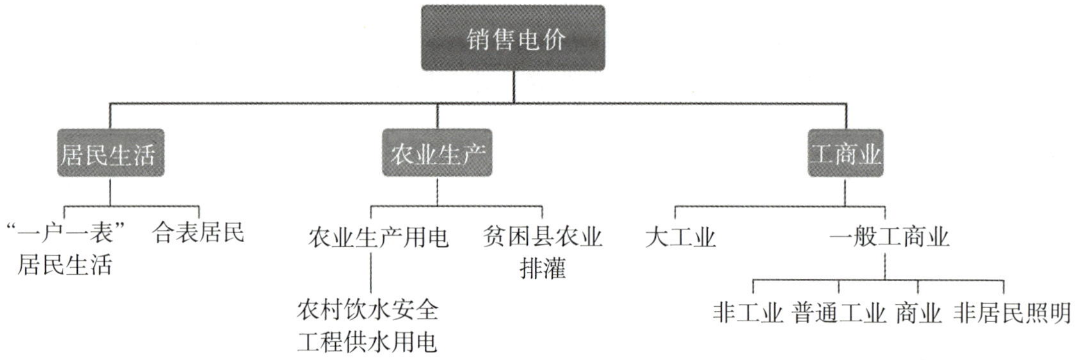

图1-4　销售电价分类

1.居民生活用电

（1）城乡居民住宅用电：指城乡居民家庭住宅，以及机关、部队、学校、企事业单位集体宿舍的生活用电。

（2）城乡居民住宅小区公用附属设施用电：指城乡居民家庭住宅小区内的公共场所照明、电梯、电子防盗门、电子门铃、消防、绿地、门卫、车库等非经营性用电。

（3）学校教学和学生生活用电：指学校的教室、图书馆、实验室、体育用房、校系行政用房等教学设施，以及学生食堂、澡堂、宿舍等学生生活设施用电。

执行居民用电价格的学校，是指经国家有关部门批准，由政府及其有关部门、社会组织和公民个人举办的公办、民办学校，包括：①普通高等学校（包括大学、独立设置的学院和高等专科学校）；②普通高中、成人高中和中等职业学校（包括普通中专、成人中专、职业高中、技工学校）；③普通初中、职业初中、成人初中；④普通小学、成人小学；⑤幼儿园（托儿所）；⑥特殊教育学校（对残障儿童、少年实施义务教育的机构）。不含各类经营性培训机构，如驾校、烹饪、美容美发、语言、电脑培训等。

（4）社会福利场所生活用电：指经县级及以上人民政府民政部门批准，由国家、社会组织和公民个人举办的，为老年人、残疾人、孤儿、弃婴提供养护、康复、托管等服务场所的生活用电。

（5）宗教场所生活用电：指经县级及以上人民政府宗教事务部门登记的寺院、宫观、清真寺、教堂等宗教活动场所常住人员和外来暂住人员的生活用电。

（6）城乡社区居民委员会服务设施用电：指城乡居民社区居民委员会工作场所及非经营公益服务设施的用电。

（7）监狱监房生活用电是指监狱监房中食堂、澡堂、狱舍等生活设施用电。监狱狱警的集体宿舍生活用电按照城乡居民住宅用电执行。

除上面《国家发展改革委关于调整销售电价分类结构有关问题的通知》（发改价格〔2013〕973号）的规定以外，居民生活用电电价的适用范围还有以下五类：

（8）托育机构用电：托育机构是经所在地县级卫生健康部门备案，为3岁以下婴幼儿提供全日托、半日托、计时托、临时托等托育服务的机构。根据相关政策，这些托育机构的用水、用电、用气应当按照居民价格的非居民用户标准执行。具体来说，托育机构需要向当地卫生健康部门申请备案，并获得《托育机构备案回执》后，向供电、供水、供气企业提供该文件，经现场勘查属实后，可以从次月起执行居民类价格。根据《四川省发展和改革委员会关于托育机构水电气价格政策有关事项的通知》（川发改价格〔2022〕221号），自2022年4月29日起，托育机构可凭卫生健康部门出具的《托育机构备案回执》，向所在供电公司办理执行居民生活用电价格的申请，在办理通过后的下一个抄表周期，对托育机构用电执行居民生活用电价格，其中，有合表居民电价的，按合表居民价格执行；无合表居民价格的，按照当地居民生活用电价格执行。对托育机构用电执行的居民用电价格不执行阶梯加价、谷段优惠和丰水期居民电能替代政策。

（9）执行居民电价用户充换电设施用电：根据《国家发展改革委关于电动汽车用电价格政策有关问题的通知》（发改价格〔2014〕1668号）居民家庭住宅、居民住宅小区、执行居民电价的非居民用户中设置的充换电设施用电，执行居民用电价格中的合表用户电价。

（10）农村生活污水处理设施用电：指为降低农村生活污水处理设施的用电成本，

提升农村人居环境质量，根据《四川省发展和改革委员会、四川省生态环境厅关于农村生活污水处理设施用电价格政策有关事项的通知》（川发改价格〔2024〕577号），农村生活污水处理设施用电价格执行居民合表用户电价，对于用电容量100 kVA以上的用户，可以选择执行工商业两部制电价，并按规定免除（容）需量电费。

（11）城镇居民二次供水设施用电：指将集中式供水的管道水通过另行储存、加压、再送至居民家庭的供水设施，用于保障城镇居民用水需求。根据《四川省发展和改革委员会关于明确城镇居民二次供水设施用电价格的通知》（川发改价格〔2019〕376号文）。

（12）利用非民住宅存量土地和非居住存量房屋建设保障性租赁住房，取得保障性租赁租房项目认定书后的用电：指根据《四川省发展和改革委员会关于保障性租赁住房用电价有关问题的函》（川发改价格函〔2022〕1071号）明确利用非民住宅存量土地和非居住存量房屋建设保障性租赁住房，取得保障性租赁租房项目认定书后，用电价格按照居民标准执行。

2. 农业生产用电

（1）农业用电：指各种农作物的种植活动用电。包括谷物、豆类、薯类、棉花、油料、糖料、麻类、烟草、蔬菜、食用菌、园艺作物、水果、坚果、含油果、饮料和香料作物、中药材及其他农作物种植用电。

（2）林木培育和种植用电：指林木育种和育苗、造林和更新、森林经营和管护等活动用电。其中，森林经营和管护用电是指在林木生长的不同时期进行的促进林木生长发育的活动用电。

（3）畜牧业用电：指为了获得各种畜禽产品而从事的动物饲养活动用电。不包括专门供体育活动和休闲等活动相关的禽畜饲养用电。

（4）渔业用电：指在内陆水域对各种水生动物进行养殖、捕捞，以及在海水中对各种水生动植物进行养雅、捕捞活动用电。不包括专门供体育活动和休闲钓鱼等活动用电以及水产品的加工用电。

（5）农业灌溉用电：指为农业生产服务的灌溉及排涝用电。

（6）农产品初加工用电：指对各种农产品（包括天然橡胶、纺织纤维原料）进行脱水、凝固、去籽、净化、分类、晒干、剥皮、初烤、沤软或大批包装以提供初级市场的用电。

（7）农村饮水安全工程供水用电：列入国家和省农村饮水安全规划，以解决农村居民饮用水为主要目标的乡镇及其以下供水工程中，农村居民饮用水的取水、抽水、输水等生产用电，不包括办公、生活等用电。［在国家发展改革委出台《国家发展和改革委员会关于调整销售电价分类结构有关问题的通知》（发改价格〔2013〕973号文中农村饮水安全工程供水用电归类于居民生活用电大类，四川省发展和改革委员会在《关于四川电网2020—2022年输配电价和销售电价有关事项的通知》（川发改价格〔2020〕629号）中明确将农村饮水安全工程供水用电调整按农业生产用电价格执行）]。

3.工商业用电

工商业用电是指除居民生活及农业生产用电以外的用电。

（1）大工业用电：指受电变压器（含不通过受电变压器的高压电动机）容量在315 kVA及以上的下列用电：①以电为原动力，或以电冶炼、烘焙、熔焊、电解、电化、电热的工业生产用电；②铁路（包括地下铁路、城铁）、航运、电车及石油（天然气、热力）加压站生产用电；③自来水、工业实验、电子计算中心、垃圾处理、污水处理生产用电。

（2）中小化肥用电：指年生产能力为30万吨以下（不含30万吨）的单系列合成氨、磷肥、钾肥、复合肥料生产企业中化肥生产用电。其中复合肥料是指含有氮磷钾两种以上（含两种）元素的矿物质，经过化学方法加工制成的肥料。[2016年6月16日，四川省发展和改革委员会在《关于降低四川电网一般工商业用电价格有关事项的通知》（川发改价格〔2016〕272号）中明确，自2016年4月20日起全部取消化肥优惠电价]

（3）农副食品加工业用电：指直接以农、林、牧、渔产品为原料进行的谷物磨制、饲料加工、植物油和制糖加工、屠宰及肉类加工、水产品加工，以及蔬菜、水果、坚果等食品的加工用电。

练一练

请问以下用户属于哪种用电类别。

卷烟厂（630 kVA）用电属于（　　），北京市雨季排灌用电属于（　　），驾校用电属于（　　），面粉加工厂用电属于（　　），林场育苗用电属于（　　）。

A. 居民生活用电　B. 农业生产用电　C. 工商业用电

扫描二维码·参看答案10

思考练习

1. 单选题：四川电网供区内工商业用户用电容量在100 kVA及以下的，执行（　　）电价。

A. 两部制电价　　B. 单一制电价　　C. 可选择执行单一制或两部制电价

2. 单选题：容（需）量电费（基本电费）以（　　）计算，但新装、增容、变更与终止用电当月的容（需）量电费（基本电费），应当按照实用天数计算。

A. 实用天数　　B. 日　　C. 月　　D. 年

3. 单选题：容（需）量电费（基本电费）计收有（　　）种方式。

A. 两　　B. 三　　C. 四　　D. 不确定

4.多选题：两部制电价制度是将电价分为两部分，由（　　）和（　　）构成。

A. 电度电价　　B. 输配电价　　C. 销售电价　　D. 容（需）量电价

5. 判断题：用户实际减容时长等于十五日的，停用期间容（需）量电费（基本电费）正常收取。（　　）

6. 判断题：以变压器容量计算容（需）量电费（基本电费）的用户，其备用的变压器（含不通过变压器的高压电动机），属冷备用状态并经供电企业加封的，不收容（需）量电费（基本电费）；属热备用状态的或未经加封的，不论使用与否都计收容（需）量电费（基本电费）。（　　）

7. 判断题：四川省现行尖峰时段为夏季7月26日—8月25日，尖峰时段：15：00—17：00；冬季12月26日—1月25日，尖峰时段：19：00—21：00。（　　）

8. 简答题：请简述四川省现行峰谷时段是如何划分的。

9. 简答题：请简述《功率因数调整电费管理办法》（水电财字〔1983〕215号）中对功率因数的考核标准值及其适用范围。

10. 计算题：某10 kV供电的高压供电工业用户，连续用电，变压器装见容量为6300 kVA，另有一台未经变压器的高压电动机200 kW，供用电合同约定，该户容（需）量电费计收方式为按变压器容量计收，请计算该工业用户2024年6月容（需）量电费。[已知1～10（20）kV容量电价为22元/kVA·月]

扫描二维码·参看答案11

单元二　电力市场化交易基本知识

单元目标

知识目标

1. 能了解电力市场化交易成员及相关职责。
2. 能了解电力市场信息披露的原则、法律责任。
3. 能理解电力市场化交易的原理。
4. 能掌握电力市场化交易过程中的电能计量及结算相关要求。

能力目标

1. 能简述电力市场化交易的类型。
2. 能简述各经营主体的系统安全职责。
3. 能简述电力市场风险防控与监管职责。

素质目标

1. 提高对电力市场化交易基本规则的认识。
2. 培养法规意识、规则意识。
3. 培养精益求精、严谨细致的工作态度。

模块一　电力市场成员

学习导读

重点：电力市场成员及相关职责。
难点：电力市场化交易的原理。

为贯彻落实《中共中央、国务院关于进一步深化电力体制改革的若干意见》及相关配套文件要求，深化电力市场建设，学习和理解电力市场化交易的基本规则、运作机制，对促进电力行业的健康发展、指导个人和企业的经济决策具有重要意义。本模块将结合国家发展改革委、国家能源局下发的《电力市场运行基本规则》（2024年7月1日起施行），重点介绍相关概念。

电力市场化交易是指在电力市场中，各方参与者通过市场机制进行电力买卖的交易方式。与传统的电力交易模式相比，市场化交易更加注重市场的自由度和竞争性，使得电价更加合理，资源配置更加优化。

电力市场成员包括经营主体、电力市场、运营机构和电网企业等。其中，经营主体包括参与电力市场交易的发电企业、售电企业、电力用户和新型经营主体（如储能企业、虚拟电厂、负荷聚合商等），需按规定履行交易结果并使用输配电网，进入或者退出电力市场应当办理相应的注册手续。

电力市场运营机构包括电力交易机构和电力调度机构，负责电力市场交易、电力调度和交易结果执行，以及配套的准入注册、计量结算、信息披露等工作，维护电力系统的安全稳定运行。电力交易机构根据国家有关规定建立市场注册制度，负责电力市场注册管理工作。

电网企业应公平开放输电网、配电网，为经营主体提供安全、优质、经济的输配电服务，并按结算收取相关费用，严格执行国家规定的输配电价，接受电力监管机构的监督检查。

上述参与者通过交易平台进行电力买卖，实现资源有效配置和利益最大化。

思考练习

请指出电力市场成员关系图（图1-5）中属于经营主体的有（　　　），属于电力市场运营机构的有（　　　）。

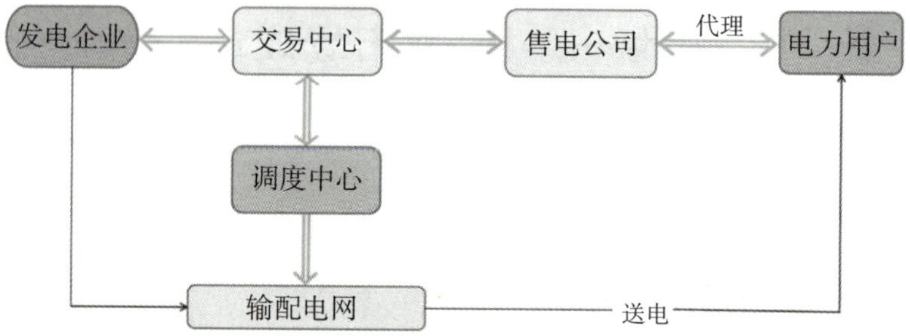

图1-5　电力市场成员关系图

扫描二维码·参看答案12

模块二　电力市场化交易类型

学习导读

重点：电力市场交易的类型以及分类。

难点：经营主体在进行电能量交易中的注意事项。

电力市场交易类型包括电能量交易、电力辅助服务交易、容量交易等。

一、电能量交易

电能量交易由电力市场运营机构按照电力市场运行规则组织实施，也可以由电力交易双方协商。

（一）电能量交易的分类

电能量交易按照交易周期分为电力中长期交易和电力现货交易。

电力中长期交易指对未来某一时期内交割电力产品或服务的交易，包含数年、年、月、周、多日等不同时间维度的交易。

电力现货交易指通过现货交易平台在日前及更短时间内集中开展的次日、日内至实时调度之前电力交易活动的总称。

为加快推进电力市场建设，规范电力中长期交易行为和现货市场的运营和管理，国家发展改革委、国家能源局发布《电力中长期交易基本规则》（发改能源规〔2020〕889号）、《电力现货市场基本规则（试行）》（发改能源规〔2023〕1217号）。

（二）经营主体在进行电能量交易中的注意事项

（1）经营主体在参与电能量市场交易前须履行市场注册程序。

（2）经营主体之间不得实行串通报价、哄抬价格以及扰乱市场秩序等行为。

（3）经营主体进行电能量交易，不得滥用市场支配地位操纵市场价格；由多个发电厂组成的发电企业进行电能量交易，不得集中报价。

（4）电能量交易应通过电力市场运营机构校核后执行。

二、电力辅助服务交易

（一）电力辅助服务和电力辅助服务交易的定义

电力辅助服务指为了保证电力系统安全、电力交易或电力供应，由发电商或其他提供方提供的、除正常电能生产之外的额外服务。

电力辅助服务交易指由经营主体通过市场化方式提供调频、备用和调峰等有偿电力辅助服务。

（二）电力辅助服务的分类

电力辅助服务分为基本电力辅助服务和有偿电力辅助服务。其中，基本电力辅助服务是经营主体应当无偿提供的电力辅助服务。有偿电力辅助服务是经营主体在基本电力辅助服务之外提供的其他电力辅助服务。电力辅助服务的主要类型和功能有以下几种：

1. 备用服务

保持有功功率储备，确保系统在极端条件下仍能稳定运行。备用服务可以分为多种类型，如负荷备用、事故备用等，以适应不同的运行状态和需求。

2. 调频服务

发电机组提供足够的调整容量和调节速率，以实时处理发电功率的不匹配，维持系统的频率稳定。调频服务是发电机组必须提供的无偿服务，确保电力系统的频率稳定。

3. 无功支持服务

通过向系统注入或吸收无功功率，维持电网中的节点电压在允许范围内。无功支持服务确保电力系统的电压稳定性。

4. 黑启动服务

在电力系统发生全网性停电后，通过启动具有自启动能力的机组来带动其他机组，逐步扩大系统的恢复范围。黑启动服务对于应对极端情况下的电力系统崩溃至关重要。

5. 调峰服务

在电力系统运行过程中，根据电力需求在不同时间段的波动，调整电力供应以平衡供需关系。调峰服务有助于避免资源浪费和系统过载。

可见，电力辅助服务市场作为电力市场体系中的重要组成部分，对于保障电力系统安全、高效运行具有重要意义。

注意事项

国家规定具备条件的辅助服务采用市场竞争方式确定提供者。参与辅助服务市场的准入条件时，应当实行公平准入，不得指定特定主体或对特定主体作出歧视性规定。承诺按照要求提供电力辅助服务的经营主体，在实际运行中，电力调度机构按照有关规定进行考核。

三、容量交易

2024年5月中旬，国家发展改革委发布《中华人民共和国国家发展和改革委员会令》（第20号），宣布《电力市场运行基本规则》自2024年7月1日起施行。该规则充分考虑了新型电力系统发展的新形势，除对新型经营主体作出明确定义外，最显著的变化是电力市场交易类型中新增了“容量交易”。这是容量交易首次被纳入电力交易范畴，成为与电能量交易、电力辅助服务交易并列的三大交易类型之一。

（一）容量交易的定义

容量交易是指储能设施所有者或运营商将其储能设备的可用容量作为商品，在电力市场中与需求方进行交易的行为。其交易标的是在未来一定时期内，由发电机组、储能等提供的能够可靠支撑最大负荷的出力能力。为适应新型电力系统建设需要，逐步推动建立市场化的容量成本回收机制，探索通过容量补偿、容量市场等方式，引导经营主体合理投资，保障电力系统长期容量充裕。

举例说明：将电力系统比作一家超大型“餐厅”，容量交易相当于提前预订座位的机制，而发电机组和储能设施则是“服务员”，需确保在高峰时段（如晚餐时段）备足电力容量，以满足所有的电力需求。

（二）建立容量交易的目的和作用

容量交易的目的是确保电力系统在高峰时段有足够的发电和储能能力来满足需求，通过市场手段补偿容量，激励新建机组和需求响应负荷提供稳定收益。

1. 预防装机容量短缺

容量交易通过预先购买电力系统所需的容量，有效预防未来可能出现的装机容量短缺问题，保障电力供应的可靠性。

2. 提供稳定收益

容量交易为发电企业和储能设施提供了一种稳定的收益来源，特别是在电力需求高峰期，增强了其投资和运营的可持续性。

3. 优化电力系统运行

通过容量交易，电力系统可以更加灵活地应对需求变化，确保在不同时间段都有足够的供电能力。

容量交易的核心在于电力市场与发电、储能设施间的预先协议。以“餐厅”为例：无论今晚实际来了多少“客人”（用电需求），只要“服务员”（发电机组和储能设施）保持足够的“座位和服务”（供电能力），“餐厅老板”（电力市场）就会支付相应费用。这种预订机制激励了“服务员”（发电机组和储能设施）在非高峰时段的积极筹备，确保高峰时段提供高质量的服务，从而增强“餐厅”运营的稳定性和灵活性。

思考练习

1. 单选题：容量交易的目的是确保电力系统在（　　）有足够的发电和储能能力来满足需求，通过市场手段补偿容量，激励新建机组和需求响应负荷提供稳定收益。

A. 高峰时段　　B. 极端天气　　C. 迎峰度夏　　D. 迎峰冬

2.多选题：《电力市场运行基本规则》（2024 年 7 月 1 日起施行）所称电力中长期交易，是指对未来某一时期内交割电力产品或服务的交易，包含（　　）等不同时间维度的交易。

A. 数年　　B. 年　　C. 季　　D. 月

E. 周　　F. 多日

3. 判断题：电力辅助服务中包含的调频服务是发电机组必须提供的有偿服务，确保电力系统的频率稳定。（　　）

4. 绘图题：请手工绘制出电力市场化交易类型的思维导图，画到第三层级。

扫描二维码·参看答案 13

模块三　电能计量与电力市场结算

学习导读

重、难点：电力市场化交易过程中的电能计量及结算相关要求。

一、电力市场化交易过程中的电能计量

国家规定，电力市场化交易成员中的各经营主体应当安装符合国家标准的电能计量装置，由电能计量检测机构检定后投入使用。

根据《电力市场运行基本规则》(2024年7月1日实施)，电能计量检测机构是指经政府计量行政部门认可、电能交易双方确认的电能计量检测机构。

二、电力市场化交易过程中的电能计量相关要求

（一）关于电能计量装置校核的规定

（1）电能计量检测机构对电能计量装置实行定期校核。

（2）经营主体可以申请校核电能计量装置，经校核，电能计量装置误差达不到规定精度的，由此发生的费用由该电能计量装置的产权方承担；电能计量装置误差达到规定精度的，由此发生的费用由申请方承担。

（二）关于电能计量点的规定

（1）参与电能量交易的经营主体，应当明确各自电能计量点。

（2）电能计量点位于经营主体与电网企业的产权分界点，产权分界点不能安装电能计量装置的，由双方协商确定电能计量点。

（3）法定或者约定的计量点计量的电能作为电费结算的依据。

（4）经营主体以计量点为分界承担电能损耗和相关责任，国家另有规定的除外。

（三）关于电能计量数据库的管理规定

电网企业应当建立并维护电能计量数据库，并按照有关规定向经营主体公布相关的电能计量数据。

三、电力市场结算

（一）电力市场结算类型

电力市场结算包括电能量交易结算、电力辅助服务交易结算、容量交易结算等。

（1）电网企业和电力调度机构负责向电力交易机构提供相关数据。

（2）电力交易机构负责提供电力市场交易结算依据和服务。

（二）电力市场成员在结算过程中各自的职责

（1）电网企业受经营主体委托提供相关结算服务。

（2）电力市场成员应当按照政策要求和电力市场运行规则规定的电费结算方式和期限结算电费。

思考练习

1. 单选题：电力市场化交易成员中的各经营主体应当安装符合国家标准的电能计量装置，由（　　）机构检定后投入使用。

A. 电力调度　　　　B. 电力交易

C. 电能计量检测　　　　D. 以上都可以

2. 判断题：电能计量检测机构对电能计量装置实行不定期校核。　　（　　）

3. 判断题：经营主体可以申请校核电能计量装置，经校核，电能计量装置误差达不到规定精度的，由此发生的费用由该电能计量装置的产权方承担；电能计量装置误差达到规定精度的，由此发生的费用由申请方承担。　　（　　）

4. 多选题：电力市场结算包括（　　）。

A. 电能量交易结算　　　　B. 电力辅助服务交易结算

C. 容量交易结算　　　　D. 电力现货交易

5. 多选题：电力市场成员在结算过程中的职责有（　　）。

A. 电网企业和电力调度机构负责向电力交易机构提供相关数据

B. 电力交易机构负责提供电力市场交易结算依据和服务

C. 电网企业受经营主体委托提供相关结算服务

D. 电力市场成员应当按照政策要求和电力市场运行规则规定的电费结算方式和期限结算电费

扫描二维码·参看答案14

模块四　电力市场化交易系统安全

学习导读

重、难点：各经营主体的系统安全职责。

一、经营主体的系统安全职责

经营主体应当执行有关电网运行管理的规程、规定，服从统一调度，加强设备维护，按照并网协议配备必要的安全设施，提供电力辅助服务，维护电力系统的安全稳定运行。

二、电力调度机构系统安全职责

电力调度机构应当严格执行电力调度规则，合理安排系统运行方式，及时预报或者通报影响电力系统安全运行的信息，防止电网事故，保障电网运行安全。

电力调度机构负责电力市场交易的安全校核，并公布校核方法、参数。根据电力供需形势、设备运行状况、安全约束条件和系统运行状况，统筹安排电力设备检修计划。

三、电力市场运营机构系统安全职责

电力市场运营机构负责管理和维护电力市场技术支持系统，保障电力市场运营所需的交易安全、数据安全和网络安全。

电力市场技术支持系统建设应当符合规定的性能指标要求，以电力市场运行规则为基础，统一规划、统一设计、统一管理、同步实施、分别维护，根据电力市场发展的需要及时更新。同时具备能量管理、交易管理、电能计量、结算系统、合同管理、报价处理、市场分析与预测、交易信息、监管系统等功能。

思考练习

1.单选题：（　　）应当执行有关电网运行管理的规程、规定，服从统一调度，加强设备维护，按照并网协议配备必要的安全设施，提供电力辅助服务，维护电力系统的安全稳定运行。

A. 电力交易机构　　B. 电力调度机构　　C. 电网企业　　D. 经营主体

2. 判断题：电网企业应当严格执行电力调度规则，合理安排系统运行方式，及时预报或者通报影响电力系统安全运行的信息，防止电网事故，保障电网运行安全。（　　）

3. 多选题：电力市场技术支持系统建设应当符合规定的性能指标要求，以电力市场运行规则为基础，（　　），根据电力市场发展的需要及时更新。

A. 统一规划　　B. 统一设计　　C. 统一管理
D. 同步实施　　E. 分别维护

4. 多选题：电力市场运营机构负责管理和维护电力市场技术支持系统，保障电力市场运营所需的（　　）安全。

A. 系统　　B. 交易　　C. 数据　　D. 网络

扫描二维码·参看答案 15

模块五　电力市场风险防控与监管

学习导读

重、难点：电力市场风险防控与监管职责。

一、国家发展改革委、国家能源局会同有关部门

依职责开展市场监管，引导市场价格运行在合理区间。电力市场应建立健全电力市场风险防控机制，防范市场风险，保障电力系统安全和市场平稳运行，维护经营主体合法权益和社会公共利益。

二、电力监管机构

根据维护电力市场正常运作和电力系统安全的需要，制定电力市场暂停、中止、恢复等干预规则，规定电力市场干预措施实施条件和相关处理方法。

三、电力市场运营机构

按照“谁运营、谁防范，谁运营、谁监控”的原则，履行市场监控和风险防控责任，对市场依规开展监测，接受电力监管机构监管。

注意事项

1.市场成员应共同遵守并按规定落实电力市场风险防控职责。

2.任何单位和个人不得非法干预电力市场正常运行，不得实施地方保护、市场分割、指定交易、区域壁垒等妨碍统一市场和公平竞争的政策。

思考练习

1. 单选题：国家发展改革委、国家能源局会同有关部门：依职责开展市场监管，引导（　　）运行在合理区间。

A. 电力系统安全　B. 电力中长期交易　C. 代理购电价格　D. 市场价格

2. 多选题：电力监管机构根据维护电力市场正常运作和电力系统安全的需要，制定电力市场（　　）等干预规则，规定电力市场干预措施实施条件和相关处理方法。

A. 暂停　B. 中止　C. 启用　D. 恢复

3. 多选题：电力市场运营机构按照“谁运营、（　　），谁运营、（　　）”的原则，履行市场监控和风险防控责任，对市场依规开展监测，接受电力监管机构监管。

A. 谁防控　B. 谁防范　C. 谁监控　D. 谁治理

4. 判断题：任何单位和个人不得非法干预电力市场正常运行，不得实施地方保护、市场分割、指定交易、区域壁垒等妨碍统一市场和公平竞争的政策。（　　）

扫描二维码·参看答案16

模块六　电力市场信息披露与法律责任

学习导读

重点：电力市场信息披露的原则。

难点：电力市场信息的法律责任。

一、信息披露原则

安全、及时、真实、准确、完整、易于使用。信息披露主体应严格按照要求披露信息，并对披露信息的真实性、准确性、完整性、及时性负责。

（一）经营主体、电网企业

应按照有关规定向电力市场运营机构提供信息。

（二）电力市场运营机构

在确保信息安全基础上，定期向经营主体和社会公众按要求披露电力市场运行信息。

二、法律责任

电力市场运营机构违反本规则规定，有下列情形之一的，按照《电力监管条例》第三十三条的规定处理：

（1）不按照本规则及配套规则规定组织交易的；

（2）未经电力监管机构审定同意，擅自出台交易细则开展相关电力市场活动的；

（3）擅自执行未按法定权限、程序制修订的规则的；

（4）其他违反本规则规定且造成社会不良影响的。

任何单位和个人扰乱电力市场运营机构的秩序且影响电力市场活动正常进行，或者危害电力市场及相关技术支持系统安全的，按照有关规定处理；构成犯罪的，依法追究刑事责任。

思考练习

1. 单选题：信息披露原则为安全、及时、真实、准确、完整、（　　）。

A. 有效　　B. 可靠

C. 广泛知晓　　D. 易于使用

2. 判断题：信息披露主体应严格按照要求披露信息，并对披露信息的安全性、准确性、完整性、及时性负责。（　　）

3. 多选题：电力市场运营机构在确保信息安全基础上，定期向（　　）和（　　）按要求披露电力市场运行信息。

A. 经营主体　　B. 电力市场运营机构

C. 电网企业　　D. 社会公众

4. 多选题：电力市场运营机构违反本规则规定，有下列情形之一的（　　），按照《电力监管条例》第三十三条的规定处理。

A. 不按照本规则及配套规则规定组织交易的

B. 未经电力监管机构审定同意，擅自出台交易细则开展相关电力市场活动的

C. 擅自执行未按法定权限、程序制修订的规则的

D. 其他违反本规则规定且造成社会不良影响的

E. 任何单位和个人扰乱电力市场运营机构的秩序且影响电力市场活动正常进行，或者危害电力市场及相关技术支持系统安全的，按照有关规定处理；构成犯罪的，依法追究刑事责任

扫描二维码·参看答案 17

第二部分

抄表核算收费管理

单元一　抄核收管理

单元目标

知识目标

1. 能理解抄表工作的模式、注意事项。
2. 能掌握采集系统的架构。
3. 能掌握采集系统中抄读工作的模块及应用方法。

能力目标

1. 能正确识别表计类型，识读各类示数。
2. 能准确判断异常抄读示数、参数。

素质目标

1. 理解抄核收工作对供电企业及用户经营发展的重要性。
2. 培养规范意识、责任意识。
3. 培养严谨细致、认真负责的工作态度。

模块一　抄表管理

学习导读

重点：抄表工作的基本要求。

难点：抄表的流程及注意事项。

一、抄表的定义

抄表是指电力企业工作人员定期读取用户所使用的电能计量设备上的读数，以记录用户在一定周期内所消耗的电能量。这个过程是电能量费用计算的基础，也是电力供应企业进行账务管理和用户服务的重要环节。

二、抄表的发展历程

（一）人工抄表阶段

在早期的电力系统中，抄表工作主要依赖人工方式完成。电力企业通常将辖区划片，由抄表人员在负责区域内挨家挨户对电能表信息进行收集，核对用电数据，计算用电量，然后按照收费标准进行收费。这个阶段的工作强度大、效率低，难以满足日益增长的用户需求；容易出现错抄、漏抄、估抄等问题，影响计量准确性；同时，抄表人员需要频繁接触电力设备，存在一定的安全风险，特别是恶劣天气或复杂环境下更为突出。

（二）半智能人工抄表阶段

随着电子技术和计算机技术的快速发展，抄表工作逐渐进入了半智能人工抄表阶段。这个阶段，抄表工作采用手持式读表仪器完成现场数据采集工作，再由计算机进行电力数据整理和计算等工作。这种半智能化的抄表模式有效降低了人为记录错误，提高了数据准确性，提高了工作效率。然而，该阶段电力企业还没有建立有效的用电监督机制，用户拖欠电和窃电现象仍然比较严重。

（三）智能无线抄表阶段

近年来，在物联网、大数据、云计算等新一代信息技术的推动下，抄表工作进入了智能抄表阶段。作为智能电网建设的重要组成部分，利用无线抄表模块产品进行远采集抄经历了技术引进到自主研发的跨越式发展历程。我国无线抄表模块技术的发展可追溯至20世纪90年代，其发展过程可划分为三个阶段：起步阶段、发展阶段和成熟阶段。在起步阶段，产品主要依赖国外技术引进，传输方式多样但整体技术成熟度不高。随着国内技术研发能力的提升和市场需求的扩大，无线抄表模块技术于21世纪00年代中期进入快速发展阶段，在这个阶段，国内企业开始自主研发载波技术芯片，并积极参与行业标准的制定和推广。至21世纪10年代后期，无线抄表模块技术已进入成熟应用阶段，该技术已广泛应用于电力、水务、燃气等多个公共事业领域。在电力领域，智能无线抄表系统实现了用户用电数据的实时、精准采集与传输，为电力企业的运营管理提供了有力支撑。系统不仅能准确监控用户用电以及缴费情况，还可通过大数据分析为电力企业的经营决策、负荷控制、能效管理等提供依据。未来，随着5G通信、人工智能等新技术的融合应用，智能无线抄表技术将向更高精度、更强可靠性、更智能化方向发展。

三、抄表的工作要求

对所有用电行为均应纳入抄表管理。严格按规定的抄表周期和抄表例日对电力用户进行抄读。抄表数据原则上必须是抄表例日当日0时电能计量装置冻结数据。应严格通过远程自动化抄录电能计量装置记录的数据，严禁违章抄表作业，不得估抄、漏抄、错抄，实行所有电力用户抄表集中模式，不断提升抄表工作的集约化、精益化管理水平。

（一）抄表周期管理规定

（1）电力用户的抄表周期原则上为每月一次（采取本地费控的，在不影响用户年度阶梯结算准确性的情况下，抄表周期可为双月一次）。

（2）对高耗能高污染及产业过剩、存在关停并转风险的企业，经营状况差、存在欠费记录或列入社会征信体系黑名单实施联合惩戒的企业，以及临时用电的电力用户，按国家有关规定或合同约定实行购电制、分次结算、电费担保、电费抵押等方式防范回收风险。

（3）对高压新装电力用户应在接电后的当月完成采集建设调试并在用户归档后第一个抄表周期进行首次远程自动化抄表。对在新装接电归档后当月抄表确有困难的其他电力用户，应在下一个抄表周期内完成采集建设调试并进行首次远程自动化抄表。

（4）抄表周期变更时，应履行审批手续，并事前告知相关电力用户。因抄表周期变更对居民阶梯电费计算等带来影响的，应按相关要求处理。

（二）抄表例日管理规定

（1）35 kV及以上电压等级及低压电力用户抄表例日应安排在月末最后一天24时，其他高压电力用户抄表例日应安排在每月25日及以后。参与市场化交易电力用户的抄表例日应与协议约定时间一致。稳步推进按自然月购售同期抄表，目前全国绝大部分省份已完成自然月购售同期抄表，即每月1日作为每月的抄表例日。

（2）对同一台区的电力用户、同一供电线路的高压电力用户、同一户号有多个计量点的电力用户、同一售电公司名下的电力用户、存在转供关系等特殊情况的电力用户，抄表例日、抄表周期应同步。

（3）对每月多次抄表的电力用户，应按“供用电合同”或“电费结算协议”有关条款约定的日期安排抄表。

（4）抄表例日不得随意变更。确需变更的，应履行审批手续并告知相关电力用户和线损管理部门。因抄表例日变更对基本电费、阶梯电费计算等带来影响的，应按相关要求处理。

（三）抄表计划管理

制定抄表计划应综合考虑抄表周期、抄表例日、抄表现场作业人员、抄表工作量及抄表区域的计划停电等情况。抄表计划全部制定完成后，应检查抄表段或电力用户是否有遗漏。采集未覆盖区域，现场抄表作业人员应定期轮换抄表区域，同一抄表作业人员对同一抄表段的抄表时间最长不得超过三年。抄表计划不得擅自变更。因特殊情况不能按计划抄表的，应履行审批手续。对高压电力用户不能按计划抄表的，应事先告知电力用户。

抄表计划制定、抄表数据准备、远程抄表等环节由系统自动实现。抄表员在抄表例日当日核查是否存在特殊原因而未制定计划的抄表段，并及时进行手工制定抄表计划。

抄表例日三天前由采集运维人员进行采集质量检查，对发现采集失败的应在两天内完成现场消缺。

（四）抄表异常管理

抄表示数上传后24小时内，应按抄表数据审核规则，完成全部审核工作，对自动抄表数据失败、数据异常的应立即发起补抄和异常处理，特殊原因当天来不及到现场补抄的，应在第二天完成补抄，抄表数据核对无误后，在规定时限内将流程传递至下一环节。

补抄应通过现场作业终端（或抄表机）进行。当抄表例日无法正确抄录数据时，可使用抄表例日前一日采集冻结数据或当前数据用于电费结算。不允许手工录入，特殊情况下需要手工录入的，应上传翔实的佐证材料，佐证材料包括现场表计示数照片等。

现场补抄应严格遵循采集运维现场作业规范和安全工作规程。

（1）补抄时，应认真核对电力用户电能表箱位、表位、表号、倍率等信息，检查电能计量装置运行是否正常，封印是否完好。对新装及用电变更电力用户，应核对并确认用电容量、最大需量、电能表参数、互感器参数等信息，做好核对记录。

（2）采用现场作业终端（或抄表机）抄表的，应在现场完成数据核对工作。当抄见数据与现场电能表显示的示数不符时，应暂以现场电能表显示的示数完成抄表，并及时报办相关部门。

（3）与带电设备保持规定的安全距离，不得操作电力用户用电设备。如需登高时，必须采取安全防护措施。抄表过程中应加强自我防护意识，防止意外伤害，并严格遵守交通安全法规。人工读取电能表示数时尽量通过红外唤醒电表屏显，避免开启计量箱（柜）门。需要入户抄表的，认真执行现场服务规范，应出示工作证件，遵守电力用户的出入制度。

现场作业发现异常按下列原则处理：

（1）发现表计损坏、停走、倒走、飞走、采集示数与现场不符等异常情况，使用现场作业终端录入异常现象并发起换表流程，并进行相应处理。

（2）发现窃电、表位移动、高价低接、用电性质变化等违约用电现象时，做好相应的记录。现场作业不得自行处理和惊动电力用户，应及时与用电检查人员联系，待公司有关人员到达现场配合检查取证后方可离开，如仍有抄表工作未完成应先完成抄表工作。

（五）定期开展抄表质量检查

（1）新接电电力用户应在两个抄表周期内进行现场核对抄表。发现数据异常，立即处理。

（2）应重点针对连续三个抄表周期的零度表通过远程召测分析，对于分析异常的应及时消缺处理，无法确认的异常应到现场核实后处理。

（3）连续出现三个抄表周期采集失败（手工抄表）的电力用户，应安排不同的工作人员对抄表示数进行复核。

（4）对实行远程自动采集抄表方式的电力用户，应定期安排现场核抄。

（5）对于存在总分表的电力用户，应对总表、分表示数进行核查，如出现分表电量大于总表电量的情况，应立即安排现场核查。

（6）通过采集系统相关功能模块定期对采集示数进行核对检查，发现异常立即安排现场核查。

（7）对于协议定量户，要与定量设备产权方在供用电合同中明确定量设备数量、设备容量、定量电量、收费方式等内容；每年至少对定量设备现场核定一次，原供用电合同中相关内容发生变化的，应立即进行调整，确保电量电费及时准确发行。

思考练习

1. 判断题：对于同一台区的用户、同一供电线路的专用变压器用户、同一户号有多点计量的用户、存在转供关系的用户，每一类用户抄表例日应安排不同的抄表例日。

（　　）

2. 判断题：抄读安装在配电柜内的电能表时，直接打开配电柜门开展抄表工作。

（　　）

3. 多选题：关于抄表例日，以下说法正确的是（　　）。

A. 35 kV及以上电压等级用户抄表时间应安排在月末24时，其他高压用户抄表时间应安排在每月25日以后

B. 对同一台区的用户、同一供电线路的专变用户，可以不安排在同一天

C. 经批准确定的抄表例日不得随意变更

D. 抄表例日变更时，不需告知相关用户

扫描二维码·参看答案18

模块二　用电信息采集

学习导读

重点：采集系统抄读架构。

难点：采集系统的应用。

电力用户用电信息采集技术始于19世纪末，其发展经历了从人工手抄向智能化转变的过程。随着智能电网“全覆盖、全采集、全费控”建设目标的提出，传统人工手抄采集方式由于劳动强度大、抄表周期长、数据准确性难以保证、工作效率低下等问题，逐渐被智能化采集方式取代，以适应经济社会快速发展、电力现场环境变化和智能电网建设的需求。

一、用电信息采集系统构成

用电信息采集系统由采集主站、采集设备、电能表以及之间的通信组成。

（一）采集主站

采集主站是用电信息采集系统的核心控制单元，负责数据传输、处理、应用及系统安全运行的集中管理，并支持跨系统数据集成和交换。

（二）通信方式

远程通信为采集主站与采集设备之间的数据传输通道，其通信方式有光纤、230 MHz无线和GPRS/CDMA无线公网等。

本地通信为采集设备与电能表之间、不同采集设备之间的数据通道，主要通信方式有RS485、电力线载波、微功率无线等。

（三）采集设备

采集设备是部署在各个供电公司所管辖区域内的现场设备，包括采集终端、集中器、采集器等，主要负责电能信息的实时采集、数据管理、双向传输以及控制指令执行，最终实现电能表数据的精准抄收。

二、用电信息采集系统运用

（一）用户数据查询

根据用户的用电编号、用户名称、电表资产号等信息查询采集主站中存储的用户数据。

1. 登录系统

打开用电信息采集系统网址，输入账号和密码，拖动滑块完成拼图验证，点击登录，如图2-1所示。

图2-1　登录用电信息采集系统

2. 选择“用户数据查询（四川）”功能模块

点击“新一代用电信息采集系统”展开功能块→“系统支撑”→“四川—综合查

询”→“用户数据查询（四川）”。也可以输入关键词对该功能模块进行模糊搜索，如图2-2所示。

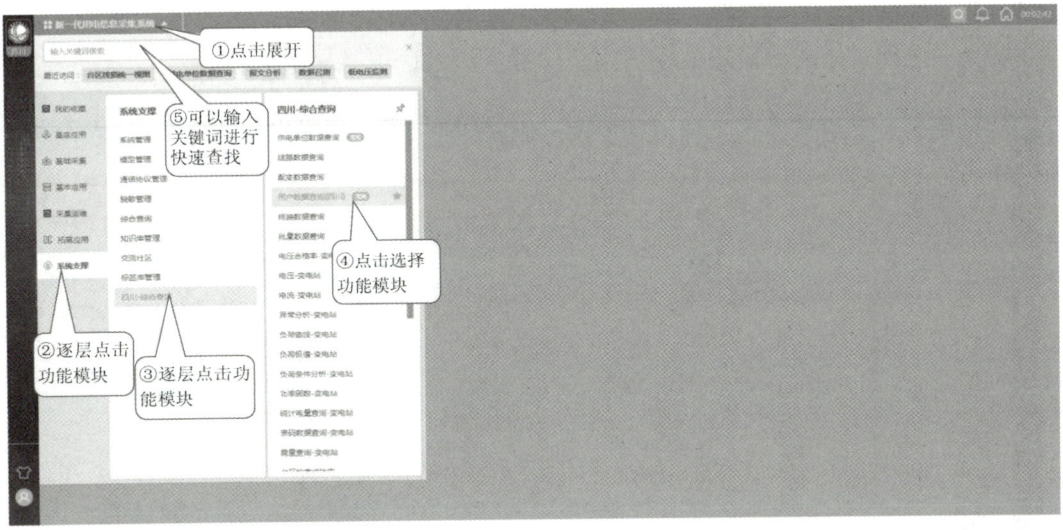

图2-2　用户数据查询（四川）功能模块

3. 根据条件选择用户

点击“用户”→选择“用户编号”等信息条件→输入“用户编号”等信息→点击查询→勾选用户。右边会出来用户的基本档案，可与电力营销信息系统中档案或现场档案进行核对，如图2-3所示。

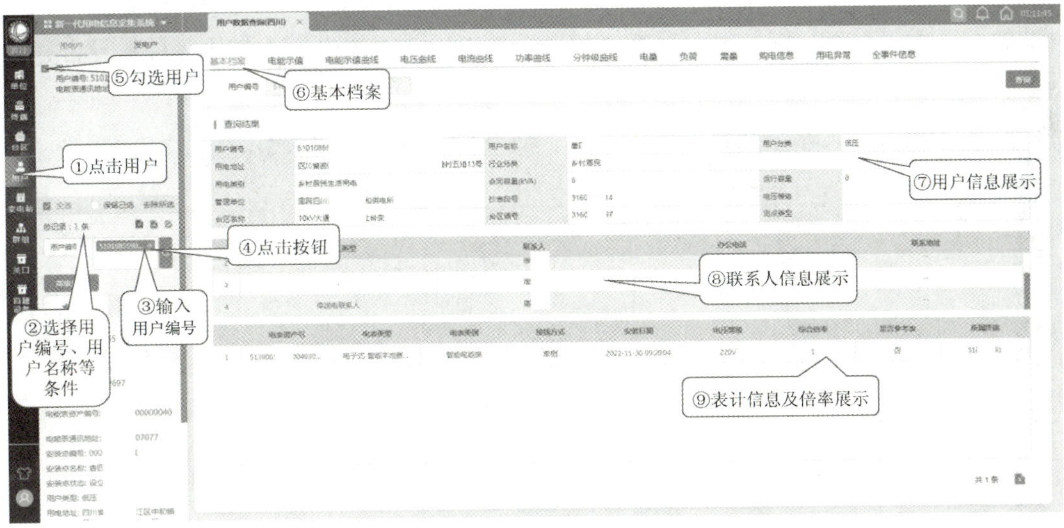

图2-3　根据信息选择用户

4. 电能示值查询

点击“电能示值”→选择“开始日期”与“结束日期”→点击“查询”。查询结果会显示相应时间的正向有功总、尖、峰、平、谷各时段示值，拖动下方滑动模块可展示反向有功、无功等示值。该示值作为用户结算的电量依据，如图2-4所示。

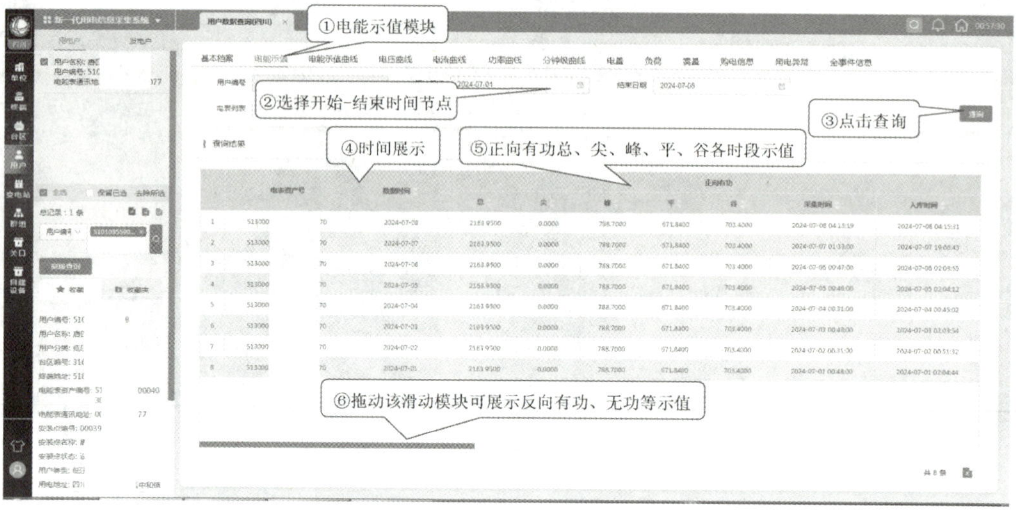

图2-4　电能示值查询

5. 电压曲线查询

点击“电压曲线”→选择“开始日期”与“结束日期”→选择“查询维度”→点击“查询”。查询结果会显示相应时间的电压曲线和电压值，该数据可判断供电企业供到用电端的电压质量是否达标，也可判断三相表计的电压是否有失压、欠压等计量异常，如图2-5所示。

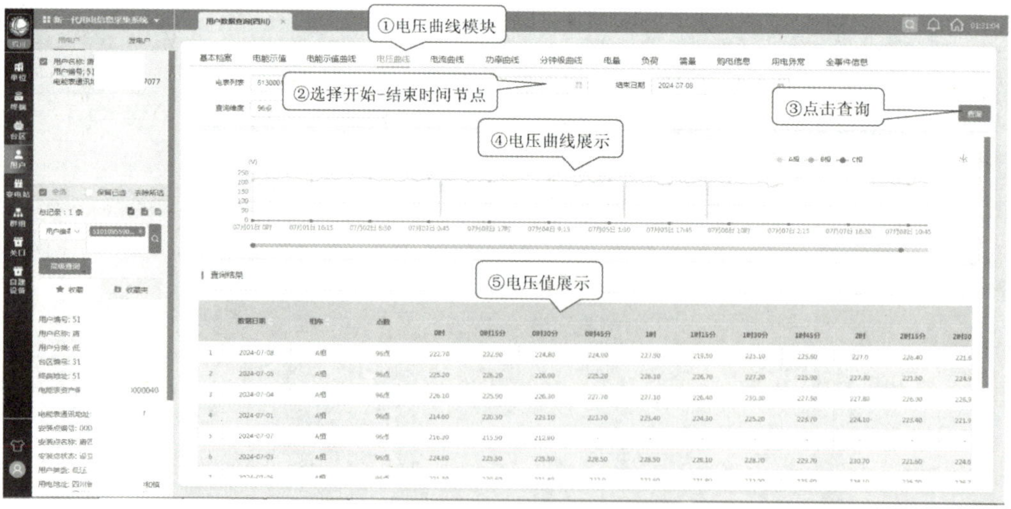

图2-5　电压曲线查询

6. 电流曲线查询

点击“电流曲线”→选择“开始日期”与“结束日期”→选择“查询维度”→点击“查询”。查询结果会显示相应时间的电流曲线和电流值，该数据可判断表计的电流是否有失流、过流等计量异常，配合相角数据可以判断三相用户接线是否正确，如图 2-6 所示。

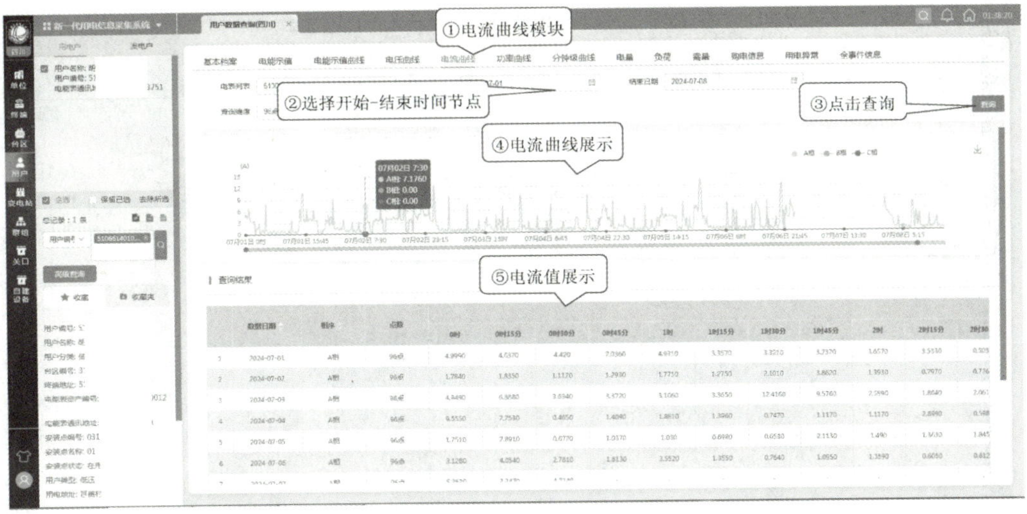

图 2-6　电流曲线查询

7. 综合倍率查询

点击“基本档案”→点击“查询”，可以查看客户所有电能表的综合倍率，如图 2-7 所示。

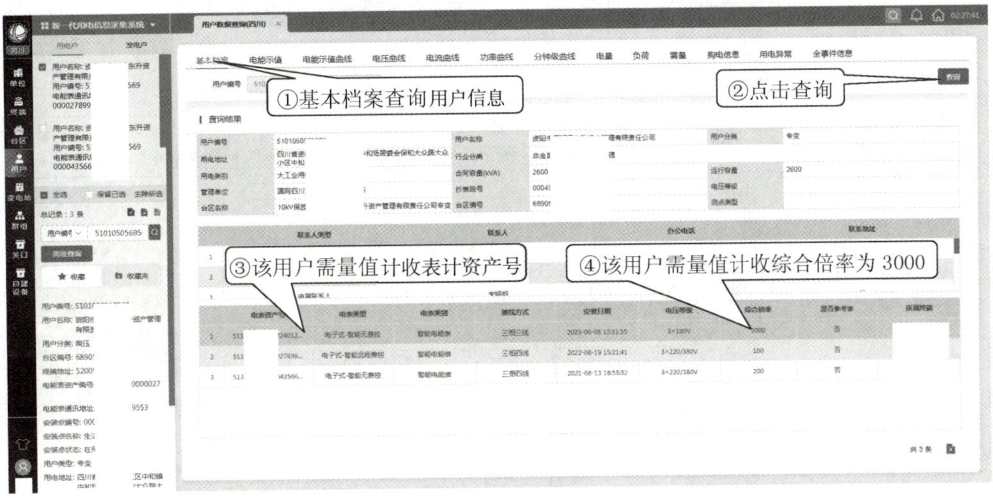

图 2-7　综合倍率查询

图2-7中可查询该用户基本档案，综合倍率为3000。

8. 需量查询

点击“需量”→选择对应表计→选择“开始日期”与“结束日期”→点击“查询”。查询结果会显示相应时间用户的需量值，该示值作为按照需量计算基本电费的用户的结算依据，如图2-8所示。

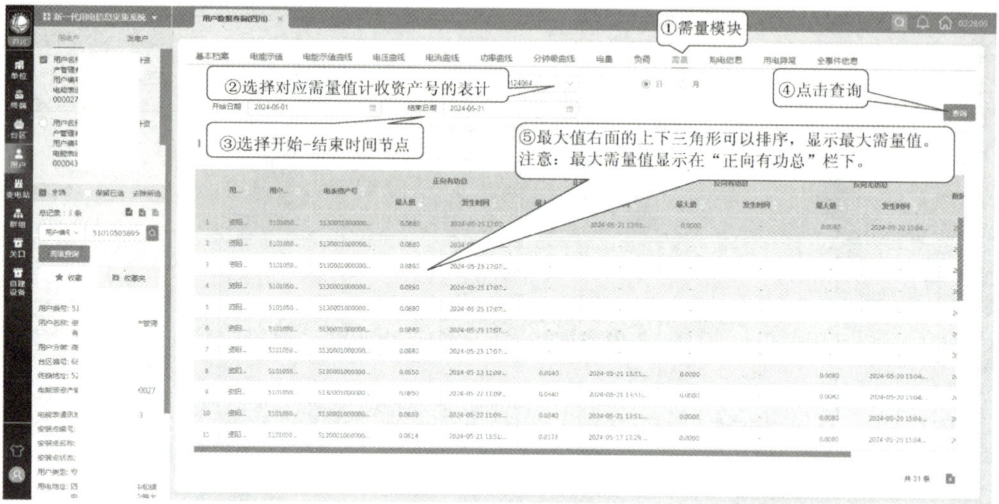

图2-8　需量查询

从图2-8可查得，该用户2024年5月份的需量最大值为0.0880。由此，可计算出输配容（需）量电费的需量值为3000×0.0880=264，容（需）量电费为264×35=9240元，该电费值与营销服务系统中的数据一致，如图2-9所示。

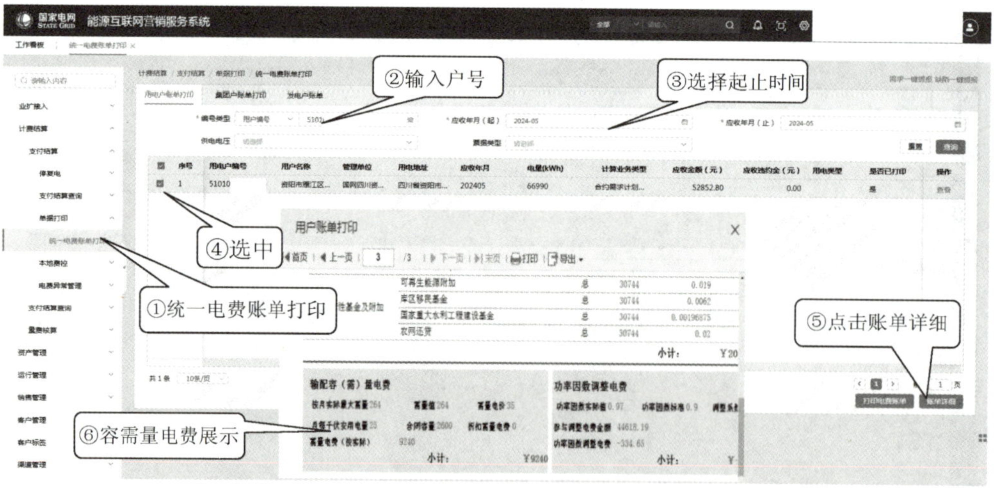

图2-9　营销服务系统中统一电费账单打印

（二）用户数据召测

根据用户的用电编号、用户名称、电表资产号等信息召测采集终端和电能表中存储的用户数据与用户实时数据。

1.选择“数据召测”功能模块

点击“新一代用电信息采集系统”展开功能块→“基础采集”→“数据采集”→“数据召测”。也可以输入关键词对该功能模块进行模糊搜索，如图2-10所示。

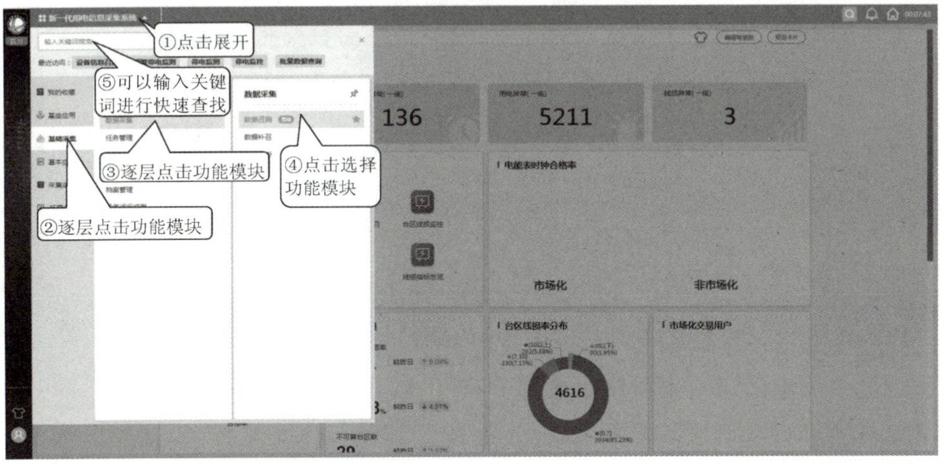

图2-10　“数据召测”功能模块

2. 用户数据召测

点击“用户”选定用户→“透抄”→选择“电能表”→选择“数据项组”中的组名→勾选数据项（可多选）→点击右下角“透抄”→待进度100%后点击“召测结果”。在数据项栏中可以输入关键词进行模糊搜索。数据召测操作如图2-11所示，数据召测结果如图2-12所示。

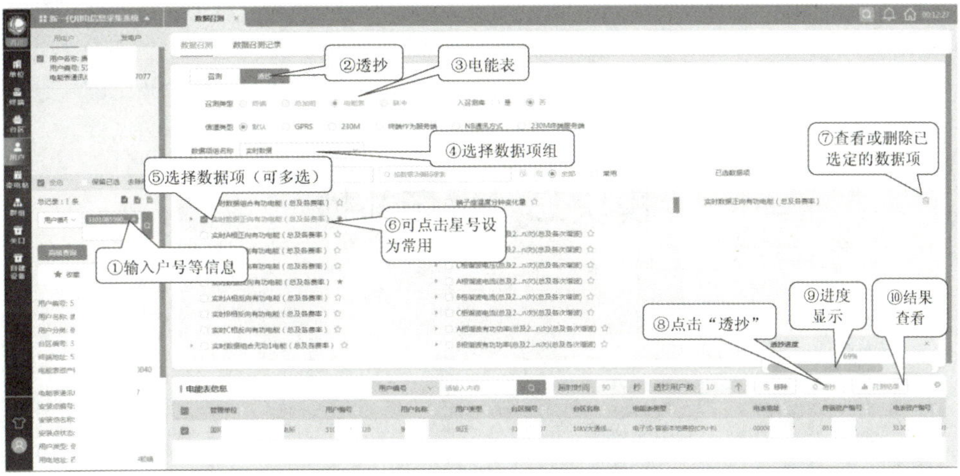

图2-11　数据召测操作

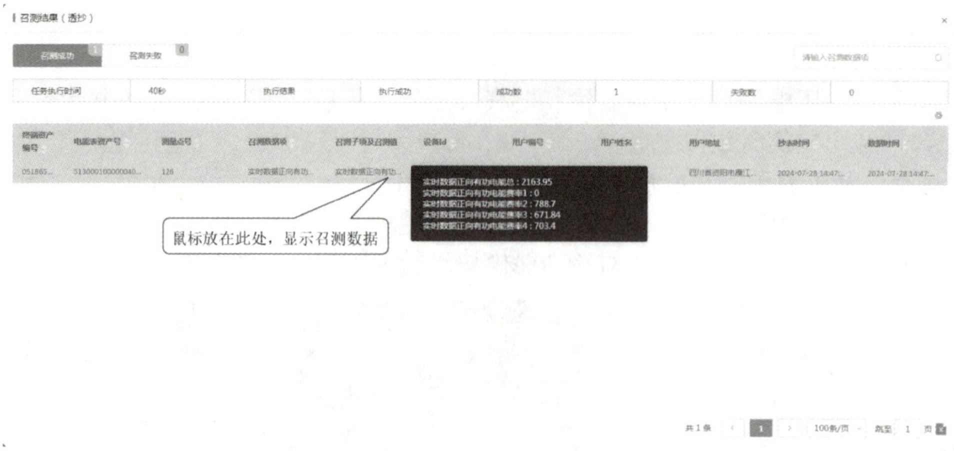

图2-12　数据召测结果

思考练习

1.多选题：用电信息采集系统组成部分有（　　）。

A. 采集主站　　　　B. 采集设备

C. 电能表　　　　　D. 通信

2. 判断题：目前已实现采集全覆盖，不再需要到现场抄表。　　（　　）

3. 简答题：稽查专业发出某单相居民本地费控用户“本地费控表表码未走字剩余金额有变动”稽查工单，请简述采集系统核查步骤。

扫描二维码·参看答案19

模块三　现场补抄

学习导读

重点：电能表类型、各类示数作用。

难点：抄读各类示数、示值。

一、电能表识读

常用的智能电能表按照相别可分为单相智能电能表、三相四线智能电能表（其中又分为三相四线直接接入式智能电能表、三相四线经互感器接入式智能电能表）、三相三线智能电能表。

（一）电能表外观

（1）单相智能电能表，正面如图2-13所示，侧面如图2-14所示。

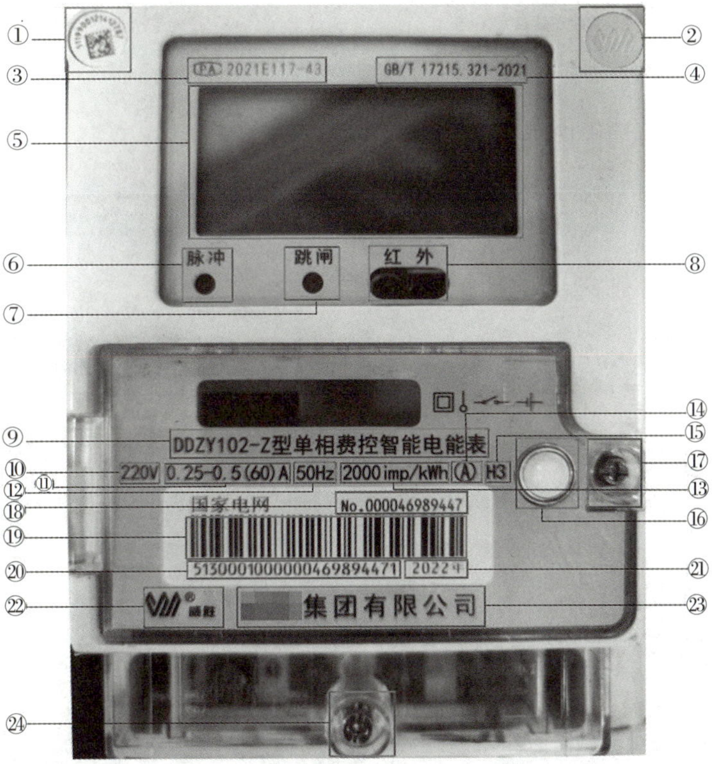

①检定封；②出厂封；③计量产品许可证号；④产品执行标准；⑤LED屏幕；⑥脉冲指示灯；⑦跳闸指示灯；⑧红外信号灯；⑨型号及名称；⑩电压规格；⑪电流规格；⑫标称频率；⑬脉冲常数；⑭准确度等级；⑮环境等级；⑯翻屏键；⑰模块封印螺钉；⑱表号；⑲条形码；⑳资产编码；㉑制造年份；㉒厂商商标；㉓制造厂商名称；㉔接线封印螺钉。

图2-13　单相智能电能表正面

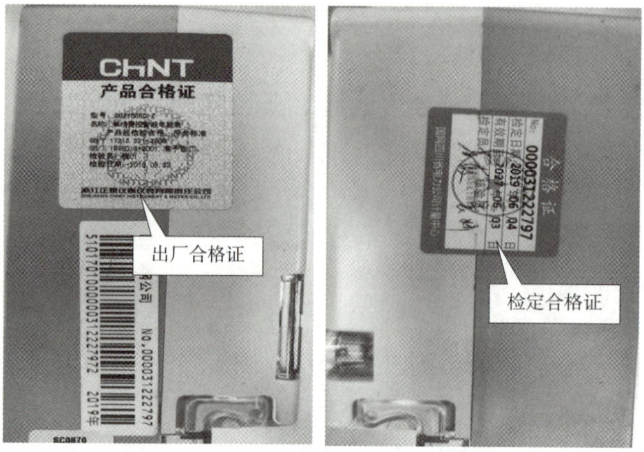

图2-14　单相智能电能表侧面

（2）三相四线智能电能表，如图2-15所示。

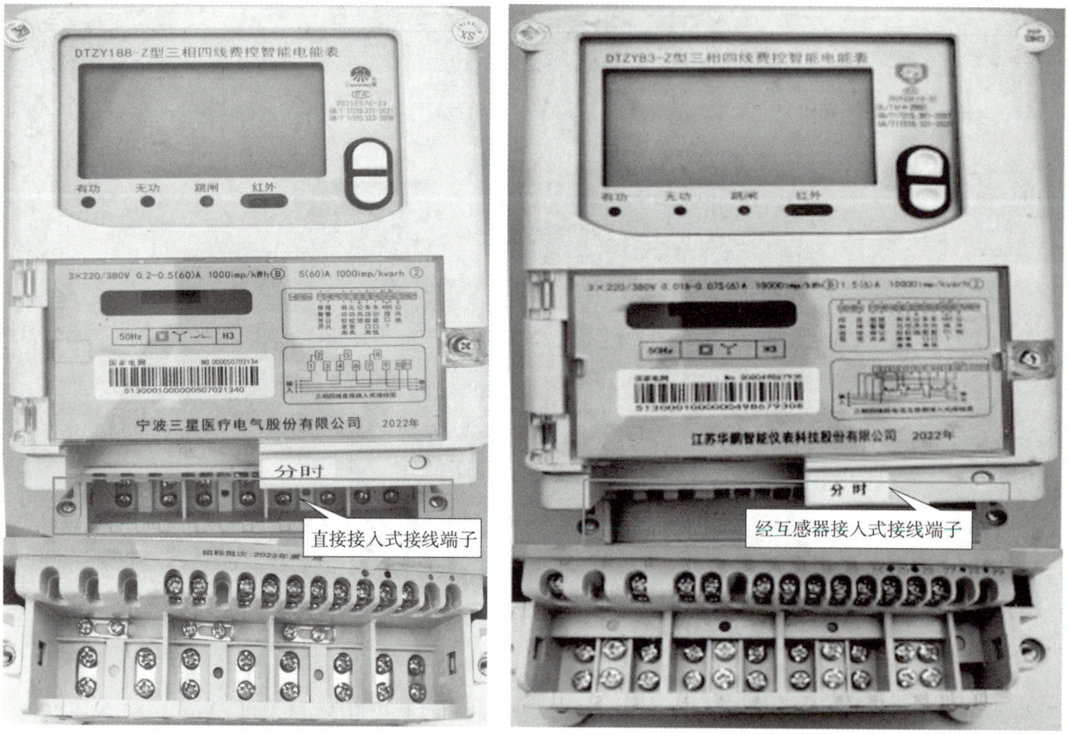

（a）直接接入式智能电能表　　（b）经互感器接入式智能电能表

图2-15　三相四线智能电能表

（3）三相三线智能电能表，如图2-16所示。

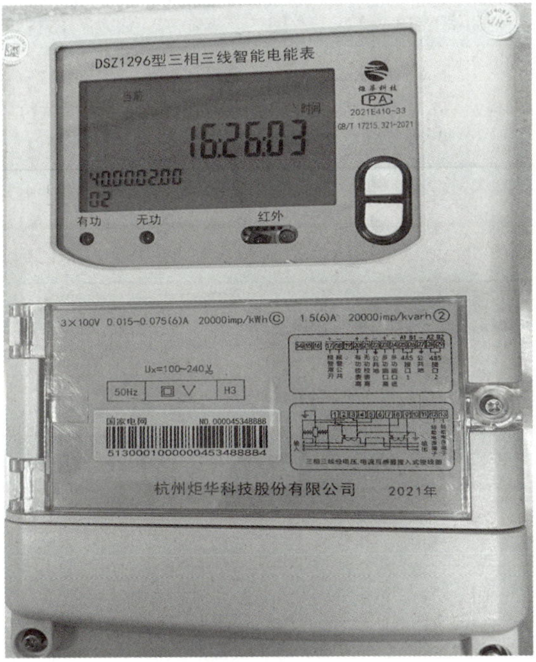

图2-16　三相三线智能电能表

（二）重要参数

1. 准确度等级分类

根据《多费率电能表　特殊要求》（GB/T 15284—2022）规定，电能表按有功电能计量准确度等级可分为：A、B、C、D、E五个等级，见表2-1所列。

表2-1　智能电能表电流、电压规格

序号	智能物联电能表种类名称	准确度等级	接入电路方式	电流规格(A)	电压规格(V)
1	A级单相智能物联电能表	有功A级	直接接入	0.25~0.5(60)	220
			直接接入	0.5~1(100)	220
2	B级三相智能物联电能表	有功B级 无功2级 谐波5级	直接接入	0.4~1(100)	3×220/380
			互感器接入	0.015~0.075(6)	3×220/380
				0.015~0.075(6)	3×57.7/100~3×100
3	C级三相智能物联电能表	有功C级 无功2级 谐波5级	直接接入	0.015~0.075(6)	3×220/380
			互感器接入	0.015~0.075(6)	3×57.7/100~3×100
				0.003~0.015(1.2)	3×57.7/100~3×100

续表

序号	智能物联电能表种类名称	准确度等级	接入电路方式	电流规格(A)	电压规格(V)
4	D级三相智能物联电能表	有功D级 无功2级 谐波5级	互感器接入	0.015～0.075(6)	3×57.7/100～3×100
				0.003～0.015(1.2)	3×57.7/100～3×100
5	E级三相智能物联电能表	有功E级 无功2级 谐波5级	互感器接入	0.015～0.075(6)	3×57.7/100～3×100
				0.003～0.015(1.2)	3×57.7/100～3×100

根据安装环境不同推荐使用电能表类型如表2-2所示。

表2-2　不同安装环境适用表类型

安装环境	电能表适用类型(推荐)
关口	E级三相智能物联电能表、D级三相智能物联电能表、C级三相智能物联电能表
100 kVA及以上专用变压器用户	E级三相智能物联电能表、D级三相智能物联电能表、C级三相智能物联电能表
100 kVA以下专用变压器用户	C级三相智能物联电能表、B级三相智能物联电能表
公用变压器下三相用户	B级三相智能物联电能表
公用变压器下单相用户	A级单相智能物联电能表

2. 智能电能表电流、电压

非20版电能表的电流采用"标定电流（最大电流）"表示，如图2-17所示。该电能表的电流为5（60）A，其中5 A为标定电流，60 A为最大电流。

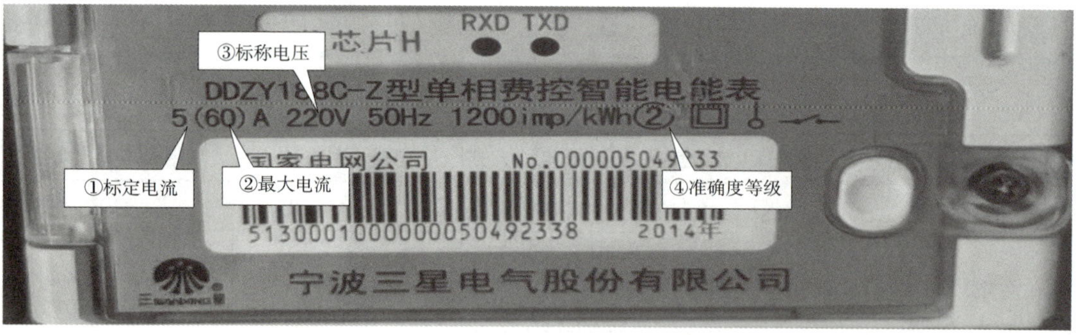

图2-17　非20版电能表电流、电压铭牌

20版电能表的电流规格采用"最小电流～转折电流（最大电流）"来表示，如图2-18所示。

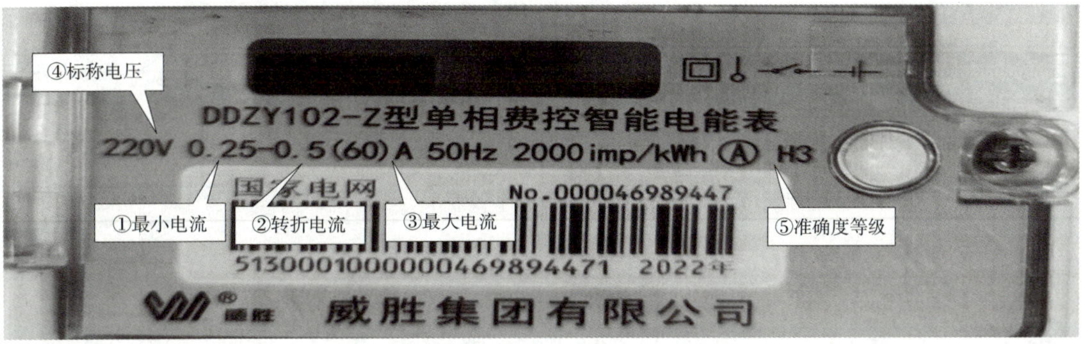

图2-18　20版电能表电流、电压铭牌

举例：

（1）A级单相直接接入式电能表的电流规格为0.25～0.5（60）A，表示其最小电流是0.25 A，转折电流是0.5 A，最大电流是60 A。

（2）C级三相经互感器接入式电能表的电流规格为0.015～0.075（6）A，表示其最小电流是0.015 A，转折电流是0.075 A，最大电流是6 A。

另外，直接接入式电能表的标定电流为10倍转折电流，经互感器接入式电能表的标定电流为20倍转折电流。如图2-18所示，该电能表的转折电流为0.5 A，则标定电流为5 A。

二、现场补抄

（一）现场作业终端补抄

1. 采集2.0系统工单生成及派工

（1）现场补抄工单来源于采集2.0系统，采集2.0系统每月1号定时推送抄表失败清单至闭环，闭环根据失败清单后台批量完成现场补抄工单生成。

（2）工单生成完成后，可在采集2.0系统采集运维→运维任务管理→运维作业管理→待转现场页面选择现场补抄，进行补抄工单信息查询，如图2-19所示。

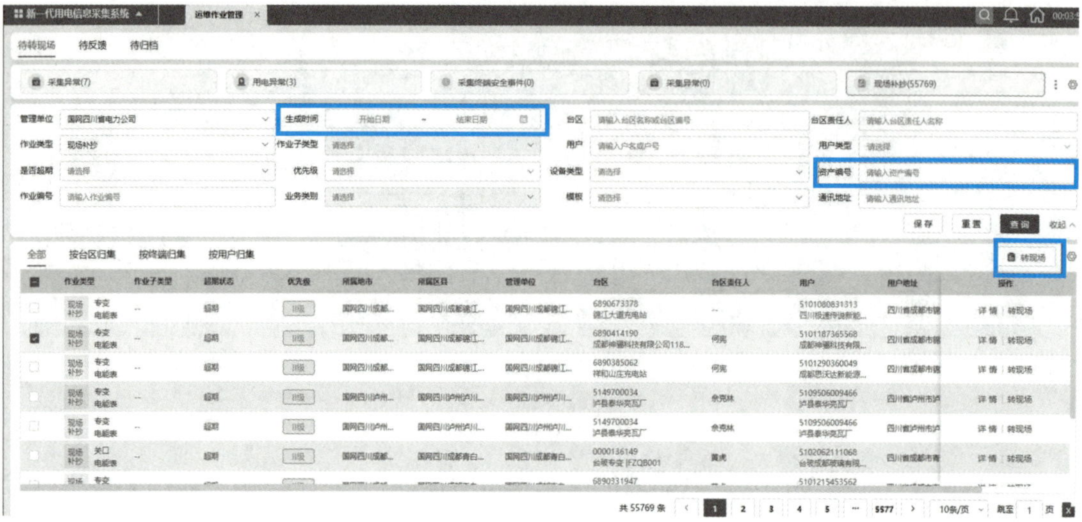

图2-19　补抄工单信息查询

（3）选择对应工单后，点击转现场按钮，输入工号或姓名，将工单派工至指定人员。可根据台区、终端、用户进行批量归集派工，如图2-20所示。

图2-20　工单派工

2. 现场作业终端操作

以某企业App为例：进入采集闭环App应用→点击“待办任务”（默认按台区展示，可点击“全部”下拉箭头按业务类型展示）→点击“待办工单”→选择“背夹型号”，等待背夹连接成功跳转至“现场作业”界面（背夹连接界面自动弹出）→选择“规约类型”等信息后，点击“补抄”，如图2-21所示。

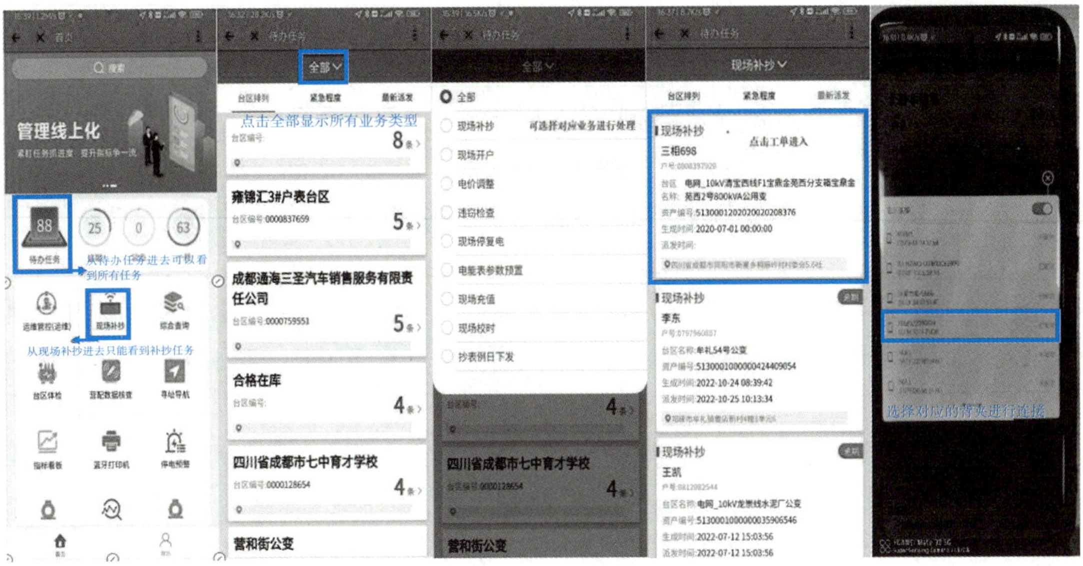

图 2-21　采集闭环 App 操作

点击“补抄”按钮，进行电表数据补抄。补抄完成后，页面展示补抄结果，执行失败，可再次补抄或提交工单，执行成功，点击提交按钮，进行工单提交。

（二）手工补抄

手工现场抄表是一种传统抄表方式，主要通过人工到现场读取电能表数据，这种方式在过去被广泛应用，但随着科技的发展，其逐渐被自动化、智能化的抄表方式所取代。不过，在某些特定场景下，例如网络通信中断等情况下，手工抄表仍然具有一定的应用价值。

1. 准备阶段

抄表人员需要正确穿戴防护用品、准备良好的低压测电笔、抄表工具（如抄表本、笔、手电筒等）和抄表清单，确保携带的抄表清单正确、完整、清晰。

2. 到达现场

（1）现场环境检查：抄表人员到达现场应先对环境开展检查，是否在供电企业的供电设施上，擅自接线用电；是否存在不明供电电线、电缆，核实其来源；是否存在用途不明的无线电发射装置、无线电天线；是否存在磁饱和电流声，是否存在强磁装置；是否存在其他用途可疑的设备。

（2）三步验电：接触计量箱、计量柜前应先验电，第一步应先在低压有电部位上试验，以验证测电笔良好；第二步对计量箱、计量柜等进行验电；第三步在低压有电部位上试验，再次验证测电笔良好，方可打开计量柜门。

（3）客户信息核对：核对抄表清单上的客户信息与现场是否一致。

（4）电能表外观检查：外观有无破损，有无人为损坏，电能表大盖、尾盖、编程盖固定螺栓是否齐全，螺栓是否紧固，封印是否齐全。

（5）封印检查：检查电能表出厂封印、检定封印、编程封印、尾盖封印是否完整，封印编号与系统是否一致；封印有无被损坏和胶水粘贴痕迹，出厂封签有无厂家标识，计量检定封印编号是否与同批次产品一致。

（6）合格证检查：检查电能表出厂合格证是否完好，有无脱胶、胶水粘贴痕迹、粘贴位置异常等现象。检查电能表检定合格证是否完好，有无脱胶、胶水粘贴痕迹、粘贴位置异常等现象。

（7）显示屏检查：显示屏有无破损，显示内容是否完整，有无乱码等现象。

3. 读取数据

抄表人员按照抄表清单上的顺序，逐一读取计量表的数据，并记录在抄表本上。在读取过程中，需要注意数据的准确性和完整性。不同电压等级、用电类别的用电客户所取读取的数据有所不同，例如普通居民用电客户，所需读取的数据主要是有功总、峰、谷示数。抄录按两部制电价计收基本电费的高压工商业客户示数时，除抄录以上示数外，还需抄录最大需量、无功总、反无功总等其他示数。

（1）电能表日历时钟抄读，如图2-22所示。

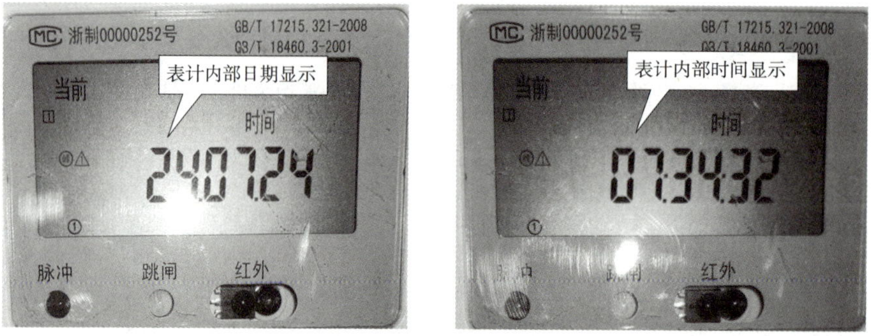

图2-22　电能表日历时钟抄读

当前电能表日历为2024年7月24日7时34分32秒。

市场化交易用户的电能表时钟偏差控制在1 min以内，其他用户的电能表时钟偏差控制在5 min以内。终端设备和采集主站定期监测运行电能表的时钟，按照校时策略对电能表自动校时，周期内3次校时失败的自动生成工单并启动现场校时。

（2）单相电能表电压值抄读，如图2-23所示。

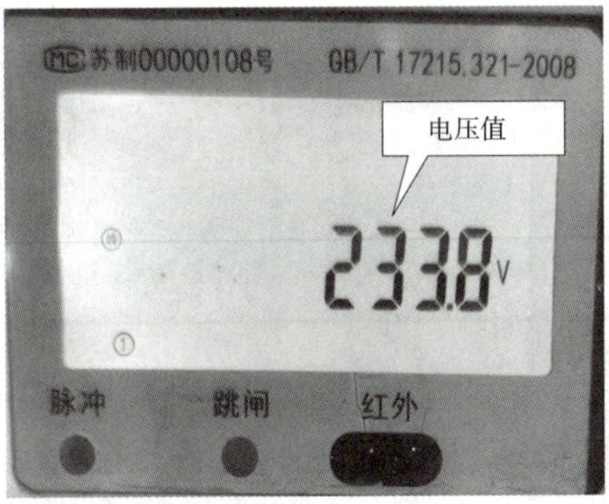

图2-23　单相电能表电压值抄读

当前电能表电压值为233.8 V。

《供用营业规则》第五十七条规定“在电力系统正常状况下，供电企业供到用户受电端的供电电压允许偏差为：①35 kV以上电压供电的，电压正、负偏差的绝对值之和不超过额定值的10%；②10（6、20）kV以下三相供电的，为额定值的±7%；③220 V单相供电的，为额定值的+7%、-10%。在电力系统非正常状况下，用户受电端的电压最大允许偏差不应超过额定值的±10%。用户用电功率因数达不到本规则第四十五条规定的，其受电端的电压偏差不受此限制”。因此，可计算出电压偏差允许值为220×（1+7%）=235.4 V，220×（1-10%）=198 V。因此，当前电能表电压值正常。

（3）单相电能表电流值抄读，如图2-24所示。

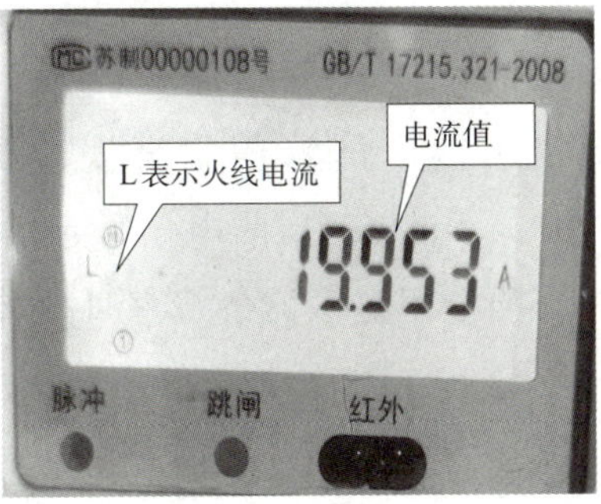

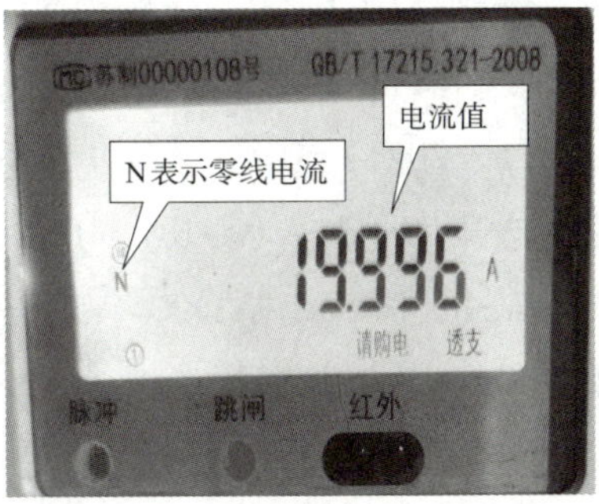

图2-24　单相电能表电流值抄读

当前单相电能表火线电流值为19.953 A，零线电流值为19.996 A。

单相电能表火零线不一致现象一般是用户使用U形线短接了火线、开盖短接了表计内部计量单元。通常用电检查专业使用钳形电流表测量进线电流值与电能表显示电流值对比判断单相用户有无窃电行为。

（4）单相居民电能表总、峰、平、谷示数抄读，如图2-25所示。

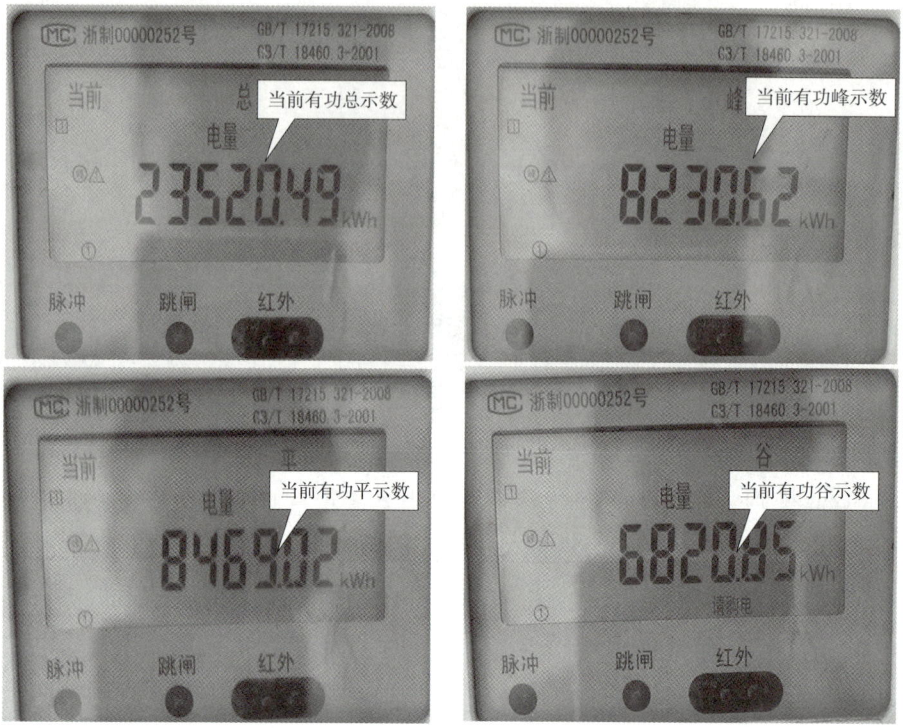

图2-25　单相居民电能表总、峰、平、谷示数抄读

当前单相电能表总示数为23520.49 kW·h，峰示数为8230.62 kW·h，平示数为8469.02 kW·h，谷示数为6820.85 kW·h。

根据《电测量设备（交流）通用要求、试验和实验条件 第11部分：测量设备》（GB/T 17215.211—2021）规定：“电子指示显示器电能示值组合误差试验：$|WD-(WD1+WD2+\cdots+WDn)|\leqslant(\eta-1)\times10^{-\beta}$。式中：WD——当前电子显示器总电能计数器的电能量，kW·h；WD1，WD2，WDn——当前电子显示器各费率时段对应的计数器的电能量，kW·h；η——费率数；β——电子显示器总电能计数器的小数位数”。

也就是说：现在的电能表显示位数是6.2位（6位整数，2位小数），如果时段只有峰、平、谷三个时段，组合误差为小于或等于0.02；如果时段有尖、峰、平、谷四个时段，组合误差为小于或等于0.03。$|23520.49-(8230.62+8469.02+6820.85)|=0$，$(3-1)\times10^{-2}=0.02$，$0<0.02$。

（5）三相电能表电压值抄读，如图2-26所示。

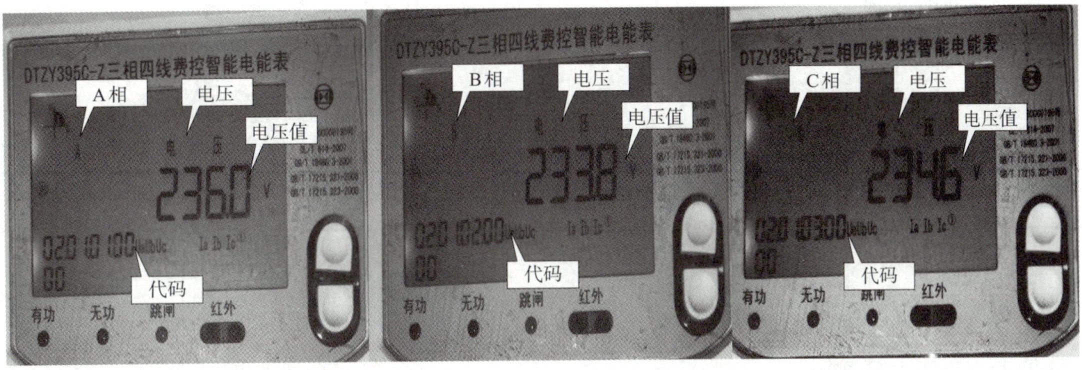

图2-26　三相电能表电压值抄读

当前三相电能表A相电压为236.0 V，B相电压为233.8 V，C相电压为234.6 V。

三相四线直接接入式费控智能电能表电压联片控制该计量单元电压，电压联片松动或断开后该相计量不准确，因此要求对表尾盖进行加封，同时这也是用电检查专业查窃电的重点。

（6）三相电能表电流值抄读，如图2-27所示。

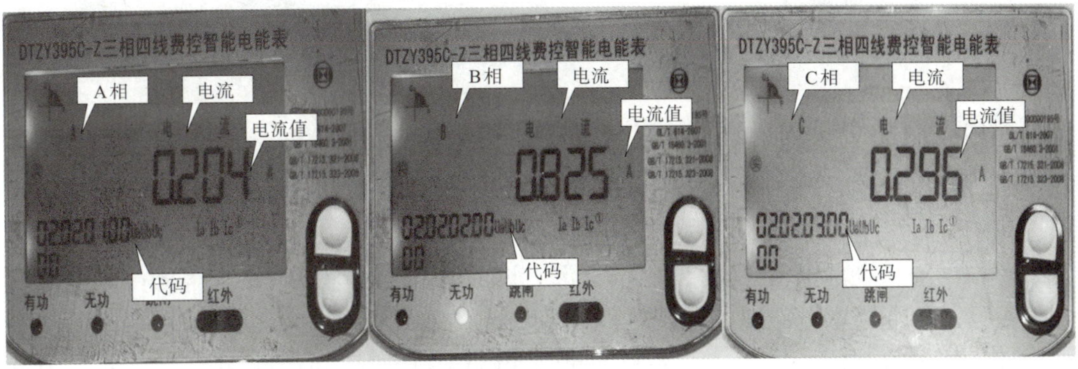

图2-27　三相电能表电流值抄读

当前三相电能表A相电流为0.204 A，B相电流为0.825 A，C相电流为0.296 A。

电流不平衡：当三相电流中的任一相电流大于5%额定（基本）电流，电流不平衡率大于设定的电流不平衡率限值（默认值30%，严重不平衡90%），且持续时间大于设定的电流不平衡判定延时时间的工况（60 s）。运检专业可根据台区考核总表电流不平衡情况动态开展负荷调整工作，以此提升供电质量。

（7）非20版三相电能表有功各费率示数抄读，如图2-28所示。

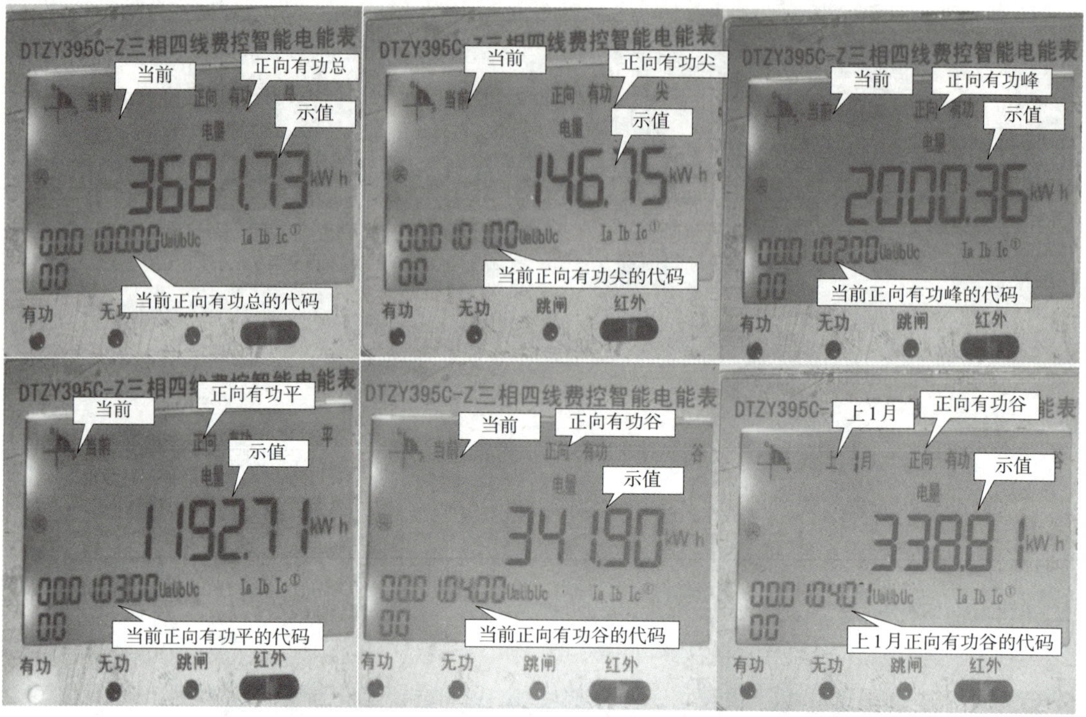

图2-28　非20版三相电能表正向有功示数抄读

当前三相电能表总示值为3681.73 kW·h，尖示值为146.75 kW·h，峰示值为2000.36 kW·h，平示值为1192.71 kW·h，谷示值为341.90 kW·h，上1月正向有功谷示值为338.81 kW·h。

|3681.73–（146.75+2000.36+1192.71+341.90）|=0.01，0.01<0.03。

根据《智能物联电能表功能及软件规范》（Q/GDW 12180—2021）对电能表的费率的要求：最多可支持12个费率，分别为T1～T12。其中T1～T4对应尖、峰、平、谷费率；B级电能表各费率如图2-29所示。

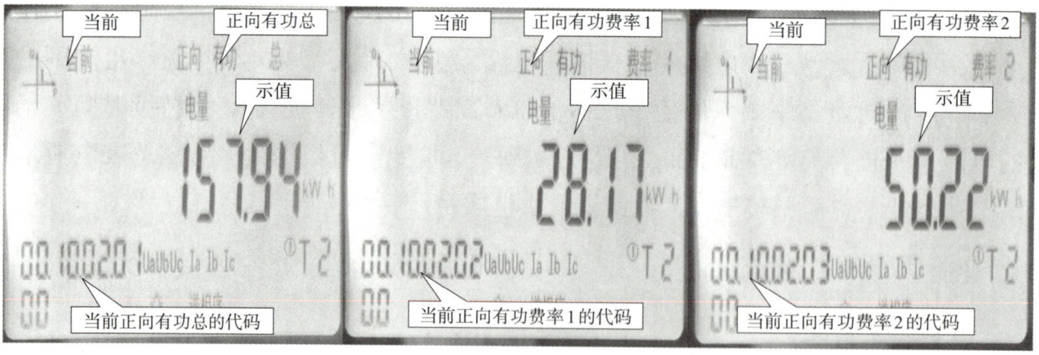

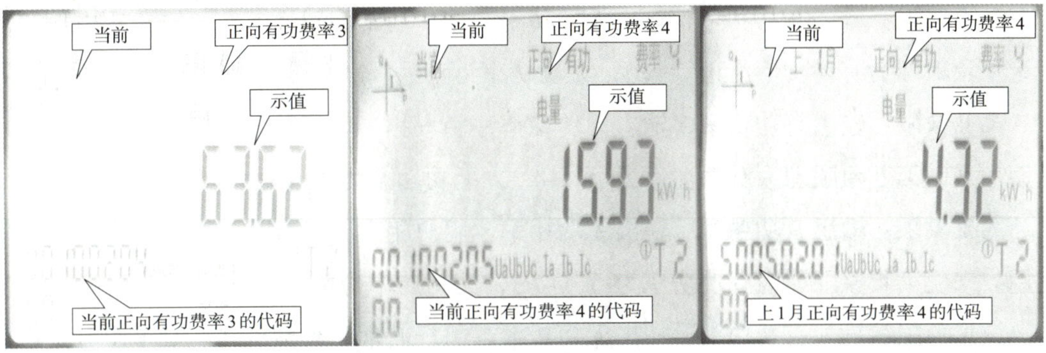

图2-29　20版三相电能表正向有功示数抄读

三相电能表当前正向有功总示值为157.94 kW·h，尖示值为28.17 kW·h，峰示值为50.22 kW·h，平示值为63.62 kW·h，谷示值为15.93 kW·h，上1月正向有功谷示值为4.32 kW·h。

（8）三相电能表无功示数抄读，如图2-30所示。

为方便理解，在进行无功电量示数抄读之前，先介绍三相电能表的运行象限，也就是有功和无功功率的几何示意图，如图2-30所示。根据《交流电测量设备 特殊要求第23部分：静止式无功电能表（2级和3级）》（GB/T 17215.323—2022）附录C，图2-30中参考矢量是电流矢量（取向右为正方向），电压矢量V随相角φ改变方向，电压V和电流I间的相角φ在数学意义上取正（逆时针方向为正）。于是有功功率P轴（方向向右为正）和无功功率Q轴（方向向上为正），将平面划分为四个象限：自右上的第Ⅰ象限，逆时针转动分别为第Ⅱ、Ⅲ、Ⅳ象限。

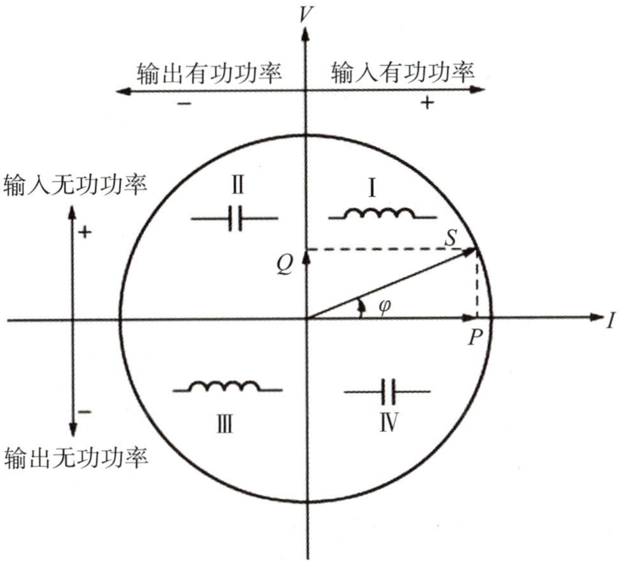

图2-30　有功和无功功率的几何示意图

第Ⅰ象限：输入有功功率，输入无功功率，用户通常为感性负载。对于用电用户来说第Ⅰ象限即为有功功率为正（$+P$），无功功率为正（$+Q$）。

第Ⅱ象限：输出有功功率，输入无功功率，用户相当于一台欠励磁发电机。对于用电用户来说第Ⅱ象限即为有功功率为负（$-P$），无功功率为正（$+Q$）。

第Ⅲ象限：输出有功功率，输出无功功率，用户相当于一台过励磁发电机。对于用电用户来说第Ⅲ象限即为有功功率为负（$-P$），无功功率为负（$-Q$）。

第Ⅳ象限：输入有功功率，输出无功功率，用户通常为容性负载。对于用电用户来说第Ⅳ象限即为有功功率为正（$+P$），无功功率为负（$-Q$）。

三相电能表采用四象限有功、无功计量。如图2-31所示的三相电能表无功示数，电能表当前运行于第Ⅰ象限。

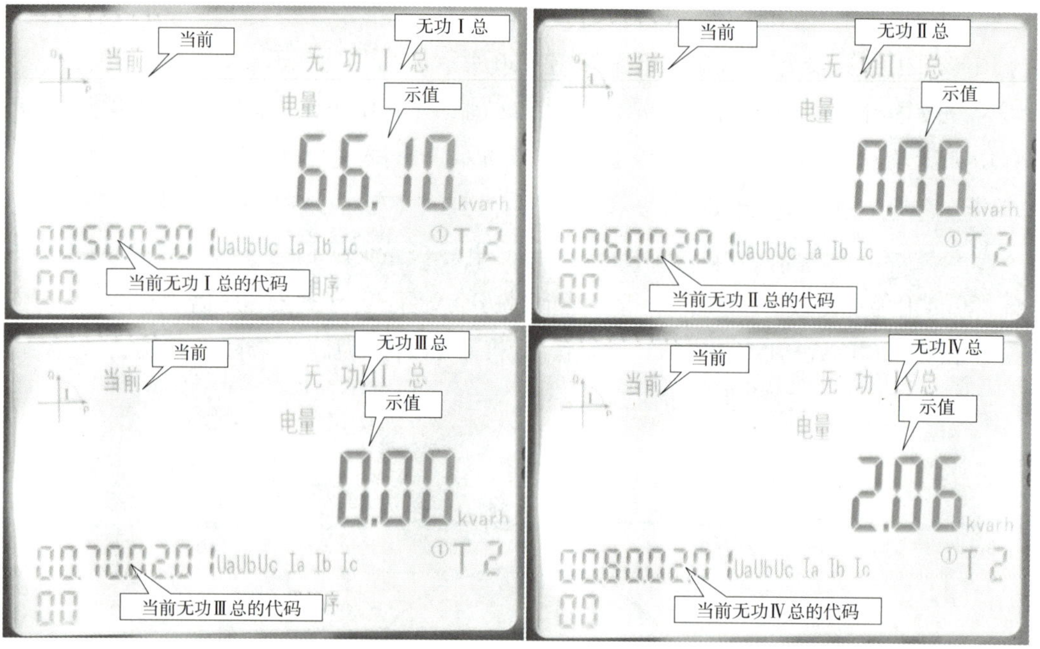

图2-31　三相电能表无功示数抄读

当前四象限的无功电量分别为：当前无功Ⅰ总电量为66.10 kvarh，当前无功Ⅱ总电量为0.00 kvarh，当前无功Ⅲ总电量为0.00 kvarh，当前无功Ⅳ总电量为2.06 kvarh。对于考核功率因数的用户，既要计量其正向有功电量，也要计量其反向无功电量。在电能表中，正向无功电量用组合无功1总计量，反向无功电量用组合无功2总计量，组合无功1总、组合无功2总和四象限无功电量的关系由图2-30可以得出如下公式。

组合无功1总（正向无功总）=无功Ⅰ总＋无功Ⅱ总；

组合无功2总（反向无功总）=无功Ⅲ总+无功Ⅳ总。

该用户当前正向无功总电量为66.10 kvarh，反向无功总电量2.06 kvarh。

（9）需量值抄读，如图2-32所示。

图2-32　需量值抄读

最大需量为1.2536 kW，发生在2024年8月8日18时23分。

思考练习

1.单选题：某厂家的A级电能表铭牌参数：电压规格为220 V，电流规格为0.5～1(100)A，频率为50 Hz，请问该表计的标称电流是（　　）A。

A. 0.5　　B. 1　　C. 10　　D. 20

2.判断题：电能表按有功电能计量准确度等级可分为A、B、C、D、E五个等级。（　　）

3. 简答题：现场抄表时发现某三相直接接入电能表三相电流均为5 A，三相电压如图2-33所示，请初步判断故障原因，该如何处理？

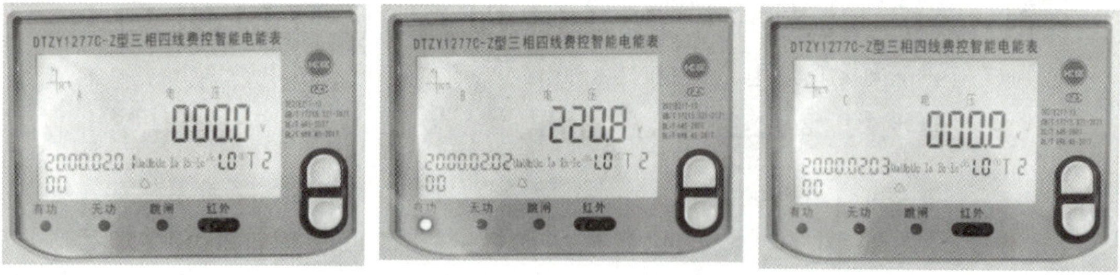

图2-33　某三相直接接入电能表电压

扫描二维码·参看答案20

单元二　电费计算

单元目标

知识目标

1. 能掌握居民生活用电电价政策。
2. 能掌握代理购电用户电价组成及相关规定。
3. 能掌握市场化交易用户电价组成及相关规定。

能力目标

1. 能够正确计算不同场景执行居民生活用电价格的电力用户电费。
2. 能够正确计算工商业（两部制、单一制）代理购电用户电费。
3. 能够正确计算市场化交易用户电费。

素质目标

1. 提高执行目录电价、代理购电、市场化交易等不同用户电费计算的能力。
2. 培养电量、电价、电费计算工作中的规则意识。
3. 培养电费计算精益求精、严谨细致的工作态度。

模块一　居民用户电费计算

学习导读

重点：各类场景居民生活用电电价政策。
难点：各类场景居民生活用电电价政策及电费计算方法。

一、居民生活用电电价政策

居民生活用电电价具体政策详见第一部分单元一模块四我国常见的电价制度。本单元将以四川电网电价为例进行讲解。表2-3为四川电网居民生活电价表。

表2-3　四川电网居民生活电价表

用电分类			电度电价(元/kW·h)		
			不满1 kV	1～10 kV	35～110 kV
合表居民生活用电			0.5464	0.5364	0.5364
四川电网直供区“一户一表”居民生活用电	1.月用电量在180 kW·h及以内部分	高峰时段、平段	0.5224	0.5124	0.5124
		丰水期低谷时段	0.175	0.175	0.175
		枯、平水期低谷时段	0.2535	0.2535	0.2535
	2.月用电量在181～280 kW·h部分，电价每千瓦时提高标准		0.10	0.10	0.10
	3.月用电量在281 kW·h及以上部分，电价每千瓦时提高标准		0.30	0.30	0.30

表2-3中，合表居民生活电价、“一户一表”居民生活用电（月用电量在180 kW·h及以内部分）高峰时段、平段电价，分别包含有目录电价和4项政府性基金及附加（重大水利工程建设基金0.196875分/kW·h、大中型水库移民后期扶持基金0.62分/kW·h、农网还贷资金2分/kW·h、可再生能源电价附加0.1分/kW·h）。

二、电量计算相关知识要点

根据供电方案确定的计量方式，计量点确定不同，电量的组成部分也不相同。为了公平、公正地计算电力用户应付电费，必须根据计量方式正确计算电量。下面介绍几个概念及相应的电量计算：

（一）电能计量方式

计量点就是电能计量装置的安装位置，所谓电能计量装置包括计费电能表和电压、电流互感器及二次连接线。《供电营业规则》第七十七条规定：电能计量装置原则上应装在供电设施的产权分界处。如产权分界处不适宜装表的，对专线供电的高压用户，可以在供电变压器出口装表计量；对公用线路供电的高压用户，可以在用户受装置的低压侧计量。因此，计量点原则上应设置在电力用户与供电企业供电设施的产权分界处，如产权分界处不具备计量装置安装条件的，计量点一般设置在电力用户的受电点处。计量方式根据供电电压和计量电压，通常分为高供高计、高供低计、低供低计，如图2-34所示。

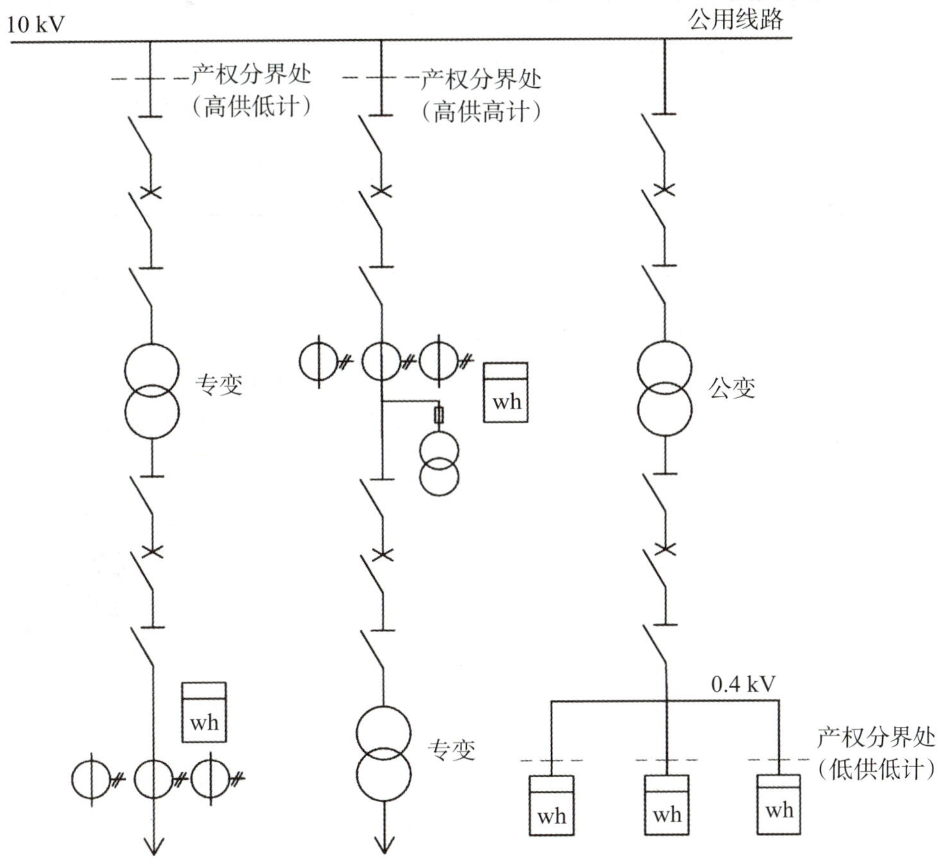

图2-34　电能计量方式

高供高计：即高压供电，高压侧计量，根据计量方案确定原则，高压供电的用户宜在高压侧计量。从图2-34可以看出高供高计方式计量装置所记录的电量包含有用电设备及专用线路、专用变压器消耗的电量。

高供低计：即高压供电，低压侧计量，根据计量方案确定原则，10 kV供电且容量在315 kVA及以下、35 kV供电且容量在500 kVA及以下的，高压侧计量确有困难时，可在低压侧计量，即采用高供低计方式。从图2-34可以看出高供低计方式计量装置所记录的电量仅含有用电设备消耗的电量，不包含专用变压器消耗的电量。

低供低计：即低压供电，低压侧计量，如供电电压为220/380V的供电线路中，一般是公用变压器下的电力用户，此类电力用户用电，不承担公用变压器损耗。

（二）电能计量装置倍率的计算

电能计量的倍率由两部分组成，一部分是电能表本身的倍率，另一部分是采用互感器接入后产生的倍率。目前普遍使用的电能表自身一般不存在倍率，计量倍率主要是互感器的倍率。电能表仅通过电流互感器接入时，计量倍率为电流互感器的变比；电能表通过电压互感器和电流互感器接入时，计量倍率为电压互感器变比和电流互感器变比的乘积。

练一练

1. 若电能表铭牌标示为3×220/380 V，3×1.5（6）A时，将电能表通过电流互感器接入，电流互感器变比为500/5，求计量倍率？

2. 若电能表铭牌标示为3×100 V、1.5（6）A时，将电能表通过电压互感器和电流互感器接入，电压互感器变比为10000/100，电流互感器变比为50/5，求计量倍率？

扫描二维码·参看答案21

（三）抄见电量的计算

抄见电量是根据电力用户电能表所指示的数据计算的电量。

1. 直接接入式电能表抄见电量计算

抄见电量i=本次电表示数i−上次电表示数i

2. 经电流互感器接入电能表抄见电量计算

抄见电量i=（本次电表示数i−上次电表示数i）×倍率

电能表只通过电流互感器接入时，计量倍率为电流互感器的变比。

3. 经电压互感器和电流互感器接入电能表抄见电量计算

抄见电量i=（本次电表示数i−上次电表示数i）×倍率

电能表通过电压互感器和电流互感器接入时，计量倍率为电压互感器变比和电流互感器变比的乘积。

式中：i为各计量点电能表不同电量示数类型各时段。

若需计算电能表各时段电量时，分别计算出正向有功（总）、正向有功（尖峰）、正向有功（峰）、正向有功（谷）、正向无功（总）、反向无功（总）的抄见电量；因分时电能表尖峰、峰、平、谷电量之和与总有功抄见电量可能存在微小差异，因此，有功平段电量=总段电量−尖峰电量−峰段电量−谷段电量；电量计算结果四舍五入后保留整数。

三、居民用户电费计算案例分析

（一）合表居民生活用电电费计算

多户居民生活用电合用一只电表，机关、部队、学校、企事业单位集体宿舍的生活用电，城乡居民住宅小区公用附属设施用电、学校教学和学生生活用电、社会福利场所生活用电、宗教场所生活用电、城乡社区居民委员会服务设施用电、监狱监房生活用电、专营单位小区内对城镇居民二次供水设施用电等均按照合表居民生活用电价格计算电费。

【案例一】某九年义务教育学校运行容量80 kW，交流380V供电，计量方式为低供低计。抄表例日为次月1日。2024年5月1日、4月1日抄表数据见表2-4所列，计算该户2024年4月电费。

表2-4　2024年5月1日、4月1日抄表数据

示数类型	4月1日抄见示数	5月1日抄见示数
正向有功总	13636	17062

计算步骤：

1. 结算倍率计算

该电力用户计量方式为低供低计（即低压供电，低压侧计量），未接入有电压互感器和电流互感器，结算倍率为1。

2. 结算电量计算

有功总电量：（17062−13636）×1=3426（kW·h）

3. 结算电价计算

该电力用户为九年义务教育学校，应执行居民合表电价，供电电压交流380V，查《四川省电网居民生活电价表》，不满1 kV合表居民生活用电平段价格为0.5464元/kW·h。

4. 结算电费计算

结算电费为结算电度电费，结算电费=结算电量×结算电价，电费计算结果四舍五入后保留两位小数。

结算电费：3426×0.5464=1871.97（元）

即：某九年义务教育学校2024年4月应缴总电费1871.97元。

（二）户表居民生活用电电费计算

依据《四川省物业管理条例》规定，对具有独立产权的每一户居民生活用电按“一户一表”方式单独安装电能计量装置，由供电企业直接供电、抄表、收费、服务到户，执行国家规定的电价政策、服务标准。

四川“一户一表”居民生活用电按月执行阶梯电价政策，第一档月用电量在180 kW·h及以内，第二档月用电量在181至280 kW·h，第三档月用电量在281 kW·h及以上。第一档电量的电价执行四川“一户一表”居民生活用电基础电价，即0.5224元/kW·h（不满1 kV）；第二档电量的电价比基础电价提高0.1元，即0.6224元/kW·h（不满1 kV）；第三档电量的电价比基础电价提高0.3元，即0.8224元/kW·h（不满1 kV）。

四川“一户一表”居民生活用电目前执行居民生活低谷时段优惠电价政策。丰水期低谷时段电价为0.175元/kW·h；平水期和枯水期低谷时段电价为0.2535元/kW·h。

四川峰平谷时段划分标准为：高峰时段10：00—12：00、15：00—21：00，平段7：00—10：00、12：00—15：00、21：00—23：00，低谷时段23：00—次日7：00。

四川电网丰枯季节划分，丰水期：6—10月份；枯水期：1—4月份、12月份；平水期：5月份和11月份。

【案例二】“一户一表”居民用户陈某，装接容量8 kW，交流220 V供电，计量方式为低供低计。抄表例日为次月1日。2024年5月1日、4月1日抄表数据见表2-5所列，计算该户2024年4月电费。

表2-5　2024年5月1日、4月1日抄表数据

示数类型	4月1日抄见示数	5月1日抄见示数
正向有功总	29270	29603
高峰	11813	11939
低谷	7064	7152

计算步骤：

1. 结算倍率计算

该电力用户计量方式为低供低计（即低压供电，低压侧计量），未接入有电压互感器和电流互感器，结算倍率为1。

2. 结算电量计算

有功总电量：（29603–29270）×1=333（kW·h）

有功峰电量：（11939–11813）×1=126（kW·h）

有功谷电量：（7152–7064）×1=88（kW·h）

有功平电量：333–126–88=119（kW·h）

该户阶梯电量为：

第一阶梯电量（月用电量在180 kW·h及以内）：180 kW·h

第二阶梯电量（月用电量在181至280 kW·h）：100 kW·h

第三阶梯电量（月用电量在281 kW·h及以上）：333–280=53（kW·h）

3. 结算电价计算

该电力用户为“一户一表”居民用户，应执行“一户一表”居民用户电价，供电电压交流220 V，4月为枯水期，查《四川省电网居民生活电价表》，不满1 kV“一户一表”居民用户生活用电高峰时段、平段价格为0.52240元/kW·h，枯水期低谷时段价格为0.25350元/kW·h。第二档阶梯电量电价每千瓦时提高标准0.1元，第三档阶梯电量电价每千瓦时提高标准0.3元。

4. 结算电费计算

结算峰段电费：126×0.5224=65.82（元）

结算平段电费：119×0.5224=62.17（元）

结算谷段电费：88×0.2535=22.31（元）

第二档阶梯电费：100×0.10=10.00（元）

第三档阶梯电费：53×0.30=15.90（元）

5. 合计电费

65.82+62.17+22.31+10.00+15.90=176.20（元）

即：陈某2024年4月应缴总电费176.20元。

（三）居民小区充电桩电费计算

随着新能源电动汽车应用越来越广泛，充电桩电力用户群体逐渐增多，居民充电桩用电电价政策及电费结算，也是日常电力用户关注的热点。根据现有电价政策，居民家庭住宅、居民住宅小区、执行居民电价的非居民用户中设立的充换电设施用电，均执行居民用电价格中的合表用户电价。

为积极稳妥推进“双碳”目标实现，倡导全省科学用电、节约用电，进一步引导电力用户削峰填谷，改善电力供需状况，对居民小区充电桩实施分时电价政策。高峰时段电价在平段电价基础上上浮60%，低谷时段电价在平段电价基础上下浮60%。居民小区充电桩峰平谷时段划分标准为：高峰时段10：00—12：00、15：00—21：00，平段7：00—10：00、12：00—15：00、21：00—23：00，低谷时段23：00—次日7：00。

【案例三】小区居民充电桩电力用户黄某，交流220 V供电，装见容量为7 kW，计量方式为低供低计。抄表例日为次月1日。2024年7月1日、6月1日抄表数据见表2-6所列，计算该户2024年6月电费。

表2-6　2024年7月1日、6月1日抄表数据

示数类型	6月1日抄见示数	7月1日抄见示数
正向有功(总)	1590	1920
高峰	70	88
低谷	1371	1641

计算步骤：

1. 结算倍率计算

该电力用户计量方式为低供低计（即低压供电，低压侧计量），未接入有电压互感器和电流互感器，结算倍率为1。

2. 结算电量计算

有功总电量：(1920−1590)×1=330（kW·h）

有功峰电量：(88−70)×1=18（kW·h）

有功谷电量：(1641−1371)×1=270（kW·h）

有功平电量：330−18−270=42（kW·h）

3. 结算电价计算

该电力用户为小区居民充电桩，应执行居民合表电价，供电电压交流220 V，查《四川省电网居民生活电价表》，不满1 kV合表居民生活用电平段价格为0.5464元/kW·h。该价格中含有四项代收政府性基金及附加，分别为农网还贷资金0.02元/kW·h，重大水利工程建设基金0.00196875元/kW·h，可再生能源电价附加0.001元/kW·h，大中型水库移民后期扶持基金0.0062元/kW·h。根据《四川省发展和改革委员会关于进一步完善我省分时电价机制的通知》(川发改价格〔2021〕499号）相关规定，小区居民充电桩应执行分时电价，仅由目录电价部分参与分时浮动，四项政府性基金及附加不参与浮动，因此计算各时段结算目录电价时，需扣除四项代收政府性基金及附加。即：

平段目录电价=0.5464−0.02−0.00196875−0.001−0.0062=0.51723125（元/kW·h）

峰段目录电价=0.51723125×1.6=0.82757（元/kW·h）

谷段目录电价=0.51723125×0.4=0.2068925（元/kW·h）

平段结算电价=0.5464（元/kW·h）

峰段结算电价=0.82757+0.02+0.00196875+0.001+0.0062=0.82757+0.04716875=0.85673875（元/kW·h）

谷段结算电价=0.2068925+0.02+0.00196875+0.001+0.0062=0.2068925+0.04716875=0.23606125（元/kW·h）

4. 结算电费计算

结算峰段电费：18×0.85673875=15.42（元）

结算平段电费：42×0.5464=22.95（元）

结算谷段电费：270×0.23606125=63.74（元）

5. 合计电费

15.42+22.95+63.74=102.11（元）

即：小区居民充电桩电力用户黄某2024年6月应缴总电费102.11元。

思考练习

1. 简答题：哪些电力用户可以执行“一户一表”居民生活用电价格？
2. 简答题：四川“一户一表”居民生活用电阶梯电价政策是如何规定的？
3. 简答题：居民用户政府性基金及附加是怎样构成的？

扫描二维码·参看答案22

模块二　代理购电电费计算

学习导读

重点：代理购电用户价格组成。

难点：代理购电用户电费计算。

一、代理购电相关知识

（一）代理购电含义

自2021年10月15日起，取消四川电网工商业目录销售电价，工商业用户全部进入电力市场，按照市场价格购电。暂未直接参与市场交易的，由电网企业兜底代理购电。由电网企业代理购电的用户称为代理购电用户。

（二）代理购电用户价格组成

代理购电用户执行代理购电用户电价。代理购电用户电价于每月底前3日通过线上线下渠道，公布次月的价格等相关购电信息。2023年6月1日前，电网企业代理购电用户电价由代理购电价格、输配电价、辅助服务费、政府性基金及附加组成。2023年6月1日后，电网企业代理购电用户电价由代理购电价、输配电价、上网环节线损费用、系统运行费用、政府性基金及附加组成。上网环线损费用、系统运行费用指的是价格。其中：

（1）代理购电价格根据当月购电成本测算所得。

（2）输配电价是由政府制定，分为单一制输配电价和两部制输配电价。不同供电电压等级，输配电价标准不同。第三监管周期四川电网输配电价标准见表2-7所列。

表2-7　第三监管周期四川电网输配电价标准

用电分类		电量电价(元/kW·h)					容(需)量电价							
							需量电价(元/kW·月)				容量电价(元/kVA·月)			
		不满1 kV	1～10 (20) kV	35 kV	110 kV	220 kV	1～10 (20) kV	35 kV	110 kV	220 kV	1～10 (20) kV	35 kV	110 kV	220 kV
工商业用电	单一制	0.256	0.2296	0.1989										
	两部制	～	0.139	0.1092	0.0669	0.0478	35	32	27	24	22	20	17	15

（3）上网环节线损费用=代理购电电价（不含保障居民农业用电价格稳定的新增损益等）×上网环节综合线损率÷(1−上网环节综合线损率)=用户实际购电上网电价×0.0579÷(1−0.0579)=代理购电电价×0.06146，结果保留四位小数。(第三监管周期，国家核定四川电网上网环节综合线损率为5.79%)

上网环节线损电费=上网环节线损费用×结算电量（结果保留两位小数）

（4）系统运行费用包括辅助服务费用，抽水蓄能容量电费等。用户某月系统运行费用对应的电费=系统运行费用×该户某月结算电量，其中系统运行费用随每月代理购电价格一并向社会公示。

（5）政府性基金及附加征收标准。电网随电费征收的政府性基金及附加共4项，共计0.04716875元/kW·h（汶川地震重灾区相关用户为0.04616875元/kW·h）。其中，重大水利工程建设基金0.196875分/kW·h、大中型水库移民后期扶持基金0.62分/kW·h、农网还贷资金2分/kW·h、可再生能源电价附加1.9分/kW·h（其中，对汶川地震重灾区相关用户可再生能源附加按1.8分/kW·h征收）。

符合四川省分时电价、功率因数调整电费政策执行范围的代理购电的工商业用户应执行相应峰谷分时电价政策和功率因数调整电费政策。其中，代理购电价、输配电价、上网环节线损费用执行分时电价，参与功率因数调整电费计算。保障居民农业用电价格稳定的新增损益等、系统运行费用不执行分时电价，参与功率因数调整电费计算。

（三）特殊代理购电价用户范围及相关规定

已直接参与市场交易在无正当理由情况下改由电网企业代理购电的用户，代理购电价格按电网企业为其他代理购电用户代理购电价格的1.5倍执行。由电网企业代理购电的拥有燃煤发电自备电厂用户、高耗能用户，代理购电价格按电网企业为其他代理购电用户代理购电价格的1.5倍执行。

（四）代理购电用户代理购电关系变更

由电网企业代理购电的工商业用户，可在每季度最后15日前选择下一季度起直接参与市场交易，电力用户一旦直接参与市场化交易后，电网企业代理购电相应终止。

二、电量计算相关知识

根据供电方案确定的计量方式，计量点确定不同，电量的组成部分也不相同。为了公平、公正地计算电力用户应付电费，必须根据计量方式正确计算电量。下面介绍几个概念及相应的电量计算：

（一）变压器损耗电量、线路损耗电量的计算

《供电营业规则》第七十七条规定：电能计量装置原则上应装在供电设施的产权分界处。如产权分界处不适宜装表的，对专线供电的高压用户，可以在供电变压器出口装表计量；对公用线路供电的高压用户，可以在用户受装置的低压侧计量。当电能计量装置不安装在产权分界处时，线路与变压器损耗的有功与无功电量均须由产权所有者负担。在计算用户容（需）量电费（按照最大需量计收时）、电度电费及功率因数调整电费时，应将上述损耗电量计算在内。

计算电量时，电力用户采用专用变压器且计量方式为高供低计的，应加计变压器的损耗电量。变损计算方式分为公式法、查表法、协议值三种：

（1）公式法是根据变压器的额定容量、型号得到变压器的有功空载损耗、有功负载损耗、空载电流百分比、阻抗电压百分比、有功损耗系数、修正系数K值，再根据公式计算得到变压器有功损耗和无功损耗；

（2）查表法是根据变压器型号、容量、电压、有功用电量直接查表得到有功损耗电量和无功损耗电量；

（3）协议值是与电力用户协议签订，确定有功损耗电量和无功损耗电量。

一般在日常电量计算中，多采用公式法计算变压器损耗，下面介绍运用公式计算变损的具体方法及相关事项：

1. 变压器损耗电量计算

（1）变压器损耗电量的计算公式一

有功损耗电量=有功空载损耗×24×变压器运行天数+修正系数*K*值×（有功抄见电量^2+无功抄见电量^2）×有功负载损耗/（额定容量^2×24×变压器运行天数）

字母表达式为：

$$\Delta P = P_0 \times 24 \times T_{变} + \frac{K(A_p^2 + A_q^2) \times P_h}{S_e^2 \times 24 \times T_{变}} \tag{2-1}$$

无功损耗=无功空载损耗×24×变压器运行天数+修正系数*K*值×（有功抄见电量^2+无功抄见电量^2）×无功负载损耗/（额定容量^2×24×变压器运行天数）

字母表达式为：

$$\Delta Q = Q_0 \times 24 \times T_{变} + \frac{K(A_p^2 + A_q^2) \times Q_h}{S_e^2 \times 24 \times T_{变}} \tag{2-2}$$

其中：

无功空载损耗=额定容量×空载电流百分比

无功负载损耗=额定容量×阻抗电压百分比

修正系数*K*值根据运行班制确定如下：按照一班制240小时，二班制480小时，三班制720小时，对应的修正系数*K*值分别为3、1.5、1（即修正系数*K*值=3/生产班次）。

（2）变压器损耗电量的计算公式二

有功损耗电量=有功空载损耗功率×24×变压器运行天数+有功电量×有功损耗系数

无功损耗电量=无功空载损耗功率×24×变压器运行天数+有功电量×有功损耗系数×*K*值

其中：有功空载损耗功率、无功空载损耗功率、K值根据变压器型号、额定容量查询“变损计算参数表”确定；有功损耗系数，变压器容量在315 kVA及以下为1.5%，315 kVA以上、4000 kVA及以下为1%，4000 kVA以上为0.5%。

注意事项

（1）电能计量装置未安装在产权分界处时，变压器产生的损耗电量由产权所有者负担。按受电点计算电力用户变压器损耗。

（2）变压器损耗电量按日计算，日用电不足24小时的，按一天计算。

（3）变压器损耗的计算方法已经计算到日，当变压器暂停只是运行天数的变化。则根据变压器暂停的启停日计算出运行天数后即可使用损耗计算公式计算变压器暂停情况的损耗。

2. 线路损耗电量计算

对电力用户采取专用线路（包括电缆）供电和产权所有线路（包括电缆）达到以下长度，并采取受电端计量的，应加计线路损耗电量。

（1）380 V为0.2 km；

（2）6～10 kV线路为0.1 km；

（3）35 kV及以上线路为0.5 km。

线损电量的计算有采用线路参数和用电量公式计算；有采用与客户协定损耗电量来计算；有采用与客户协定线路损耗系数来计算。常采用公式计算方法依据线路长度、电阻值、电抗值来确定线损电量。

线损电量计算公式：

$$\text{有功线损}=\frac{\text{单位长度线路电阻}\times\text{线路长度}\times 10^{-3}}{\text{额定电压}^2\times\text{线路运行时间}}\times[(\text{有功总抄见电量}+\text{总有功变损电量})^2+(\text{无功总抄见电量}+\text{总无功变损电量})^2]$$

字母表达式为：

$$\Delta P=\frac{RL\times 10^{-3}}{U_e^2\times 24\times T}(W_P^2+W_Q^2) \tag{2-3}$$

$$\text{无功线损}=\frac{\text{单位长度线路电抗}\times\text{线路长度}\times 10^{-3}}{\text{额定电压}^2\times\text{线路运行时间}}\times[(\text{有功总抄见电量}+\text{总有功变损电量})^2+(\text{无功总抄见电量}+\text{总无功变损电量})^2]$$

字母表达式为：

$$\Delta Q=\frac{XL\times 10^{-3}}{U_e^2\times 24\times T}(W_P^2+W_Q^2) \tag{2-4}$$

（二）变压器损耗电量、线路损耗电量分摊

1. 变压器损耗电量分摊

变压器损耗电量分为有功损耗电量和无功损耗电量，通常按有功损耗电量和无功损耗电量分别执行分摊。根据变压器损耗计算公式和变压器参数计算出变压器损耗电量，并将变压器损耗电量分摊到各类别、各时段用电量。

（1）同级计量点变压器损耗电量分摊

同级计量点各电能表按照抄见电量比例进行损耗电量分摊。

$$计量点\,i\,损耗电量=\frac{计量点\,i\,抄见电量}{\sum_{i=1}^{n}(分表计量点i抄见电量)}\times 总损耗电量，\quad (i=1,2,\cdots,n-1)$$

$$计量点n损耗电量=总损耗电量-\sum_{i=1}^{n-1}(计量点i损耗电量)$$

（2）主分计量点变压器损耗电量分摊

存在主分计量关系计量点，需要进行变压器损耗电量分摊，则应按照分表抄见电量和主表抄见电量比例分摊。

$$分表计量点i损耗电量=\frac{分表计量点i抄见电量}{主表抄见电量}\times 总损耗电量$$

$$主表计量点损耗电量=总损耗电量-\sum_{i=1}^{n}(分表计量点i损耗电量)$$

（3）复费率分时计量点变压器损耗电量分摊

若电能计量表是复费率分时电能表，变压器有功损耗电量应按各时段抄见电量比例分摊到各时段用电量。

$$峰段损耗电量=\frac{抄见峰段电量}{抄见总电量}\times 总有功损耗电量$$

$$谷段损耗电量=\frac{抄见谷段电量}{抄见总电量}\times 总有功损耗电量$$

平段损耗电量=总有功损耗电量–峰段损耗电量–谷段损耗电量

按抄见电量比例分摊的损耗之和与总损耗不等时，差异损耗放在平段电量。

2. 线路损耗电量分摊

线路损耗电量分为有功损耗电量和无功损耗电量，通常按有功损耗电量和无功损耗电量分别执行分摊。参照上述变压器损耗电量分摊方式，将线路损耗电量分摊到各类别、各时段用电量。

（三）结算电量的计算

电力用户结算电量包括有功电量和无功电量的结算：

1. 有功电量结算

结算有功电量时分别结算有功总电量、各时段有功电量。

（1）结算有功总电量

结算有功总电量=抄见总电量+变损电量+线损电量+退补电量（若有扣减电量的，则该抄见总电量指扣减后的剩余抄见电量）

（2）结算各时段电量

有功结算电量i=抄见电量i+变损电量i+线损电量i+退补电量i（其中：i代表各用电类别对应的各分时段，如大工业用电、非居照用电、居民照明用电等相对应的峰段、平段、谷段电量；若有扣减电量的，则抄见电量指扣减后的剩余抄见电量。）

2. 无功电量结算

无功电量在电费计算中主要是用于功率因数考核和变压器损耗计算，依据原水利电力部、国家物价局《关于颁发〈功率因数调整电费办法〉的通知》（水电财字〔1983〕215号）中的规定：装有无功补偿设备且有可能向电网倒送无功电量的用户，其无功电能表应能正确记录正、反向无功电量，必须同时抄录正、反向无功电量，并按用户倒送的无功电量与实用无功电量两者的绝对值之和，计算月平均功率因数，实施正确的《功率因数调整电费办法》。计算线变损电量的用户，无功电量应加入线损和变损无功电量。即：

低供低计电力用户：无功总电量=正向无功电量+|反向无功电量|

高供高计电力用户：无功总电量=正向无功电量+|反向无功电量|+无功线损电量

高供低计电力用户：无功总电量=正向无功电量+|反向无功电量|+无功变损电量+无功线损电量

三、代理购电用户电费计算示例

（一）工商业（单一制）代理用户电费计算

按照现行电价制度，工商业用户分为执行单一制电价和两部制电价。四川电网供区内工商业用户用电容量在100 kVA及以下的，执行单一制电价；100 kVA至315 kVA的，可选择执行单一制或两部制电价，若需变更执行方式，用户应提前15个工作日向电网企业申请。对于用电容量在315 kVA及以上的工商业用户，2023年5月底前执行单一制电价的，可继续执行单一制电价或选择执行两部制电价，若选择执行两部制电价，后期不可变更。

电网企业代理购电的执行单一制电价的工商业用户（简称工商业（单一制）代理用户）价格=代理购电价格+上网环节线损费用+输配电价（单一制）+系统运行费用+政府性基金及附加，共由5部分组成。

【案例一】某纸制品制造公司，交流10 kV供电，二班制生产，装见容量为S_{11}–250 kVA，计量方式为高供低计，电流互感器变比500/5。抄表例日为次月1日。2024年6月代理购电价格0.2789元/kW·h，系统运行费用–0.0035元/kW·h（其中煤电容量电费0.007元/kW·h，居民农业新增损益–0.0105元/kW·h）、10 kV单一制输配电价为0.2296元/kW·h。2024年7月1日、6月1日抄表数据见表2-8所列，计算该户2024年6月电费。（已知该电力用户变压器对应的损耗参数为：P_0=0.59 kW，Q_0=8.0 kvar，P_h=2.95 kW，Q_h=8.23 kvar）

表2-8　2024年7月1日、6月1日抄表数据

示数类型	6月1日抄见示数	7月1日抄见示数
正向有功(总)	9130.77	9301.38
正向有功(尖峰)	141.02	141.02
正向有功(峰)	1909.29	1923.43
正向有功(谷)	5298.75	5437.62
正向无功(总)	244.02	248.52
反向无功(总)	6927.01	7037.16

计算步骤：

1. 结算倍率计算

倍率：500/5=100

2. 抄见电量计算

抄见有功总电量：(9301.38–9130.77)×100=17061（kW·h）

抄见有功尖峰电量：(141.02–141.02)×100=0（kW·h）

抄见有功高峰电量：(1923.43–1909.29)×100=1414（kW·h）

抄见有功低谷电量：(5437.62–5298.75)×100=13887（kW·h）

抄见有功平段电量：17061–0–1414–13887=1760（kW·h）

正向无功电量：(248.52–244.02)×100=450（kvar·h）

反向无功电量：(7037.16–6927.01)×100=11=11015（kvar·h）

无功总电量：450+11015=11465（kvar·h）

3. 变压器损耗电量计算

采用变压器损耗电量的计算公式一计算该电力用户变压器损耗电量。

经查变压器参数表得到S_{11}–250/10型相关参数值：P_0=0.59 kW，Q_0=8.0 kvar，P_h=

2.95 kW，Q_h=8.23 kvar，S_e=250 kVA，K=1.5，T=30天

$\Delta P=P_0\times24\times T+K\times(A_p^2+A_q^2)\times P_h/(S_e^2\times24\times T)$

$=0.59\times24\times30+1.5\times(17061^2+11465^2)\times2.95/(250^2\times24\times30)$

=466（kW·h）

$\Delta Q=Q_0\times24\times T+K\times(A_p^2+A_q^2)\times Q_h/(S_e^2\times24\times T)$

$=8.0\times24\times30+1.5\times(17061^2+11465^2)\times8.23/(250^2\times24\times30)$

=5876（kvar·h）

有功高峰损耗电量：1414/17061×466=39（kW·h）

有功低谷损耗电量：13887/17061×466=379（kW·h）

有功平段损耗电量：466–39–379=48（kW·h）

4. 结算电量计算

结算有功总电量：17061+466=17527（kW·h）

结算有功高峰电量：1414+39=1453（kW·h）

结算有功平段电量：1760+48=1808（kW·h）

结算有功低谷电量：13887+379=14266（kW·h）

结算无功总电量：11465+5876=17341（kvar·h）

5. 结算电价计算

2024年6月代理购电价格0.2789元/kW·h，系统运行费用–0.0035元/kW·h（其中煤电容量电费0.007元/kW·h，居民农业新增损益–0.0105元/kW·h）、10 kV单一制输配电价为0.2296元/kW·h。

普通工业结算电价：

（1）电网代理购电价格

平：0.2789元/kW·h

峰：1.6×0.2789=0.44624（元/kW·h）

谷：0.4×0.2789=0.11156（元/kW·h）

（2）输配电价

平：0.2296元/kW·h

峰：1.6×0.2296=0.36736（元/kW·h）

谷：0.4×0.2296=0.09184（元/kW·h）

（3）上网环节线损费用

平：0.2789×0.0579/（1–0.0579）=0.0171（元/kW·h）（注：此处价格四舍五入保留四位小数）

峰：1.6×0.0171=0.02736（元/kW·h）

谷：0.4×0.0171=0.00684（元/kW·h）

（4）系统运行费用

煤电容量电费0.007元/kW·h

居民农业新增损益-0.0105元/kW·h

6. 输配电价+政府性基金及附加的电度电费

注：统一用输配电费调平，因此需计算各时段输配电价和政府性基金及附加的电度电费，再计算各时段输配电费=电度电费-各项政府性基金及附加电费，后面例题此步骤相同。

峰：1453×（0.36736+0.04716875）=602.31（元）

平：1808×（0.2296+0.04716875）=500.40（元）

谷：14266×（0.09184+0.04716875）=1983.10（元）

7. 政府性基金及附加计算

（1）农网还贷

峰：1453×0.02=29.06（元）

平：1808×0.02=36.16（元）

谷：14266×0.02=285.32（元）

小计：350.54（元）

（2）库区移民基金

峰：1453×0.0062=9.01（元）

平：1808×0.0062=11.21（元）

谷：14266×0.0062=88.45（元）

小计：108.67元

（3）国家重大水利工程建设基金

峰：1453×0.00196875=2.86（元）

平：1808×0.00196875=3.56（元）

谷：14266×0.00196875=28.09（元）

小计：34.51元

（4）可再生能源附加

峰：1453×0.019=27.61（元）

平：1808×0.019=34.35（元）

谷：14266×0.019=271.05（元）

小计：333.01元

（5）政府性基金及附加小计

峰：29.06+9.01+2.86+27.61=68.54（元）

平：36.16+11.21+3.56+34.35=85.28（元）

谷：285.32+88.45+28.09+271.05=672.91（元）

小计：826.73元

注：计算政府性基金及附加时需分时段电量分别计算，若此处合并时段电量简化计算，与分时段计算可能会存在尾差。

8. 目录电度电费计算

（1）电网代购电费

峰：1453×0.44624=648.39（元）

平：1808×0.2789=504.25（元）

谷：14266×0.11156=1591.51（元）

小计：2744.15元

（2）输配电费

峰：602.31−68.54=533.77（元）

平：500.40−85.28=415.12（元）

谷：1983.10−672.91=1310.19（元）

小计：2259.08元

（3）上网环节线损费用

峰：1453×0.02736=39.75（元）

平：1808×0.0171=30.92（元）

谷：14266×0.00684=97.58（元）

小计：168.25元

（4）系统运行费

煤电容量电费

峰：1453×0.007=10.17（元）

平：1808×0.007=12.66（元）

谷：14266×0.007=99.86（元）

小计：122.69元

居民农业新增损益

峰：1453×（−0.0105）=−15.26（元）

平：1808×（−0.0105）=−18.98（元）

谷：14266×（−0.0105）=−149.79（元）

小计：−184.03元

系统运行费小计：−61.34元

（5）目录电度电费小计

2744.15+2259.08+168.25−61.34=5110.14（元）

9. 基本电费计算

按照第三监管周期输配电价方案，变压器容量在100～315 kVA的电力用户可自行选择执行单一制电价或者两部制电价，用户选择执行单一制，不收取基本电费。

10. 功率因数计算

$$\cos\varphi=\cos\tan^{-1}\frac{\text{结算无功总电量}}{\text{结算有功总电量}}=\cos\tan^{-1}\frac{17341}{17527}=0.71$$

11. 功率因数调整电费计算

根据现行电价政策，该用户的功率因数考核标准为：0.90，经查表得知当 $\cos\varphi=0.71$ 时，增减电费百分数为：9.5%。

电网代购电费增减：2744.15×0.095=260.69（元）

输配电费增减：2259.08×0.095=214.61（元）

上网环节线损费用增减：168.25×0.095=15.98（元）

煤电容量电费增减：122.69×0.095=11.66（元）

居民农业新增损益增减：−184.03×0.095=−17.48（元）

功率因数调整电费=260.69+214.61+15.98+11.66−17.48=485.46（元）

12. 合计电费计算

合计电费=5110.14+485.46+826.73=6422.33（元）

即：该户2024年6月应缴总电费6422.33元。

（二）工商业（两部制）代理客户电费计算

按照现行电价制度，工商业用户分为执行单一制电价和两部制电价。四川电网供区内工商业用户用电容量在315 kVA及以上的，执行两部制电价；用电容量100 kVA至315 kVA的，可选择执行单一制或两部制电价，若需变更执行方式，用户应提前15个工作日向电网企业申请。对于用电容量在315 kVA及以上的工商业用户，2023年5月底前执行单一制电价的，可继续执行单一制电价或选择执行两部制电价，若选择执行两部制电价，后期不可变更。

电网企业代理购电的执行两部制电价的工商业用户（简称工商业（两部制）代理用户）价格=代理购电价格+上网环节线损费用+输配电价（两部制）+系统运行费用+政府性基金及附加。

输配电价（两部制）是指输配电价中包含有电量电价和容（需）量电价两部分。容（需）量电价通常也称为基本电价，对应的电费为容（需）量电费，也叫基本电费。容（需）量电费以月计算。

1. 基本电费计收方式

当前基本电费计收方式有三种：按照变压器的装接容量计收、按照合同核定最大需量计收、按照抄见实际最大需量计收。电力用户可以根据企业变压器装接容量、用电负荷情况、生产情况等综合考虑选择其中一种基本电价计收方式。选定基本电价计收方式后，也可以在规定周期申请变更。基本电价计费方式变更周期按季度变更，电力用户可提前15个工作日向电网企业申请变更下一周期的基本价计费方式。

（1）按变压器容量计收

基本电费=变压器容量×基本电价

（2）按合同核定最大需量计收

电力用户若选择按合同核定最大需量计收基本电费时，电力用户应与电网企业签订供用电合同或电费结算协议，按供用电合同或电费结算协议确定的核定最大需量值计收基本电费，如果电力用户实际最大需量超过核定值5%，超过5%部分的基本电费加一倍收取。

抄见最大需量（实际最大需量）=当月电能表抄见示数×倍率

当抄见最大需量（实际最大需量）小于等于合同核定值的105%时，即实际抄见最大需量≤1.05倍合同核定最大需量值时：

基本电费=合同核定最大需量值×基本电价

当抄见最大需量（实际最大需量）超过合同核定值105%时，即实际抄见最大需量＞1.05倍合同核定最大需量值时：

基本电费=合同核定最大需量值×基本电价+（实际抄见最大需量－合同核定最大需量值×1.05）×基本电价×2

练一练

已知四川某10 kV大工业用户2023年10月抄见需量值570 kW，合同约定按合同最大需量值计收基本电费，签订的合同最大需量值为500 kW，请根据现行电价政策计算该用户的基本电费。[已知1~10（20）kV需量电价：35元/kW·月，容量电价为22元/kVA·月]

扫描二维码·参看答案23

（3）按抄见实际最大需量计收

2018年4月1日起增加按抄见最大需量计收基本电费方式。电力用户若选择按实际最大需量计收基本电费，计收基本电费的抄见最大需量值不受“容量总和的40%”限制。

抄见最大需量（实际最大需量）=当月电能表抄见示数×倍率

基本电费=抄见最大需量×按需量计费的基本电价

练一练

已知四川某米业有限公司，10 kV供电，三班制生产，配变为S_{11}—800 kVA，因条件限制，在客户受电端计量，高供高计，TA为75/5，抄表例日为次月1日，该户与供电企业约定按实际最大需量计收基本电费。2023年10月抄见最大需量示数为0.32，10月有功抄见示数差值为143。根据现行电价政策计算10月容（需）量电费（基本电费）为多少？［已知1～10（20）kV需量电价：35元/kW·月，容量电价为22元/kVA·月］

扫描二维码·参看答案24

2. 基本电费计收相关政策

（1）《供电营业规则》相关规定

第十六条：用户不得自行转供电。在公用供电设施尚未到达的地区，供电企业征得该地区有供电能力的直供用户同意，可以采用委托方式向其附近的用户转供电力，但不得委托重要的国防军工用户转供电。委托转供电应当遵守下列规定：在计算转供户用电量、最大需量及功率因数调整电费时，应当扣除被转供户、公用线路与变压器消耗的有功、无功电量。最大需量按照下列规定折算：

①照明及一班制：每月用电量180 kW·h，折合为1 kW；

②二班制：每月用电量360 kW·h，折合为1 kW；

③三班制：每月用电量540 kW·h，折合为1 kW；

④农业用电：每月用电量270 kW·h，折合为1 kW。

第二十五条第三款：用户申请恢复用电时，容（需）量电费从减容恢复之日起按照恢复后的容（需）量计收；实际减容时长少于十五日的，停用期间容（需）量电费正常收取；非永久性减容期满后用户未申请恢复的，供电企业可以延长减容期限，但距用户申请非永久性减容时间最多不超过两年，超过两年仍未申请恢复的，按照永久性减容办理。

第八十六条：容（需）量电费以月计算，但新装、增容、变更与终止用电当月的容（需）量电费，应当按照实用天数计算，每日按照全月容（需）量电费除以当月日历天数收取，日用电不足二十四小时的，按照一天计算。事故停电、检修停电、有序用电不扣减容（需）量电费。

第八十七条：容（需）量电费按照变压器容量或最大需量计收，同一计费周期内用户可以选择其中一种。以变压器容量计算容（需）量电费的用户，其备用的变压器（含不通过变压器的高压电动机），属冷备用状态并经供电企业加封的，不收容（需）量电费；属热备用状态的或未经加封的，不论使用与否都计收容（需）量电费。用户专门为调整用电功率因数的设备，如电容器、调相机等，不计收容（需）量电费。在受电设施一次侧装有连锁装置互为备用的变压器（含不通过变压器的高压电动机），按照可能同时使用的变压器（含不通过变压器的高压电动机）容量之和的最大值计算其容（需）量电费。以最大需量方式计收需量电费的用户，计收方式按照相关电价政策规定执行。

（2）其他规定

①对高压一点计量的用电客户，照明用电不扣减基本电费。

②减容设备自加封之日起免收基本电费，减容当天不收，启封当天要收基本电费。

③有两路及以上进线的用户，各路进线应分别计算最大需量。

④抄表例日算作计费月的第一天，变更抄表例日时，应按实际天数计收基本电费。

⑤按照国家发展改革委《关于第三监管周期省级电网输配电价及有关事项的通知》（发改价格〔2023〕526号）相关规定，对于选择执行需量电价计费方式的两部制工商业用户，每月每千伏安用电量达到260 kW·h及以上的，当月需量电价按公布标准90%执行。每月每千伏安用电量为用户所属全部计量点当月总用电量除以合同变压器容量（含高压电动机）。即：月每千伏安用电量=当月总电量÷月均合同容量。若用户办理新装、增容、永久减容、分户、并户、过户、销户用电业务时，月均合同容量需按照变更前后分段计算，月均合同容量=（分段前合同容量×分段前使用天数+分段后合同容量×分段后使用天数）÷当月日历天数，月均合同容量保留2位小数。月每千伏安用电量舍尾取整。

3. 现行基本电价

第三监管周期，基本电价依据供电电压等级分别定价，供电电压等级越高，基本电价越低。第三监管周期四川电网各电压等级需量、容量征收标准见表2-9所列。

表 2-9 四川电网基本电价收取标准

用电分类	最大需量（元/kW·月）				变压器容量（元/kVA·月）			
	1～10 kV	35 kV	110 kV	220 kV	1～10 kV	35 kV	110 kV	220 kV
两部制	35	32	27	24	22	20	17	15

【案例二】某丝绸制造公司，交流 10 kV 供电，二班制生产，装见容量为 S_{11}–315 kVA，计量方式为高供高计，电压互感器变比 10/0.1，电流互感器变比 20/5。抄表例日为次月 1 日。2024 年 5 月代理购电价格 0.3970 元/kW·h，系统运行费用 0.0103 元/kW·h（其中煤电容量电费 0.0072 元/kW·h，居民农业新增损益 0.0031 元/kW·h）、10 kV 两部制输配电价为 0.1390 元/kW·h。按抄见实际最大需量计收基本电费，最大需量标准电价 35 元/kW·月。2024年6月1日、5月1日抄表数据见表2-10所列，计算该户2024年5月电费。

表 2-10 2024 年 6 月 1 日、5 月 1 日抄表数据

示数类型	5 月 1 日抄见示数	6 月 1 日抄见示数
正向有功(总)	626.74	654.9
正向有功(尖峰)	16.93	16.93
正向有功(峰)	289.84	303.42
正向有功(谷)	54.32	55.96
正向无功(总)	238.36	247.74
反向无功(总)	106.10	106.11
最大需量		0.2868

计算步骤：

1. 结算倍率计算

10/0.1×20/5=400

2. 抄见电量计算

抄见有功总电量：(654.9–626.74)×400=11264（kW·h）

抄见有功尖峰电量：(16.93–16.93)×400=0（kW·h）

抄见有功高峰电量：(303.42–289.84)×400=5432（kW·h）

抄见有功低谷电量：(55.96–54.32)×400=656（kW·h）

抄见有功平段电量：11264–0–5432–656=5176（kW·h）

正向无功电量：(247.74–238.36）×400=3752（kvar·h）

反向无功电量：(106.11–106.10）×400=4（kvar·h）

无功总电量：3752+4=3756（kvar·h）

3. 结算电价计算

2024年5月代理购电价格0.3970元/kW·h，系统运行费用0.0103元/kW·h（其中煤电容量电费0.0072元/kW·h，居民农业新增损益0.0031元/kW·h）、10 kV两部制输配电价为0.1390元/kW·h。

大工业结算电价：

（1）电网代理购电价格

平：0.3970元/kW·h

峰：1.6×0.3970=0.6352（元/kW·h）

谷：0.4×0.3970=0.1588（元/kW·h）

（2）输配电价

平：0.1390元/kW·h

峰：1.6×0.1390=0.2224（元/kW·h）

谷：0.4×0.1390=0.0556（元/kW·h）

（3）上网环节线损费用

平：0.3970×0.0579/（1−0.0579）=0.0244（元/kW·h）（注：此处价格四舍五入保留四位小数）

峰：1.6×0.0244=0.03904（元/kW·h）

谷：0.4×0.0244=0.00976（元/kW·h）

（4）系统运行费用

煤电容量电费0.0072元/kW·h

居民农业新增损益0.0031元/kW·h

4. 输配电价+政府性基金及附加的电度电费

峰：5432×（0.2224+0.04716875）=1464.30（元）

平：5176×（0.1390+0.04716875）=963.61（元）

谷：656×（0.0556+0.04716875）=67.42（元）

5. 政府性基金及附加计算

（1）农网还贷

峰：5432×0.02=108.64（元）

平：5176×0.02=103.52（元）

谷：656×0.02=13.12（元）

小计：225.28元

（2）库区移民基金

峰：5432×0.0062=33.68（元）

平：5176×0.0062=32.09（元）

谷：656×0.0062=4.07（元）

小计：69.84元

（3）国家重大水利工程建设基金

峰：5432×0.00196875=10.69（元）

平：5176×0.00196875=10.19（元）

谷：656×0.00196875=1.29（元）

小计：22.17元

（4）可再生能源附加

峰：5432×0.019=103.21（元）

平：5176×0.019=98.34（元）

谷：656×0.019=12.46（元）

小计：214.01元

（5）政府性基金及附加小计

峰：108.64+33.68+10.69+103.21=256.22（元）

平：103.52+32.09+10.19+98.34=244.14（元）

谷：13.12+4.07+1.29+12.46=30.94（元）

小计：531.30元

注：计算政府性基金及附加时需分时段电量分别计算，若此处合并时段电量简化计算，与分时段计算可能会存在尾差。

6. 目录电度电费计算

（1）电网代购电费

峰：5432×0.6352=3450.41（元）

平：5176×0.3970=2054.87（元）

谷：656×0.1588=104.17（元）

小计：5609.45元

（2）输配电费

峰：1464.30−256.22=1208.08（元）

平：963.61−244.14=719.47（元）

谷：67.42−30.94=36.48（元）

小计：1964.03元

（3）上网环节线损费用

峰：5432×0.03904=212.07（元）

平：5176×0.0244=126.29（元）

谷：656×0.00976=6.40（元）

小计：344.76元

（4）系统运行费

煤电容量电费

峰：5432×0.0072=39.11（元）

平：5176×0.0072=37.27（元）

谷：656×0.0072=4.72（元）

小计：81.10元

居民农业新增损益

峰：5432×0.0031=16.84（元）

平：5176×0.0031=16.05（元）

谷：656×0.0031=2.03（元）

小计：34.92元

系统运行费小计：116.02元

（5）目录电度电费小计

5609.45+1964.03+344.76+116.02=8034.26（元）

7. 基本电费计算

抄见最大需量：0.2868×400=115（kW）

月每千伏安用电量：11264÷315=35（kW·h）

月每千伏安用电量35 kW·h，未达到260 kW·h及以上，当月需量电价不执行需量标准电价90%。

115×35=4025.00（元）

8. 功率因数计算

$$\cos\varphi=\cos\tan^{-1}\left(\frac{\text{结算无功总电量}}{\text{结算有功总电量}}\right)=\cos\tan^{-1}\frac{3756}{11264}=0.95$$

9. 功率因数调整电费计算

根据现行电价政策，该用户的功率因数考核标准为：0.90，经查表得知当$\cos\varphi=0.95$时，增减电费百分数为：–0.75%。

电网代购电费增减：5609.45×(–0.0075)=–42.07（元）

输配电费（含基本电费）增减：

(1964.03+4025.00)×(–0.0075)=–44.92（元）

上网环节线损费用增减：344.76×(–0.0075)=–2.59（元）

煤电容量电费增减：81.10×(–0.0075)=–0.61（元）

居民农业新增损益增减：34.92×(–0.0075)=–0.26（元）

功率因数调整电费=–42.07–44.92–2.59–0.61–0.26=–90.45（元）

10. 合计电费计算

合计电费=8034.26+4025.00–90.45+531.30=12500.11（元）

即：该户2024年5月应缴总电费12500.11元。

思考练习

1. 简答题：哪些用户执行1.5倍代理购电价格？

2. 简答题：执行两部制电价的工商业用户价格是怎么组成的？

3. 计算题：某用户为代理购电，2024年7月代理购电价格0.2588元/kW·h，请计算各时段上网环节线损费用。

扫描二维码·参看答案25

模块三　市场化交易电费计算

学习导读

重点：市场化工商业用户用电价格组成。

难点：市场化工商业用户电费计算方法。

一、市场化交易相关知识

（一）市场化工商业用户含义

取消工商业及其他目录销售电价后，工商业用户全部进入电力市场交易，按照市场价格购电。10 kV及以上的用户原则上要直接参与市场交易（直接向发电企业或者售电公司购电）。暂未直接向发电企业或售电公司购电的用户，由电网企业代理购电。直接从电力市场购电的工商业电力用户统称为市场化工商业用户；暂由电网企业代理购电的工商业电力用户统称为代理工商业用户。

（二）工商业用户参与市场化交易的方式

电力用户（包括该用户所有户号）上一年购网用电量500万kW·h以下的，拟直接参与市场化交易，须通过售电公司代理；电力用户（包括该用户所有户号）上一年购网用电量500万kW·h及以上的，拟直接参与市场交易，可以选择与发电企业直接交易。电力用户（包括该用户所有户号）在一个交易年度内的全部电量仅可通过同一家售电公司代理或选择与发电企业进行直接交易。

（三）市场化工商业用户用电价格组成

市场化工商业用户分为单一制电价用户和两部制电价用户。

单一制电价市场化工商业用户用电价格由上网电价、上网环节线损费用、输配电价（单一制）、系统运行费用、政府性基金及附加五部分组成。

两部制电价用户（大工业）用电价格由上网电价、上网环节线损费用、输配电价（两部制）、系统运行费用、政府性基金及附加五部分组成。

市场化工商业用户的上网电价即为交易电价，上网环节线损费用=交易电价×上网环节综合线损率÷（1−上网环节综合线损率）=用户实际购电上网电价×0.0579÷（1−0.0579）=用户实际购电上网电价×0.06146，结果保留四位小数。输配电价、系统运行费用、政府性基金及附加与代理购电用户价格组成讲述部分相同。

（四）四川省内电力市场交易零售市场交易品种

四川省2024年省内电力市场交易零售市场交易品种分为7类：常规直购、留存电量、弃水电量消纳、绿电交易、需求侧市场化响应、新型储能交易、车网互动试点示范项目。适用电力用户群体最多的是常规直购电交易品种。

二、分时电价执行政策要点

（一）峰谷分时电价执行范围

除国家有专门规定的电气化铁路（含地铁）牵引用电外，受电变压器容量在315

kVA及以上的大工业用户，专用变压器在50 kVA及以上、公用变压器在50 kW及以上的一般工商业用户，执行峰谷分时电价。

（二）可自愿选择执行分时电价的用户

党政机关、事业单位、学校、医院、民政福利单位、城市公用路灯、自来水生产、城镇热力燃气以及农村地区广播电视台无线发射台（站）、转播台（站）、差转台（站）、检测台（站）用电默认不执行分时电价，用户也可自愿选择执行分时电价。污水处理厂可自愿选择执行峰谷分时电价或不分时电价。若上述用户需变更分时电价执行方式，应提前5个工作日向电网企业申请变更下一个月（抄表周期）的分时电价执行方式，申请后在下一抄表周期生效。用户选择分时电价执行方式后，一年内（连续12个月）保持不变。

（三）峰谷分时电价机制

高峰时段：10：00—12：00、15：00—21：00共8小时；

平段：7：00—10：00、12：00—15：00、21：00—23：00共8小时；

低谷时段：23：00—次日7：00共8小时。

对符合浮动范围的用户执行分时电价，高峰时段电价在平段电价基础上上浮60%，低谷时段电价在平段电价基础上下浮60%。

（四）尖峰电价机制

夏季7月、8月，尖峰时段为15：00—17：00；

冬季1月、12月，尖峰时段为19：00—21：00。

对执行分时电价的大工业用户，尖峰时段电价在高峰时段电价基础上上浮20%（即为平段电价的1.92倍）。

尖峰电价的执行范围是指：执行分时电价的315 kVA及以上的大工业用户。执行原大工业电价，但不属于大工业分类的用户，不执行尖峰电价，如：CNG加气站、集中式充电站、中国移动、中国电信等大数据中心不执行尖峰电价。

若大工业用户的分计量点为“居民生活用电”或“农业生产用电”，其执行尖峰电价的尖峰时段电量应扣除该分计量点的尖峰时段电量，分计量点电量不执行分时电价。

（五）商业用户平均差额电价

考虑商业用户用电特性，宾馆、餐饮店、商场（含商业综合体）、超市、农贸市场、底楼商铺、商业写字楼（含商业公寓）、文化娱乐、物业公司及其转供门面等9类从事商品销售或商业性服务的电力用户可自愿选择执行分时电价，或参照全省商业用户原分时电价与目录电价平均差额执行平均电价（原分时电价与目录电价平均差额4.06分/kW·h）。若用户选择执行平均差额电价，应提前5个工作日向电网企业申请变更下一个月（抄表周期）的分时电价执行方式，申请后在下一抄表周期生效。用户选择执行方式后，一年内（连续12个月）保持不变。但在1月、7月、8月和12月夏冬两季负荷高峰时期，为进一步促进大型商业用户挖掘空调柔性控制潜力、加大综合能源利用力度，对专用变压器容量在2000 kVA及以上的大型商业用户，不执行平均差额电价，须执行峰谷分时浮动电价。

三、市场化交易用户电费计算示例

（一）工商业（单一制）平均差额电价市场化用户电费计算

平均差额电价由交易价格（由电网企业代理购电的用户按代理购电价格）、上网环节线损费用、输配电价、系统运行费用、政府性基金及附加、原分时电价与目录电价平均差额4.06分/kW·h组成。

【案例一】某超市有限公司，交流10 kV供电，装见容量为1600 kVA，2017年10月投运，三班制生产，计量方式为高供高计，电压互感器变比10/0.1，电流互感器变比100/5。抄表例日为次月1日。2024年参加常规直购电交易，6月交易价格0.35013元/kW·h，系统运行费用–0.0035元/kW·h（其中煤电容量电费0.007元/kW·h，居民农业新增损益–0.0105元/kW·h）、10 kV单一制输配电价为0.2296元/kW·h。该用户选择单一制电价和平均差额电价。2024年7月1日、6月1日抄表数据见表2-11所列，计算该户2024年6月电费。

表2-11　2024年7月1日、6月1日抄表数据

示数类型	6月1日抄见示数	7月1日抄见示数
正向有功（总）	6863.14	6965.10
正向有功（尖峰）	71.66	71.66
正向有功（峰）	2799.65	2848.26
正向有功（谷）	1045.56	1060.14
正向无功（总）	3194.12	3244.22
反向无功（总）	927.01	940.94
最大需量		0.2825

计算步骤：

1. 结算倍率计算

10/0.1×100/5=2000

2. 抄见电量计算

抄见有功总电量：（6965.10−6863.14）×2000=203920（kW·h）

正向无功电量：（3244.22−3194.12）×2000=100200（kvar·h）

反向无功电量：（940.94−927.01）×2000=27860（kvar·h）

无功总电量：100200+27860=128060（kvar·h）

3. 结算电价计算

2024年6月该用户交易价格0.35013元/kW·h，系统运行费用−0.0035元/kW·h（其中煤电容量电费0.007元/kW·h，居民农业新增损益−0.0105元/kW·h）、10 kV单一制输配电价为0.2296元/kW·h。

商业用电结算电价：

（1）市场化交易价格

平：0.35013元/kW·h

（2）输配电价（含平均差额电价）（注：平均差额电价加入输配电价项目合算）

平：0.2296+0.0406=0.2702（元/kW·h）

（3）上网环节线损费用

平：0.35013×0.0579/(1−0.0579)=0.0215（元/kW·h）（注：此处价格四舍五入保留四位小数）

（4）系统运行费用

煤电容量电费0.007元/kW·h

居民农业新增损益−0.0105元/kW·h

4. 输配电价+政府性基金及附加的电度电费

平：203920×(0.2702+0.04716875)=64717.84（元）

5. 政府性基金及附加计算

（1）农网还贷

平：203920×0.02=4078.40（元）

（2）库区移民基金

平：203920×0.0062=1264.30（元）

（3）国家重大水利工程建设基金

平：203920×0.00196875=401.47（元）

（4）可再生能源附加

平：203920×0.019=3874.48（元）

（5）政府性基金及附加小计

平：4078.40+1264.30+401.47+3874.48=9618.65（元）

6. 目录电度电费计算

（1）市场化购电费

平：203920×0.35013=71398.51（元）

（2）输配电费

平：64717.84–9618.65=55099.19（元）

（3）上网环节线损费用

平：203920×0.0215=4384.28（元）

（4）系统运行费

煤电容量电费203920×0.007=1427.44（元）

居民农业新增损益203920×(–0.0105)=–2141.16（元）

小计：–713.72元

（5）目录电度电费小计

71398.51+55099.19+4384.28–713.72=130168.26（元）

7. 基本电费计算

该用户为2023年5月底前执行单一制电价的用户，不收取基本电费。

8. 功率因数计算

$$\cos\varphi=\cos\tan^{-1}\left(\frac{\text{结算无功总电量}}{\text{结算有功总电量}}\right)=\cos\tan^{-1}\frac{128060}{203920}=0.85$$

9. 功率因数调整电费计算

根据现行电价政策，该用户的功率因数考核标准为：0.85，经查表得知当$\cos\varphi=0.85$时，增减电费百分数为：0%。

市场化购电费增减：71398.51×0=0（元）

输配电费增减：55099.19×0=0（元）

上网环节线损费用增减：4384.28×0=0（元）

煤电容量电费增减：1427.44×0=0（元）

居民农业新增损益增减：–2141.16×0=0（元）

功率因数调整电费=0元

10. 合计电费计算

合计电费=130168.26+9618.65=139786.91（元）

即：该户2024年6月应缴总电费139786.91元。

（二）两部制市场化用户变更用电电费计算

《供电营业规则》第二十四条规定，有下列情形之一的，为变更用电：

（1）停止部分或全部受电设施用电容量的（简称减容）；

（2）临时更换其他容量变压器的（简称暂换）；

（3）迁移受电设施用电地址的（简称迁址）；

（4）移动电能计量装置安装位置的（简称移表）；

（5）暂时停止全部用电并拆表的（简称暂拆）；

（6）用电地址物权变化引起用电人变更的（简称过户）；

（7）变更用户名称的（简称更名）；

（8）一户分立为两户以上用户的（简称分户）；

（9）两户以上用户合并为一户的（简称并户）；

（10）终止供用电关系的（简称销户）；

（11）改变供电电压等级的（简称改压）；

（12）改变电价类别、用电类别等计价计费信息的（简称改类）；

（13）改变行业分类、缴费方式、银行账号、增值税信息、联系人信息等基础档案信息的（简称其他变更）。

用户需办理变更用电业务时，应当到供电企业供电营业场所或通过线上服务渠道办理申请手续，必要时应当办理变更供用电合同。用户之间存在用电纠纷的，应当妥善处理后再行申请办理变更用电业务。

【案例二】某建筑材料有限公司，交流10 kV供电，装见容量为1250 kVA、800 kVA变压器各一台，2018年5月投运，一班制生产，计量方式为高供高计，电压互感器变比为10/0.1，电流互感器变比为150/5。2024年4月1日申请减容800 kVA的变压器（减容时间从2024年4月10日至12月15日），2024年6月2日申请减容1250 kVA变压器（减容时间从2024年6月5日至6月21日），并于2024年6月21日恢复1250 kVA变压器用电。抄表例日为次月1日。2024年参加常规直购电交易，6月交易价格0.29203元/kW·h，系统运行费用−0.0035元/kW·h（其中煤电容量电费0.007元/kW·h，居民农业新增损益−0.0105元/kW·h）、10 kV两部制输配电价为0.1390元/kW·h。该用户选择按照变压器容量计收基本电费。2024年7月1日、6月5日、6月1日抄表数据见表2-12所列，计算该户2024年6月电费。

表2-12　2024年7月1日、6月5日、6月1日抄表数据

示数类型	6月1日抄见示数	6月5日抄见示数	7月1日抄见示数
正向有功(总)	1291.67	1294.15	1306.45
正向有功(尖峰)	3.38	3.38	3.38
正向有功(峰)	126.60	126.66	126.93
正向有功(谷)	667.56	669.88	681.13
正向无功(总)	573.90	574.94	580.31
反向无功(总)	1.82	1.82	2.00

计算步骤：

1. 结算倍率计算

10/0.1×150/5=3000

2. 抄见电量计算

减容前：

抄见有功总电量：(1294.15−1291.67)×3000=7440（kW·h）

抄见有功尖峰电量：(3.38−3.38)×3000=0（kW·h）

抄见有功高峰电量：(126.66−126.60)×3000=180（kW·h）

抄见有功低谷电量：(669.88−667.56)×3000=6960（kW·h）

抄见有功平段电量：7440−0−180−6960=300（kW·h）

正向无功电量：(574.94−573.90)×3000=3120（kvar·h）

反向无功电量：(1.82−1.82)×3000=0（kvar·h）

无功总电量：3120+0=3120（kvar·h）

恢复减容后：

抄见有功总电量：(1306.45−1294.15)×3000=36900（kW·h）

抄见有功尖峰电量：(3.38−3.38)×3000=0（kW·h）

抄见有功高峰电量：(126.93−126.66)×3000=810（kW·h）

抄见有功低谷电量：(681.13−669.88)×3000=33750（kW·h）

抄见有功平段电量：36900−0−810−33750=2340（kW·h）

正向无功电量：(580.31−574.94)×3000=16110（kvar·h）

反向无功电量：(2.00−1.82)×3000=540（kvar·h）

无功总电量：16110+540=16650（kvar·h）

3. 结算电价计算

2024年6月该用户交易价格0.29203元/kW·h，系统运行费用−0.0035元/kW·h（其

中煤电容量电费0.007元/kW·h，居民农业新增损益–0.0105元/kW·h）、10 kV两部制输配电价为0.1390元/kW·h。变更前后执行相同价格。

大工业结算电价：

（1）市场化交易价格

平：0.29203元/kW·h

峰：1.6×0.29203=0.46725（元/kW·h）

谷：0.4×0.29203=0.11681（元/kW·h）

（2）输配电价

平：0.1390元/kW·h

峰：1.6×0.1390=0.2224（元/kW·h）

谷：0.4×0.1390=0.0556（元/kW·h）

（3）上网环节线损费用

平：0.29203×0.0579/（1–0.0579）=0.0179（元/kW·h）（注：此价格四舍五入保留四位小数）

峰：1.6×0.0179=0.02864（元/kW·h）

谷：0.4×0.0179=0.00716（元/kW·h）

（4）系统运行费用

煤电容量电费0.007元/kW·h

居民农业新增损益–0.0105元/kW·h

4. 输配电价+政府性基金及附加的电度电费

减容前：

峰：180×（0.2224+0.04716875）=48.52（元）

平：300×（0.1390+0.04716875）=55.85（元）

谷：6960×（0.0556+0.04716875）=715.27（元）

恢复减容后：

峰：810×（0.2224+0.04716875）=218.35（元）

平：2340×（0.1390+0.04716875）=435.63（元）

谷：33750×（0.0556+0.04716875）=3468.45（元）

5. 政府性基金及附加计算

（1）农网还贷

减容前：

峰：180×0.02=3.60（元）

平：300×0.02=6.00（元）

谷：6960×0.02=139.20（元）

小计：148.80元

恢复减容后：

峰：810×0.02=16.20（元）

平：2340×0.02=46.80（元）

谷：33750×0.02=675.00（元）

小计：738.00元

（2）库区移民基金

减容前：

峰：180×0.0062=1.12（元）

平：300×0.0062=1.86（元）

谷：6960×0.0062=43.15（元）

小计：46.13元

恢复减容后：

峰：810×0.0062=5.02（元）

平：2340×0.0062=14.51（元）

谷：33750×0.0062=209.25（元）

小计：228.78元

（3）国家重大水利工程建设基金

减容前：

峰：180×0.00196875=0.35（元）

平：300×0.00196875=0.59（元）

谷：6960×0.00196875=13.70（元）

小计：14.64元

恢复减容后：

峰：810×0.00196875=1.59（元）

平：2340×0.00196875=4.61（元）

谷：33750×0.00196875=66.45（元）

小计：72.65元

（4）可再生能源附加

减容前：

峰：180×0.019=3.42（元）

平：300×0.019=5.70（元）

谷：6960×0.019=132.24（元）

小计：141.36元

恢复减容后：

峰：810×0.019=15.39（元）

平：2340×0.019=44.46（元）

谷：33750×0.019=641.25（元）

小计：701.10元

（5）政府性基金及附加小计

减容前：

峰：3.60+1.12+0.35+3.42=8.49（元）

平：6.00+1.86+0.59+5.70=14.15（元）

谷：139.20+43.15+13.70+132.24=328.29（元）

小计：350.93元

恢复减容后：

峰：16.20+5.02+1.59+15.39=38.20（元）

平：46.80+14.51+4.61+44.46=110.38（元）

谷：675.00+209.25+66.45+641.25=1591.95（元）

小计：1740.53元

注：计算政府性基金及附加时需分时段电量分别计算，若此处合并时段电量简化计算，与分时段计算可能会存在尾差。

6. 目录电度电费计算

（1）市场化购电费

减容前：

峰：180×0.46725=84.11（元）

平：300×0.29203=87.61（元）

谷：6960×0.11681=813.00（元）

小计：984.72元

恢复减容后：

峰：810×0.46725=378.47（元）

平：2340×0.29203=683.35（元）

谷：33750×0.11681=3942.34（元）

小计：5004.16元

（2）输配电费

减容前：

峰：48.52−8.49=40.03（元）

平：55.85−14.15=41.70（元）

谷：715.27−328.29=386.98（元）

小计：468.71元

恢复减容后：

峰：218.35−38.20=180.15（元）

平：435.63−110.38=325.25（元）

谷：3468.45−1591.95=1876.50（元）

小计：2381.90元

（3）上网环节线损费用

减容前：

峰：180×0.02864=5.16（元）

平：300×0.0179=5.37（元）

谷：6960×0.00716=49.83（元）

小计：60.36元

恢复减容后：

峰：810×0.02864=23.20（元）

平：2340×0.0179=41.89（元）

谷：33750×0.00716=241.65（元）

小计：306.74元

（4）系统运行费

煤电容量电费

减容前：

峰：180×0.007=1.26（元）

平：300×0.007=2.10（元）

谷：6960×0.007=48.72（元）

小计：52.08元

恢复减容后：

峰：810×0.007=5.67（元）

平：2340×0.007=16.38（元）

谷：33750×0.007=236.25（元）

小计：258.30元

居民农业新增损益

减容前：

峰：180×（−0.0105）=−1.89（元）

平：300×（−0.0105）=−3.15（元）

谷：6960×（−0.0105）=−73.08（元）

小计：−78.12元

恢复减容后：

峰：810×（−0.0105）=−8.51（元）

平：2340×（−0.0105）=−24.57（元）

谷：33750×（−0.0105）=−354.38（元）

小计：−387.46元

（5）目录电度电费小计

减容前：

984.72+468.71+60.36+52.08−78.12=1487.75（元）

恢复减容后：

5004.16+2381.90+306.74+258.30−387.46=7563.64（元）

7. 基本电费计算

2024年6月2日申请减容1250 kVA变压器（减容时间从2024年6月5日至6月21日），并于2024年6月21日恢复1250 kVA变压器用电。

减容前：

基本电费计收容量：1250÷30×4=166.67（kVA）

基本电费：166.67×22=3666.74（元）

恢复减容后：

基本电费计收容量：1250÷30×10=416.67（kVA）

基本电费：416.67×22=9166.74（元）

8. 功率因数计算

减容前：

$$\cos\varphi=\cos\tan^{-1}\left(\frac{\text{结算无功总电量}}{\text{结算有功总电量}}\right)=\cos\tan^{-1}\frac{3120}{7440}=0.92$$

恢复减容后：

$$\cos\varphi=\cos\tan^{-1}\left(\frac{\text{结算无功总电量}}{\text{结算有功总电量}}\right)=\cos\tan^{-1}\frac{16650}{36900}=0.91$$

9. 功率因数调整电费计算

减容前：

根据现行电价政策，该用户的功率因数考核标准为：0.90，经查表得知当 $\cos\varphi=0.92$ 时，增减电费百分数为：–0.3%。

市场化购电费增减：984.71×(–0.003)=–2.95（元）

输配电费（含基本电费）增减：

(468.71+3666.74)×(–0.003)=–12.41（元）

上网环节线损费用增减：60.36×(–0.003)=–0.18（元）

煤电容量电费增减：52.08×(–0.003)=–0.16（元）

居民农业新增损益增减：–78.12×(–0.003)=0.23（元）

功率因数调整电费=–2.95–12.41–0.18–0.16+0.23=–15.47（元）

恢复减容后：

根据现行电价政策，该用户的功率因数考核标准为：0.90，经查表得知当 $\cos\varphi=0.91$ 时，增减电费百分数为：–0.15%。

市场化购电费增减：5004.16×(–0.0015)=–7.51（元）

输配电费（含基本电费）增减：

(2381.90+9166.74)×(–0.0015)=–17.32（元）

上网环节线损费用增减：306.74×(–0.0015)=–0.46（元）

煤电容量电费增减：258.30×(–0.0015)=–0.39（元）

居民农业新增损益增减：–387.46×(–0.0015)=0.58（元）

功率因数调整电费=–7.51–17.32–0.46–0.39+0.58=–25.10（元）

10. 合计电费计算

减容前：

合计电费=1487.75+3666.74–15.47+350.93=5489.95（元）

恢复减容后：

合计电费=7563.64+9166.74–25.10+1740.53=18445.81（元）

应缴总电费：5489.95+18445.81=23935.76（元）

即：该户2024年6月应缴总电费23935.76元。

思考练习

1. 简答题：请问尖峰电价的执行范围是如何规定的？
2. 简答题：请问哪些商业用户可以执行平均差额电价？

3. 计算题：某玩具厂，交流10 kV供电，装见容量为400 kVA。2024年7月2日申请减容为零（减容时间从2024年7月3日至7月20日），请计算该用户7月基本电费（按变压器容量计收）。

扫描二维码·参看答案26

单元三 电费核算

单元目标

知识目标

1. 能熟悉电费核算的工作要求。
2. 能熟悉电费核算的流程和方法。
3. 能熟悉电量电费退补审核要点。

能力目标

1. 能正确审核电量电费退补。
2. 能正确处理用户电量电费异常情况。

素质目标

1. 提高掌握电力法律法规、电价政策的能力。
2. 提升遵守规章制度意识。

模块一 电费核算的工作要求

学习导读

重点：电费核算工作在营业电费管理中的重要意义。

难点：电费核算管理应遵循的要求。

电费核算包括电费计算和审核发行两个步骤。电费计算是指根据国家核准的电价政策、电力市场化交易形成的价格以及用电采集系统采集的计量装置记录的数据，通过电力营销信息系统设置的电力用户信息参数计算出应收电量和电费。电费审核发行是指通过电力营销信息系统对电量电费计算结果，根据系统审核规则，结合国家核准的电价标准、供用电规则、功率因数调整办法、电力市场化交易等有关规定，对计算结果的提示进行审核、判断，确认计算结果无误并完成电费发行。随着电力营销信息系统深化运用，供电企业的营销信息自动化程度发展迅速，电费核算环节已由以往的人工计算、系统计算，人工审核发行逐步转变为全系统自动计算、自动审核、自动发行，大大缩短了电费核算的发行周期。

电费核算是电费正确发行前的最后一个环节，关系到发电企业、电力用户、售电公司等多方电力市场化主体的经济效益，电费核算工作质量也直接体现供电企业电力营销工作管理水平，要充分认识电费核算工作在营业电费管理中的重要意义：

（1）电费核算是将电能商品属性转化为货币价值体现形式的过程，直接反映一定时期内发电企业、供电企业、售电公司等电力市场主体的经营状况和真实的财务状况，电费核算工作质量对各市场主体的发展具有重要的意义。

（2）电费核算直接体现电力用户对电能消耗成本，使电力用户能充分了解自身的运营情况，有效核定生产成本、合理确定产品价格具有重要意义，也可以更好地为企业经营决策提供可靠的依据，确保决策的科学性和准确性。

（3）电费核算对电力供应的稳定性和可靠性起着关键作用，电费及时准确核算，才能保证电费回收，为电力市场主体的资金和运营奠定基础，为电力供应的稳定与可靠提供保障。

（4）电费核算若出现差错不仅会影响电力市场主体经济效益，增加企业经营风险，还会损害供电企业良好社会形象，给电力用户带来不良感知。

随着电力营销信息系统自动化程度的不断提高，电费核算人员在电费计算、审核发行中的人工干预度有所降低，但是系统智能自动核算模式下，仍需要人工处理异常。要确保电费核算工作质量，对电费核算人员也提出了相应要求，如：应熟知核算工作流程和现行电价政策，根据《电力供应与使用条例》、《供电营业规则》、输配电价和销售电价政策，以及供电企业电费抄表核算收费管理办法，对用电采集系统传回的电能表示数，以及采集人员返传核实的单据、凭证、报表等，进行严格审查、核对及登记，并在抄表数据复核结束后24小时内完成电量电费核算工作等。同时，在日常电费核算管理中应遵循以下工作要求：

（1）对新装增容、变更用电、电能计量装置参数变化的电力用户，其业务流程办理完毕后，在首次电量电费计算（或试算）前，应对高压用户逐户开展审核，对低压用户开展典型抽查。对电量明显异常及各类特殊供电方式（如多电源、转供电等）的电力用户应每月重点审核。

（2）在电价政策调整、数据编码变更、电力营销信息系统程序修改及故障检修等事件发生后，应进行大规模或单户模拟电费试算，并对各电价类别、各电压等级的电力用户进行重点抽查审核，审核电力用户计费参数等档案资料是否正确，发现影响电费正确计算的应及时反馈相关部门处理，杜绝正式环境、正常结算时电费差错产生。

（3）电费核算周期固定，各工作流程环节时间节点明确，需严格按照每个时间节点要求完成工作任务。特别是参加市场化交易的电力用户电量，需按时审核无误后传递给交易中心，才能确保交易中心及时返回的清分电量和电价，完成市场化交易电力用户电费计算、审核、发行。

（4）电费核算中发现异常应及时分析核实，查找原因，按规定的程序和流程传递给相应岗位人员及时处理，做好详细记录，并按月汇总形成审核报告。

（5）加强电量电费差错管理，规范退补流程，因抄表差错、计费参数错误、计量装置故障、违约用电、窃电等原因需要退补电量电费时，应由责任部门在电力营销信息系统内发起电量电费退补流程，写明退补原因、计算过程并上传相关资料，电力营销信息系统中设置有电费退补审批环节，经逐级审批后由电费核算人员完成退补审核发行。

（6）电量电费核算应认真细致，并按财务制度建立应收电费台账，并保证数据完整准确。

（7）结合实际工作中可能涉及的各类用电业务，预判分析业务办理中可能对电费核算质量带来影响的因素，形成一套标准体系，植入业务办理各环节，形成不同等级的工作提醒或强制校验规则，及时拦截可能出现的问题，有效确保电费自动核算质效。同时，认真提炼总结电费核算中出现的异常以及解决措施，剖析异常形成的原因，追根溯源，从源头建立防范措施，并形成典型案例知识库，为人工核算提供重要参考。

思一思

供电企业保证各类用户电费结算准确性有什么意义？

供电企业作为公共服务行业，准确的电费结算不仅展现供电企业的专业性和责任感，更关乎企业的公信力，不容大意。从市场交易角度看，电能是每个家庭的必需品，是每个企业生产的基础能源，供电企业保证电费结算准确性，可以引导每个电力用户合理用电、节约用电，促进电力资源的合理分配和使用，彰显“人民电业为人民”的宗旨。

思考练习

1. 简答题：对新装增容、变更用电、电能计量装置参数变化的电力用户，有什么审核注意事项？

2. 简答题：电价政策调整后，有什么审核注意事项？

3. 简答题：核算周期能修改吗？为什么？

扫描二维码·参看答案27

模块二　电费核算的方法

学习导读

重点：审核电量电费退补的要点。
难点：电力营销信息系统中电费核算流程。

电费核算有自动审核发行、人工审核发行两种模式。自动审核发行通过电力营销信息系统预设的算费审核规则能快速、高效地完成电费计算、审核发行任务。人工审核发行是电费核算人员依据现行电价政策和专业技能，对自动审核中可能遗漏或筛选出的疑似异常进行深入分析，对异常进行处缺修正后，确定电费计算结果准确无误后，通过人工确认发行。随着供电企业电力营销业务转型深入，电费抄表核算收费智能化体系建设不断深化，电费抄表核算收费智能化、自动化水平大幅提升。当前在电费核算体系中，自动审核发行已成为主导模式，人工审核发行作为自动审核发行模式的必要补充。

一、电费核算流程及方法

电力营销信息系统中电费核算业务是根据电力用户的用能数据、计费档案、定价策略、价格标准等信息，进行电力用户相关费用计算、审核、发行的业务。在系统中涉及的具体业务主要包括基础信息支撑、量费核算、异常处理和退补管理四个部分。基础信息支撑主要包括抄表包管理、核算包管理、价格标准管理、算法模型配置、量费审核规则配置、算费策略管理等，是支撑量费自动核算发行的基础。量费核算主要涉及量费事前审核、预核算管理、量费核算发行、量费二次复核等业务。异常处理主要涉及对电能表示数补采、示数异常复核、量费异常审核等业务。退补管理主要涉及政策性或非政策原因引发的电费退补核算。这里主要介绍一下量费核算发行流程及方法。

电力营销信息系统在结算期间，通过量费计划创建、数据准备、示数获取、示数复核、电量计算、交割电量推送、分割电量确认、电费计算、电费发行等业务环节，由系统依据设置的审核校验规则，以自动化、智能化方式实现核算数据全线上流转，实现用户当月电费自动审核发行。具体实现步骤如下：

1. 量费计划创建

在每月抄表例日，系统自动创建计划，并进行后续算费过程，若系统创建量费计划失败，则需要人工创建，人工创建方法为选择用户“月末冻结示数”生成量费计划，创建计划成功后会自动推进下一环节。

2. 数据准备

系统自动准备算费档案等数据，无须人工干预。

3. 示数获取

电力营销信息系统会从用电采集系统中获取月末冻结电能表示数，正常情况下获取电能表示数后继续往下计算，若获取电能表示数失败或缺少示数，则会生成电能表示数补采工单，由采集人员进行电能表示数补采，补采成功后，重新推送至电力营销信息系统。

4. 示数复核

电力营销信息系统根据设定的审核规则判断用户是否存在异常，若无异常则继续进行下一步计算，有异常则生成示数异常复核工单，示数复核人员可在待办工单中进行处理。

5. 电量计算

电力营销信息系统自动计算用户电量，若用户电量有异常，则生成对应用户示数复核或者档案异常工单，业务人员可在待办工单中处理；若用户电量无异常，属于市场化用户进入交割电量推送，其余非市场化用户进入电费计算环节。

6. 交割电量推送

市场化用户电量无误后，将电量计提结果推送至省电力交易中心，省电力交易中心会根据交割电量返回各地市用户市场化交易结算依据（包括各项交易品种的交易电量、交易结算电价等）。若为电网企业代理购电用户，则无该环节流程操作。

7. 分割量费确认

省电力交易中心将结算依据传回后，电力营销信息系统根据清分规则，将各交易品种（如常规直购、省内绿电）电量清分至计量点以及各时段。

8. 电费计算

依据确认的电量和价格，计算电费结果，无异常则进入发行，有异常生成量费异常审核工单，电费核算人员可在待办工单中处理。

9. 量费发行

电费异常处理完毕后，系统自动发行无异常的用户。

在电费自动发行后，电费核算人员应对以下易出现电费差错的情况可通过系统进行重点监测分析，并根据需要开展人工审核：

（1）重点监测电量突增突减、定比定量、居民大电量、零电量“四类”电量的异常。在电费审核中针对电量突增突减（高压突增突减超过30%，低压突增突减超过50%）、定比定量（高电价与低电价定比定量倒挂）开展重点监测，对发现的异常用户逐一进行登记，建立电费审核异常反馈单。

（2）重点监测“三类”用户电价执行情况。针对分时电价、农业电价、执行居民电价的非居民用户进行重点监测。重点核实分时电价、分时电量比例异常，例如：执行分时用户无分时表码、尖峰无电量、谷段电量比例异常（重点核实谷段比例超50%）、用户立户名称与行业类别、执行电价是否相符等情况。

（3）对大用户电价执行情况和电费计算，特别是办理变更用电业务的用户应逐户核对，重点关注基本电费、功率因数电费等电费异常现象。对基本电费、功率因数电费审核发现的基本电费变化、功率因数执行标准错误及时进行登记。结合电力营销信息系统档案记录，进行初步筛选后，对筛选出的异常用户由责任班组进行核实、反馈、整改。结合反馈原因与系统流程变更、容量变化、行业类别进行比对，核实基本电费收取、功率因数电费执行的准确性。

（4）重点关注超容量、超低谷用电“两类”用电行为。对电费审核环节发现的超容量、超低谷用电的情况进行核查，及时派发工单至各级台区经理进行现场核实。

二、电量电费退补审核

因政策性原因（国家政策性电价调整）、非政策性原因（用户档案信息差错、计量差错、业务流程差错、采集差错、系统差错等非国家电价政策调整原因）发生的退补电量电费，通常采用退补流程经过电费审核人员人工审核以及各级分管领导审批后进行发行。在审核电量电费退补时需要注意以下要点。

（一）退补电量的审核

对于因计量装置故障、抄表错误等原因需要补收或退减电量情况，应重点进行电量审核。因计量装置故障需补收电量，需由计量专业或用电检查专业提供计量故障相关的佐证资料，包括计量装置故障现场处理工作单、用电信息采集系统、电力营销信息系统佐证、故障期间补收电量计算单等，其中故障期间补收电量计算单需由计量专业审核，用户确认无异议，并签字和盖章。因抄表错误需补收或退减电量，需提供正确的抄表示数，在计量装置正常运行情况下，提供用电信息采集系统采集示数作为佐证资料。

（二）退补电价的审核

对于退补电价的复核，应重点审核退补计算中定价策略类型、分时电价标识、功率因数考核标准、市场化属性等参数是否正确，同时应分月对各时段电价（目录电价、购电电价、输配电价、系统运行费用折价、上网环节线损费用、政府性基金及附加等）、容（需）量电价、阶梯电价、功率因数调整系数等进行仔细核对，确保退补电价执行正确。此外，退补电价审核中还应特别注意特殊情况下的电价执行，例如市场化零售用户在进行计量装置故障电量退补时，其电价不按该用户市场化交易电价执行，而应按对应月份代理购电电价执行（实际以各省份当年省内电力市场交易总体方案的规定为准）。

（三）退补电费的审核

对于退补电费的复核，应重点审核各部分电费计算的准确性，包括各时段电费、力调电费、基本电费、户表居民用户的阶梯电费等。对于退补时间段内存在新装增容、业务变更和计量装置参数变化等用户信息更改的，应分段进行核实，核实变更前后的电费计算是否正确。

此外，退补电量电费复核还应对退补资料进行核对，包括退补原因描述是否准确明了、电量电费计算过程是否清晰、佐证资料是否齐全等，确保电量电费退补工作的规范性、准确性和完整性。

三、提升电费核算质效要点

电力营销信息系统采用全量数据通过全量审核规则实现自动电费核算后，为提升电费核算质效，除对算法模型配置、量费审核规则配置、算费策略管理等系统中的业务模式和功能做优化，还可从以下几方面入手加强电费核算管理质效。

（一）加强新装增容及变更用电业务审核力度

加强高压用户新装（增容）、变更、杂项等涉及计费参数变化业务审核力度。营销业务系统在业务流转过程中同步校验用户档案；业务归档前，电费审核人员应根据系统内供电方案、供用电合同等关键信息，重点审核供电电压、合同容量、用电分类、执行电价等用户基本信息，计量方式、综合倍率、示数类型、计费关系（转供、主分、需量相加等）等计量参数信息，变压器状态、线路损耗参数、基本电费计收方式（按合同约定需量执行时，需核对需量核定值），分时标识、线变损计收标识、功率因数考核标准、定比定量值等计费参数信息；业务归档后，应开展电量电费试算，对于系统校验发现的各类计量计费异常，应在业务归档后首次电费发行前消除影响计费的参数差错。

（二）加强电价调整后的审核管理

对于电价政策调整、数据编码变更、营销业务系统相关服务变更等影响面较大的特殊情况，应在变更后首次结算前专项安排全量或抽样电费试算，提前发现和消除潜在问题，确保电量电费正式核算顺利进行，其中抽样电费试算应确保在电价码、电价类别、电压等级、业务类型等维度上覆盖到位。

（三）加强高压用户和市场化交易用户电量电费核算审核

高压用户重点核查发行电费是否完整、准确，办理减容、销户业务的大工业用户及用电状态为正常状态的“0”度高压用户计费信息变更是否正确，现场核实用户真实用电情况，确保电度电费和基本电费正确；市场化交易用户的电量电费核算应根据表计示数、表计倍率、扣减关系准确核定各计量点结算电量，并结合当年市场化交易规则、当月交易品种，准确核定每月可参与市场化电量、特殊交易品种可参与市场化电量，抄表数据确认后及时完成电量计算及市场化电量计提确认并传递至省级电力交易中心，待交易中心形成市场化用户结算依据后，按照结算依据及时完成市场化交易电费及偏差考核费用的核算发行，确保量、价、费一一对应，准确无误，交易电费和偏差考核费用均应在电费发行当期足额回收。

（四）规范电量电费退补管理

因抄表差错、计费参数错误、计量装置故障、违约窃电等原因需退补电量电费时，坚持应收必收，及时启动电量电费退补流程，履行审批手续后进行退补。对需要补收的电费，应在处理当月补收到位。特别是市场化用户电量电费退补需注意以下几点：

（1）因采集抄表失败导致市场化电量计提错误时，应在抄表例日当天完成抄表数据补抄工作；市场化用户因计量故障引起的电量退补原则上应在当期电费发行前处理完毕。

（2）发生市场化电量计提差错时，用户计量抄表数据、电费结算数据、电量电费退补数据等均应按照合同（协议）约定方式和时限及时告知市场化交易用户和售电公司。

（3）由于政策变化、历史发用电量计量差错、技术支持系统异常等原因需要进行电量电费退补调整的，根据交易规则或合同（协议）约定，按照电量电费退补方案负责退补到户。

（4）由于计量装置故障、电力用户窃电、违约用电等原因需退补往月电量时，相关电量按对应月份电网企业代理购电价格开展电费结算，不纳入偏差考核和售电公司价差收入计算。对应月份电量难以确定的，按退补电量涉及天数平均折算。追补2021年11月25日前电量时，按对应月份目录电价水平结算。

四、电费核算体系优化建设

电费核算全面推行自动审核发行后，为确保电费核算工作质量，在日常工作中，可增加了事前和事后审核环节，优化事中审核规则，推行电费核算事前、事中、事后全过程管理体系建设。

（一）事前审核

1. 进行预估抄表发行

在进行月初电费核算发行前，进行预估抄表发行计划。系统在每月26日自动拉起所有用户当月预估量费计划，以当月实际天数预估全月电量，用电信息采集系统数据信息上传至电力营销信息系统后，系统智能化对比电量波动，进而发现计量故障问题、表户不对应问题以及采集故障等问题。在发现以上电量问题后，对数据进行处理，确保正式发行能获得准确可靠的电量数据。

2. 针对电量信息进行校核采集

针对用电信息采集系统中的采集电量进行核对，如出现超大的台区线损和电量为负以及零电费等问题，应当对以上异常数据信息进行全面校核，同时做好数据信息的分析和处理。对比传统模式，该模式下针对采集电量异常情况的处理时间较为宽裕，并同样能够保证较好的准确性。

3. 电费试算

在正式进行抄表电费计算前，电力营销信息系统能提取当月存在业扩变更流程的用户清单，可根据流程分类对需要进行电费试算的用户发起试算计划，针对实际情况进行模拟，进行电费计算。其间，电费核算人员重点依据业务规定，对新装、业务变更和计量装置参数变化等用户信息归档后，进行量费结果审核。

（二）事中审核

在电费发行期间，电费核算人员对用户量费结果进行复核，发现异常核算人员发起异常工单，将问题交由相关责任岗位进行处理，并在责任岗位完成处理后，将处理结果反馈给最初的核算人员，从而形成工单闭环的管理模式。

（三）事后审核

由核算人员针对已发行电费的用户，在传统策略指导下抽取一定量，进行电费台账再核算，然后对电费计算结果的准确性进行再次检查。也可以总结电费核算各类问题和异常情况，通过设置事后主题审核方式，开展核算业务风险溯源分析、问题管控。

针对电费智能核算的事前、事中和事后管理环节所存在的异常问题进行闭环管理，并由发起人负责工单的督办与归档，以此提高电费核算精细化程度。

做好案例库建设。重点针对已经发生电费差错的案例进行分类，并建立与之对应的电费差错案例库。在具体案例库建设中，需涉及导致差错问题的原因以及差错问题的发生概率、发生影响和后续防范解决措施，从而为后续工作提供有效的参考和借鉴，也有利于制定出针对性的问题处理方案。

思考练习

1. 简答题：电力营销信息系统中量费核算发行有哪些环节？
2. 简答题：退补电量的审核应提供哪些资料？
3. 简答题：退补电价的审核应注意哪些要点？

扫描二维码·参看答案28

模块三　电费核算典型案例分析

学习导读

重点：分析核实电费核算中提示的各种异常信息。
难点：用户电量电费异常信息的处理方法。

在电费核算过程中，电力营销信息系统根据用户属性分类以及信息数据，进行审核规则数据校验，最终判断异常并进行分类提示。电费审核人员需要针对不同的异常提示，进程研判及分析其产生的原因，并根据不同的原因进行相应的处理。下面介绍日常电费核算工作中发生的部分典型异常及处理方法。

【案例一】功率因数考核标准执行错误

用户基本信息：某新上用户，属于玩具制造行业，供电容量160 kVA，供电电压10

kV。电力营销信息系统中定价策略类型为单一制，功率因数考核标准为0.9，执行分时电价。

核算异常提示：用户首月发行电费，未能通过自动审核，电力营销信息系统生成异常工单，提示"功率因数考核标准执行错误"。

核算异常分析：根据异常信息提示，电费核算人员核实该用户档案信息，判定定价策略模块中"功率因数"考核标准选择错误。依据《关于颁发〈功率因数调整电费办法〉的通知》相关规定，该用户供电容量160 kVA，功率因数考核标准应为0.85，而在新装业务流程中，业务办理人员将功率因数考核标准错误选择为0.90。

异常处理：电费审核人员将该户异常工单发送至业务人员，将电力营销信息系统中功率因数考核标准修改为0.85后，重新提档计算审核发行电费。

【案例二】无功电量异常

用户基本信息：某工业用户，供电容量400 kVA（2×200 kVA），供电电压为10 kV，抄表例日为每月1日0点。

核算异常提示：2024年7月1日电费核算时，未能通过自动审核，电力营销信息系统生成工单，提示"有功电量不为零而无功电量为零"。2024年7月1日抄见示数计算抄见电量、变压器损耗电量、结算电量见表2-13所列。

表2-13　2024年7月1日抄见示数计算抄见电量、变压器损耗电量、结算电量

电量类型	抄见电量	变压器损耗电量	线损	结算电量
正向有功总	2160	390	0	2550
无功总	0	1995	0	1995

核算异常分析：该用户未能通过自动审核，电费核算人员对比往月电费账单，发现本月无功抄见电量为0，属于非正常现象。进一步分析，该用户变压器容量为400 kVA，月度有功用电量仅2160 kW·h，且近两月用电量均偏少，变压器负荷率偏低。

异常处理：针对无功抄见电量为0的异常，电费审核人员将异常工单推送给用电采集人员进一步核实抄表示数。经用电采集人员通过用电采集系统核实，发现抄表例日当天用电采集示数失败，仅采集回有功示数，未能采集回无功示数。用电采集人员当日立即赶到用户现场，使用抄表器抄读抄表例日当日电量，并传回用电采集系统，再推送至电力营销信息系统后重新进行电量电费计算。

针对该用户近期用电量偏少，变压器负荷率偏低的问题，电费核算人员通过内部工作联系单通知客户经理，客户经理为该用户提供现场走访服务，了解用户生产经营情况，以及用电量长期偏低的原因，并为用户后期科学合理经济用电提供建议。经客户经

理现场了解，该用户因近期缺少订单，已停运2条生产线，故用电量减少。在客户经理建议下，该用户向供电企业申请办理临时性减容200 kVA变压器，减容后变压器容量达不到315 kVA，用户电价由两部制电价更改为单一制电价，减少了基本电费，有效降低了用户用电电费。

【案例三】需量用户存在转供用户

用户基本信息：某大工业用户A，装接变压器容量630 kVA，供电电压为10 kV，执行两部制电价，按照实际抄见最大需量计收基本电费；转供有一普通工业用户B，变压器容量160 kVA，两班制生产，执行单一制电价。

核算异常提示：用户未能通过自动审核，电力营销信息系统生成工单，提示“需量用户存在转供用户，请核实负荷率”。2024年7月电费计算信息见表2-14所列。

表2-14　2024年7月电费计算信息

用户	结算电量	最大需量值	计收基本电费需量值	功率因数
用户A	252691	677	677	0.92
用户B	52560	0	0	

核算异常分析：按照供电营业规则，在计算转供户（用户A）用电量、最大需量及功率因数调整电费时，应当扣除被转供户（用户B）消耗的有功、无功电量。最大需量按照下列规定折算：

（1）照明及一班制：每月用电量180 kW·h，折合为1 kW；

（2）二班制：每月用电量360 kW·h，折合为1 kW；

（3）三班制：每月用电量540 kW·h，折合为1 kW；

（4）农业用电：每月用电量270 kW·h，折合为1 kW。

该用户A的被转供户B，属于普通工业用户，且两班制生产，应按照“每月用电量360 kW·h，折合为1 kW”的规范来折算扣减需量。然而在用户A的电费计算过程中系统未能实现自动扣减折算需要。

异常处理：通过人工计算出正确的基本电费最大需量值：被转供户B当月结算电量为52560 kW·h，折算成最大需量值为146 kW，则该用户A计收基本电费的最大需量值应为677−146=531 kW。再通过系统退补流程，退还用户A多收取的146 kW的最大需量基本电费5110元（10 kV需量电价35元/kW·月），补收用户A多奖励的功率因数调整电费5110×0.3%=15.33元。

【案例四】换表后电量录入错误

用户基本信息：某居民用户，供电电压为220 V，供电容量为13.2 kW，电能表为本地费控智能表，抄表例日为每月1日0点，2024年6月5日有一条更换电能表记录。2024年1月至6月的结算电量见表2-15所列。

表2-15　2024年1月至6月的结算电量

电费年月	结算电量	电费年月	结算电量
2024年1月	225	2024年4月	257
2024年2月	214	2024年5月	233
2024年3月	198	2024年6月	13560

核算异常提示：用户未能通过自动审核，电力营销信息系统生成工单，提示“用户的总结算电量超过系统设定值”。

核算异常分析：用户容量为13.2 kW，最大用电量为13.2×24×30=9504 kW·h，但6月结算电量为13560 kW·h，超过该用户理论最大用电量。且该用户1月至5月结算电量较为稳定，在6月电量突增，且偏离前期月份用电量较大。一般造成用户电量突增的原因主要有用户私自增容、私自转供、擅自改变用电性质、电能表倍率错误、抄表错误、数据输入错误、气温变化、正常增容等。一般造成电量突减的原因主要有生产任务减少、用户长时间未用电、可能有窃电行为、气温变化、减容等。具体情况需要现场核实。

异常处理：电费核算人员将异常工单推送至用电采集人员，用电采集人员通过比对采集系统新电能表起止示数均正确，发现旧电能表止度与采集系统止数不一致。进一步核实更换电能表流程，发现计量人员在更换电能表时，将止数录入错误。随后，通过系统退补流程，对止数录入错误的电量进行退减。

【案例五】过户后分时电价标志设置错误

用户基本信息：某事业单位用户，供电容量200 kVA，供电电压为10 kV，用电类别为非居民照明，定价策略类型为单一制，功率因数考核标准为0.85，执行不分时电价。2024年6月10日用户办理过户业务，过户给新户某商贸公司，过户后电力营销信息系统中定价策略类型仍为单一制，功率因数考核标准为0.85，执行不分时电价。

核算异常提示：2024年7月1日电费核算时，新用户（某商贸公司）未能通过自动审核，电力营销信息系统生成工单，提示“业扩流程提示”。

核算异常分析：按照《国家发展改革委关于第三监管周期省级电网输配电价及有关事项的通知》（发改价格〔2023〕526号）和《四川省发展和改革委员会关于进一步完善我省分时电价机制的通知》（川发改价格规〔2021〕499号）相关文件要求，过户后，新用户变压器容量仍为200 kVA，小于315 kVA，可继续选择执行单一制电价，定价策略类型无误。同时，过户后，新用户不属于事业单位，其变压器容量达50 kVA （kW）及以上应执行分时电价。在办理过户系统流程时，新用户电价分时标志未设置为“是”。

异常处理：电费核算人员将异常工单推送至业务办理人员，通过系统流程将新户电价分时标志修改为“是”，并重新计提电量计算审核发行电费。

思考练习

1. 简答题：用户电量突增、突减的原因有哪些？

2. 计算题：某被转供客户为三班制生产，当月用电量 54000 kW·h，应折算成多少需量？

3. 计算题：某大工业用户，供电容量 315 kVA，供电电压 10 kV，按照变压器容量计收基本电费，抄表时间为每月 1 日。2024 年 6 月 15 日增容完成一台 200 kVA 变压器并投入运行，请计算 6 月基本电费。（按照第三监管周期输配电价，10 kV 容量电价为 22 元/kVA·月）

扫描二维码·参看答案 29

单元四　电费回收及风险防控

单元目标

知识目标

1. 能了解电费回收概况。
2. 能掌握电费回收工作的主要内容。
3. 能了解电费催费管理措施。

能力目标

1. 能采用适当的方式正确收取客户电费。
2. 能正确出具客户电费催缴相关通知。

素质目标

1. 培养电费收费催费人员规则意识、法规意识。
2. 提高电费回收人员综合素质。
3. 增强电费回收人员风险防范意识。

模块一　收费管理工作要求

学习导读

重点：收费工作主要内容。

难点：电费催缴管理。

一、电费回收概况

电费回收是电费管理抄表、核算和收费工作的最后一个环节，回收的电费是反映电力企业电能商品的价值及经营成果的货币表现，也是电力企业的一项重要经济指标。为了使供电企业电费管理做到准确、及时、高效，一方面要做到规范化、程序化，另一方面要建立合理的工作流程。

（一）按时回收电费的意义

（1）按时回收电费可保证电力企业上缴税金和利润，保证国家的财政收入。

（2）按时回收电费可维持电力企业的再生产。

补偿生产资料耗费等开支所需的资金，促进电力企业更好地完成发、供电任务，满足国民经济发展和人民生活的用电需要。

（3）按时回收电费是维护国家利益、电力企业利益和客户利益的需要。

按时足额收回电费，加速资金周转，是供电企业电力营销部门的主要考核指标。对电费回收情况的考核指标是电费回收率，其计算公式为电费回收率（%）=实收电费（元）/应收电费（元）×100%，电费回收率考核应达100%。

（二）电费回收人员应具备的基本素质

（1）必须养成良好的职业道德。牢固树立“敬岗爱业、诚实守信、服务人民、奉献社会”的工作理念。

（2）应熟悉和正确掌握电力营销的管理制度、办法。熟悉《中华人民共和国电力法》《电力供应与使用条例》《供电营业规则》等相关法律、法规和政策。

（3）应掌握国家电费电价政策和电费电价专业知识。掌握电价、电费计算、电能计量、供用电业务有关的专业知识。

（4）应熟悉相关财务知识并遵守财经纪律。

（5）应熟悉安全工作规定。

（6）树立优质服务观念，尽力为客户排忧解难。

（三）质量管理

供电企业应加强电费规范管理、严格执行电价政策，杜绝电费收缴中的“人情电、关系电、权力电”和搭车收费现象。

（1）全面落实电费回收工作责任制。建立电费回收工作质量考核和激励制度，对电费回收率、付费售电、应收电费余额等指标进行考核，电费回收实行“日实时监控、月跟踪分析、季监督通报、年考核兑现”，确保电费按时足额回收。

（2）各单位要加强收费工作质量管理。组织开展对结算方式的选择正确情况、支票退票情况、销账及时率、解款及时率、走收销账及时性等进行检查并定期通报。

（3）提高工作质量。对选择正确支票退票情况、走收销账及时性等进行统计分析工作，寻找差距，提高工作质量。

(4) 严禁坐收坐支行为和公款私存行为。如果发现将按照有关规定对于当事人予以相应的处罚。收费人员因交款不及时造成的损失由个人承担。

二、收费工作主要内容

凡在供电企业立户的客户按照供用电双方签订的《供用电合同》中的电费结算方式结算电费，电费收取工作由收费员、催费员、电费电价专责及相关营销人员根据多种收费方式，确保电费回收率百分之百，收费员所收电费现金保存必须严格执行相关财经制度。

（一）主要收费方式

收费方式主要有供电企业柜台定点收费（简称坐收）、银行代收、银行代扣，非金融机构代收、预付费售电及依托多种方式，收费平台实施电费充值卡、移动POS机缴费、ATM自助充值终端、95598电话缴费和各供电企业自有线上缴费渠道等自助方式。

1. 柜台定点收费

柜台定点收费指用电客户到供电公司设立的各营业网点柜台进行的电费交纳的收费方式。适用于各类用电客户。

营业厅收费：营业厅收费员采取坐收电费方式收费，当天生成日结后，利用现金存款单的解款编号（16位）和进账单的关联，实现营业厅现金解款入账自动到账确认。

2. 自助收费方式

自助收费方式基于供电公司多元化收费平台，借助于综合自助终端、简易自助终端、移动POS机等设备，实现客户自主使用现金、银行卡、充值券等介质完成缴费。

(1) 综合自助终端：支持现金、银行卡、充值券缴费方式，能实现除非居民卡表客户外的全部用电的缴费。通常放置在供电公司供电营业网点以及24小时自助营业厅。

(2) 简易自助终端：支持银行卡、充值券缴费方式，能实现除非卡表客户外的全部用电的缴费。

(3) 移动POS机：支持现金、银行卡、充值券缴费方式，适用于供电公司定点收费、供电公司委托代收机构代收使用以及应急情况下的收费。

(4) 充值券缴费：充值券是供电公司自行印制的具有缴费功能的票据。客户购买充值券后可以通过自助设备以及95598电话实现缴费的方式。适用于非卡表客户24 h缴费。

3. 金融机构提供的收费方式

(1) 银行柜台收费：是客户在各联网合作银行营业网点柜台完成缴费的方式。适用于非卡表用电客户。

（2）银行批扣：银行批扣是通过三方协议（供电企业、银行与客户签订委托扣款协议）或者双方协议（银行与客户签订委托扣款协议），由客户委托其开户银行每月根据营销信息系统提供的应收电费信息，直接从其指定账户上划出电费款并转到供电公司的电费专用账户上的缴费方式。适用于居民及中小用户（个别供电企业已经逐步取消）。

（3）网上银行缴费：办理了银行网银服务的客户，通过登录银行网上服务平台，选择服务项目完成缴费的方式。适用于开通网银服务功能的非卡表客户（公司逐步推行，四川公司已取消各地市公司电费账户，实现了“省级直收”）。

对开通网银客户省级直缴费方法：用电客户将电费转入电力公司电费专户，转账时输入账户信息“账号（用电编号）+账户名（××省电力公司）+开户行信息”。

（4）委托银行代收：客户在受委托银行签订三方缴费协议后，按时由银行自行划转的缴费方式。适用于所有用电客户（个别公司已逐步取消）。

4. 非金融机构提供的收费方式

非金融机构柜台代收：客户到签约代收点购买充值券或者用现金交纳电费的方式。适用于居民及中小客户。

5. 第三方代收

微信、支付宝以及各供电企业自有的线上缴费、第三方代收点通过POS机代收电费等方式，由电力营销信息系统自动生成日结，再给代收机构分配固定收款识别码（13位），通过日期金额等和进账单的关联，实现代收收费自动到账确认。

（二）收费工作流程及工作要求

营业网点柜台电费收费员负责在规定的营业时间内受理营业柜台收费业务，并保证电费收费的工作质量。

1. 收费前准备

收费工作开始前，收费人员要按照各省公司电力营销部普通发票使用管理办法的要求在营销系统中完成票据的领用，并检查计算机、打印机运行是否正常，票据安装是否到位。

2. 收取电费

客户缴费时，收费员应核对客户户名、计费户号等档案信息，调出客户应缴纳电费信息，实时计算违约的金额，并告知客户，经双方确认后进行缴费，避免错收。

收费员进行系统收费时，应正确选择现金、转账支票等结算方式。

收取现金时，应当面点清，须唱收唱付，要仔细验钞，防止收取假币。

收到支票在确认实收（一次销账）时分两种情况处理：在银行营业时间内收到支票，收费单位应及时将支票送交银行，以拿到的银行受理回单作为收费的依据；在银行营业时间结束后收取的支票，可以先进行系统销账处理，但是必须在24h内送交银行并取得银行的受理回单。收取支票应仔细检查票面金额、日期及印鉴等是否清晰正确，并保证系统输录的银行票据编码与实际编码一致。支票退票的营业网点应该保留银行提供的退票凭证。

收到进账单时，收费人员须在营销系统“银行票据号码”输录处，按照“月份（2位）+编号（4位）+客户户号（10位）”的原则编制16位的银行票据号录进系统，录入的号码不得重复，同时在营销系统“票据银行”处录入本单位开户银行信息。编号要登记在对应的票据上以便核对。收到客户的现金缴款单按进账单处理。同时在三联进账单空白处标明收费网点的名称及16位编号。柜台收费人员负责核对当日收取的电费现金、支票、回单与电费发票存根、借款合计票、日收费明细的数据一致，按类别逐一登记在日交接表上，与电费出纳进行交接并履行双方签收手续，做到电费日清日结。按照收款金额逐笔进行解款操作，打印日已收合计票、日解款明细、日收费明细。

收到银行承兑汇票时，应仔细检查票面金额、日期及印鉴等是否清晰正确以及核对背书内容，必须在经过银行进行票据真伪辨识，并得到银行确认票据无误后才能进行收费操作。

通过财务代收、列账单等非货币资金方式收费的，应以财务提供的纸质记录凭证作为电费收费依据。客户同时采用现金、银行、汇票等支付一笔应收电费的，应分别处理。

若客户进行“多户同付”缴费时，收费员应同客户核对同付信息，在确保缴费信息无误的情况下，在系统中选“多户同付”进行操作，全部同付户号输入完毕后，按显示的总应收金额进行收费。

收费完成后为客户出具发票和电费清单等。

3. 收费工作要求

（1）营业柜台收费标准及纪律

柜台收费人员收费时应保证两人以上，收费网点须装配监控和报警系统，将收费作业全过程纳入监控范围。

各营业网点柜台必须为客户配备验钞装置，收取现金找零时，柜台收费人员应先进行验钞再交于客户，提醒客户自行在验钞设备上进行验钞，并告知客户现金一旦离柜概不负责。

柜台收费人员每日必须做到日清日结。现金、支票必须全额进账，不得存放他处。严禁坐支现金，挪用电费。

柜台收费人员不得以任何理由拒收客户电费。

（2）供电企业自助收费方式的工作要求

供电企业自助收费方式是客户使用公司的自助设备自行完成的缴费过程。

放置于各营业站（所）的综合自助终端收取的现金应由所在班站（所）负责收款和资金上交工作。

各班站（所）要指定专人（两人以上），分别持有综合自助终端取款门钥匙和钱箱钥匙。在当天规定的时间前进行取款，统一上交电费专用账户。在非取款的情况下不允许擅自打开钞箱。

取款人员取款前，应进行系统对账即综合自助终端与多种收费方式平台的对账，对账成功后系统自动打印缴款凭证，在看到缴款成功后方可取款。

取款人员将款项取出后要与缴款凭证进行核对，要求资金笔数、金额、张数完全一致。取出的现金有差异的要在当日和自助设备的服务人员通过电话告知情况，事后补办传递差异处理工作单，本单一式两份，双方各留一份。

取款人要在取款时做好取款记录，每台综合自助终端都应有对应记录。对取款时由于网络突然中断、设备异常等情况造成当天无法进行对账的应先取款，待异常处理完毕后，进行相应的对账和交款，要详细记录原因并签字。

（3）各营业网点销售充值券

每日销售的金额要及时交到各单位指定账户，不得私自留存。充值券的管理按照各省电力公司多元化收费方式业务管理规范中相关规定执行。

（三）收费后续工作及要求

当日收费完毕后，收费员应对所收的现金和支票、汇票等电费资金与系统中收费记录、打印的发票、收据的存根逐一进行核对，并清点资金数量，核对无误后填制缴款单。

核对中发现有错收电费的，在经过所在班站（所）长的审批后由收费责任人进行收费冲正工作，收费冲正时要核对客户计费号、金额，正确记录冲正原因，同时作废相应的票据，已经为客户提供的票据要通知客户进行更换。

每天收取的电费资金等要及时存入银行，送交时必须安排至少两名工作人员通往，做好安全措施，确保人身与资金安全。当日交款后收取的现金和支票等按照财务规定存入专用保险柜，于次日及时交存银行。

解款操作。柜台坐收的收费由柜台收费人员在营销系统中进行解款，各省公司有不同的流程，使用移动POS设备收取的由设备管理人员通过移动POS设备进行解款。综合自助终端由取款人在取款时进行解款。简易自助终端、各代收网点的移动POS设备等收到的电费资金由各单位多元化收费平台管理部门指定专人在平台上进行解款，银行代收、代扣的由代收代扣业务管理部门指定专人在营销系统中进行解款。多元化收费方式和银电联网收费的每月最后一日 24 h 必须进行月中解款。

解款后发现错误的可以进行冲红处理。冲红时要正确选择客户计费号、收费时间，详细核对收费信息、记录冲红原因，并按照流程逐级审批。

每日电费资金送交银行后，收费人员要打印“日实收电费交接报表”“日已收合计票”“日收费明细”“日解款交接报表”“日解款明细与所收银行单据”一起交给营业班站（所）长。对上行后收取的电费，要完成现金盘点表的登记并由相关人员签字。

各单位需指定专人督查日结及解款情况，电费账务工作人员提供未达账项调账，各营业站（所）抄表人员对未达账逐一落实，尽快催收。

（四）其他收费方式需要关注的问题

代扣收取电费是指供电公司依靠银行实现收费的方式；代收收取电费是指供电企业依靠银行或者其他第三方代收网点实现收费的方式。采用代扣、代收方式收取电费的，供电公司应与代扣、代收单位签订协议，明确双方权利义务。协议内容应包括缴费信息传递内容、方式、时间，缴费数据核对要求、销账处理、资金清算、客户服务条款及违约责任等。

采用（预）购电缴费方式，需与安装（预）购电装置的客户签订（预）购电协议，明确双方权利和义务。协议内容应包括购电方式、跳闸方式、预警电量、违约责任等。

采用特约委托方式收取电费的，供电公司、用电客户、银行应签订协议，明确三方的权利义务。协议内容应包括客户编号，客户名称，托收单位名称、地址、托收银行账号，托收协议号，收款银行，扣款时间，客户服务条款及违约责任等。采用分次划拨或分次结算方式的，协议内容需增加分次划拨或分次结算次数及时间等内容。

（五）收费期限

供电企业根据用户限制和具体情况，通过供用电双方签订的《供用电合同》《电费结算协议》，确定向用户收取电费的期限和额度。

（1）对居民用户，自抄表之日起，10 日为交清期限（周休日照常收费、遇法定节假日自动顺延），超过为逾期。

（2）对每月一次性交清电费的非居民用户，供电企业规定的缴费日或电费结算协议约定的缴费日为交清电费期限，超过为逾期。

（3）对分次结算电费的用户，电费结算协议约定的分次缴费日为缴费期限，超过为逾期。

（4）月用电达30万元及以上的用户，须签订《电费结算协议》，用电户按协议分次（每月不少于三次）交付电费，月末结清。

（5）逾期（不含截止日）不交或未交清者，即为拖欠电费，对拖欠电费的用户，要严格按《电力供应与使用条例》、《供电营业规则》的有关规定及合同约定的内容收取电费违约金。

（六）电费违约金计算

根据《供电营业规则》第一百条规定，用户在供电企业规定的期限内未交清电费时，应当承担电费滞纳的违约责任。电费违约金从逾期之日起计算至交纳日止。每日电费违约金按照下列规定计算，双方另有约定的除外：

（1）居民用户每日按照欠费总额的千分之一计算；

（2）其他用户：当年欠费部分，每日按照欠费总额的千分之二计算；跨日历年欠费部分，每日按照欠费总额的千分之三计算。

电费违约金收取总额按日累加计收。

严格执行电费违约金制度，严格结算纪律，对拖欠电费的用户，必须按照规定足额收取违约金，任何单位和个人均不得应允减免电费违约金。

思考练习

1.简答题：电费回收率（%）的计算公式是什么？

2.简答题：电费回收的概念是什么？

3.简答题：居民违约金怎样计算？

扫描二维码·参看答案30

模块二　催费管理及典型案例分析

学习导读

重点：催费管理办法。

难点：规范催收欠费。

一、催缴电费方法

欠费是指用户应交而未交的电费。用户欠交电费，实际上是占用电力企业的货币资金，同时也挤占了国家的财政收入，因此，供电企业应把电费回收当作主要工作来抓，对欠费户应抓紧时间催交，加强管理，并采取一些必要的措施，以保证电费的及时、足额回收。常见的催缴电费方法如下：

（1）加强宣传《中华人民共和国电力法》《电力供应与使用条例》《供电营业规则》等法规宣传，强化用户电力商品意识。

（2）主动向地方政府汇报电费回收情况，争取支持，为电费回收工作创造良好的外部环境。

（3）营销部门应加强与财务、调度等部门的联系，定期召开电费回收协调会议，建立电费回收联动机制。

（4）结合业扩报装、负荷控制等措施，优化电费回收流程。

（5）层层落实电费催收责任，完善奖惩制度，建立动态统计分析体系。针对重点行业、欠费大用户建立台账，实时跟踪经营动态。

（6）严格执行电费滞纳违约金制度，增强用户缴费约束力。

（7）指导用户调整生产班次优化用电时段，降低电费成本。对经营困难企业，协商分次划拨电费，并在《供用电合同》中明确电费分次结算方式。

（8）为防止破产企业陈欠电费的损失，可定期与用户核对债权债务，要求用户确认欠费。通过财产抵押、法律诉讼等措施保全债权，减少坏账风险。

（9）采取停、限电措施。采取该项措施时一定要慎重，做到有理、有据、有度，不能因停电给客户造成重大损失，具体依据《供电营业规则》第七十条规定：除因故需要中止供电和可以立即中止供电的情形外，供电企业需对用户停止供电时，应当按照下列程序办理：①在停电前三至七日内，将《停电通知书》送达用户，对重要用户的停电，应当将《停电通知书》报送同级电力管理部门；②在停电前三十分钟，将停电时间再通知用户一次，方可在通知规定时间实施停电。

（10）建立电费预警机制，防止欠费形成，解决拖欠电费问题。

二、催缴电费的管理措施

（一）电费催收管理

（1）建立电费欠费用户明细档案，实施差异化对账模式。对普通欠费用户，对账工作至少一年一次；对长期欠费的大用户，对账工作至少一季度一次；用户确认后，需签订《客户欠费确认书》。

（2）根据欠费类型，制订不同的催收方案。前期电话、短信提醒用户欠费情况，后期正式发出《催缴电费通知书》。《电费催缴通知书》《停电通知书》需经专人审核及用户签章确认，之后归档备案。《电费催缴通知书》内容包含催缴电费年月、欠费明细及违约金、缴费时限、缴费方式及地点等信息。《停电通知书》内容包含催缴电费次数、欠费金额及违约金、停电原因等信息。对于无用户签章的，可采取邮寄挂号信方式或在用户厂区标志物处张贴《电费催款通知书》，并留存证据。

（3）根据《供电营业规则》第六十九条规定：在发供电系统正常情况下，供电企业应当连续向用户供应电力。有下列情形之一的，可以按照规定的程序中止供电，其中：逾期未交付电费超过三十日，经催交在合理期限内仍未交付的。除采取限（停）电等措施外，还应与用户签订《交款协议书》，明确欠费形成时间、欠费总金额、截止日、按规定应计收违约金数额、交款计划、计划未兑现时的限（停）电方案等内容，并加盖双方单位公章或法人代表签章。

（4）对累计欠费数额巨大的用户，派驻专人跟踪用户的生产、经营、销售、资金回笼等情况，协调解决有关问题，及时回收电费。

（5）对欠费用户，应按电度电费、各项代收基金，以及欠费年限，是否经公司核实为呆、坏账等项目进行分析。按月、季、年分析欠费原因，并制定对策。

（6）重点关注破产和即将破产企业，及时办理资产（尤其是该客户的变电设备）抵押、质押登记。对已进入破产程序中的用户，应再次通过《供用电合同》明确，禁止破产期间新增欠费；若其动力负荷仍需继续用电，应与破产清算组协商，签订预付电费协议。

（二）欠费管理

（1）对拖欠电费用户的新装、增容、变更用电等业务申请一律暂缓办理，在用户交清电费后，方可进入规定业务流程，办理用户申请。

（2）对长期拖欠电费的用户，或濒临倒闭破产未偿清电费的用户，除应采取停电措施外，还应依法向人民法院提起诉讼，追回拖欠的电费。

（3）限（停）电催收电费管理

①用户在供电部门规定的日期未足额交清电费时，自逾期之日起计算超过30日，经催交仍未交付电费的，可以按照规定的程序停止供电。

②对拖欠电费的用户实施限、停电措施的，按如下程序办理停电手续。

A. 将停电的用户名称、欠费情况、限（停）电方案报本单位负责人批准；

B. 在限（停）电前三至七天内，将《限（停）电通知书》送达用户，对重要用户的限（停）电，应将《限（停）电通知书》报送同级电力管理部门；

C. 在限（停）电前30分钟，将限（停）电时间再通知用户一次，并做好记录，方可在通知规定时间实施限（停）电；

D. 对未按交款协议书履行义务的用户实施限（停）电，可按交款协议书注明的限（停）电方案实施限（停）电；

E. 对拖欠电费的重要用户实施限（停）电，由供电公司主管领导审批后实施。

（4）凡因停电会造成下列后果之一者称为重要用户：

①中断供电将造成人身伤亡；

②中断供电将造成环境严重污染；

③中断供电将造成重要设备的严重损坏，连续生产过程长期难以恢复；

④中断供电将造成重大政治影响。

在采取限（停）电催收电费时，要做到有理、有据、有度，严格履行规定的限（停）电程序。

（5）拖欠电费的用户在结清电费或按交款协议书交纳电费，并按规定交纳电费违约金后，按资金到账日起一个工作日内恢复供电。不能在一个工作日内恢复供电的，应向用户说明原因。

（三）欠费的司法救济

1. 不安抗辩权行使

对未实施全费控或担保的用户，发现其存在经营恶化、资产转移、丧失商品信誉等丧失履行能力情形时，应及时行使不安抗辩权。收集确凿证据，书面通知用户限期提供担保，如客户未按期提供担保，可中止供电。

2. 征信管理

对欠费用户，认真分析，预判其经营状况，适时运用银行征信系统。对月欠费1000万元以上的用户，省公司审核后，由市公司纳入银行征信系统；对其他欠费用户，由市公司评估后纳入。

3. 保全证据

（1）严格执行催收程序。对于非居民用户，专人送达《催费通知书》或挂号信、快递等方式送达，并签字确认；若企事业单位用户拒绝签收，应采取公证送达的方式予以确认。对于居民用户，可在客户房门张贴或者客户专用信箱放置《催费通知书》，同时全程录像（照相），必要时也可采取公证送达的方式予以催收。

（2）切实做好证据保全工作。电费催收通知除提示用户及时履行缴费义务和保持诉讼时效外，还为采取停限（电）措施提供支撑，必须做好相关资料的保全。对非居民用户，专人管理签收回执，做到“一户一档”；对居民用户，完整保存录像（照相）资料；对公证送达的用户，应及时归档公证文书。

4. 停（限）电催收

（1）依法依规实施停（限）电措施，严格履行合同约定程序，维护供用电双方合法权益。

（2）严格履行停（限）电审批手续。对一般用户，本单位负责人审批；对重要用户，需经省公司审批同意，同步报送同级电力管理部门和政府安全管理部门。

（3）按时送达《停（限）电通知书》。《停（限）电通知书》应于停电前七天送达用户，若用户拒收，对欠费金额小于1万元用户，可采用挂号信或在张贴公示并照相等方式进行确认；对欠费金额在1万元及以上的，采取公证送达的方式进行确认。

（4）严格按《供用电合同》约定的停电方式核时间执行，达到约定条件时必须立即实施。对高危、重要、敏感用户，应在实施停电前30分钟，再次通知用户停电时间，确保用户知悉停电时间。

（5）严格履行复电审批手续。实施停（限）电措施后，应立即与用户沟通协商，在用户结清欠费后，落实费控装置或协议购电措施。用户申请复电后，立即启动审批程序，严格按照合同、协议约定时间或相关规定完成复电。

（6）做好高危及重要用户停（限）电应急预案。营销、调度、安监、经法、外联等相关部门应紧密配合，提前做好舆情应对预案、法律风险防范预案、紧急情况应对预案等，确保出现紧急情况能快速处理，杜绝负面影响。

5. 法律追偿

（1）实施电费抵押、质押等财产担保和第三方保证。当用户欠费且存在回收风险时，应立即启动债券担保程序。担保有两种方式：一是财产担保，优先接受不动产低压、设备质押等担保形式，这种方式必须办理完整的登记手续；二是第三方保证，如用户没有相应的抵押或质押资产的，应要求用户通过第三人为其提供财产担保或保证，这种方式要求保证人需具备代偿能力，并需提供有效的担保文件。当未结清欠费但需恢复用电的用户，也应立即启动债券担保程序，并安装费控装置，如不能安装费控装置，必须履行审批手续，同时启用现金支付的购电制电费结算方式。要求用户提供拟担保资产的权属资料、担保人的资信材料，明确担保物所有权归属、剩余担保价值、保证人资信等情况，避免出现担保物剩余担保价值不足、无效保证等问题。

（2）启动法律追偿程序。当采取停电措施仍无法收回欠费且未能取得有效担保时，供电企业应启动法律追偿程序。开展诉前评估，对债权公证、实物抵偿、支付令、诉讼等法律途径进行可行性分析，形成法律意见书。在诉前准备阶段，整理电费债权凭证、欠费确认文件、债务人资产情况等资料。在立案阶段，应准备起诉文书，依法向管辖人民法院提起诉讼。诉讼过程中（包括诉前、诉中），应申请财产保全，防止当事人（被告）转移、隐匿、变卖财产。在案件审理阶段，要密切跟进诉讼进程，对不利判决依法提起上诉。在判决生效期满后，若债务人未履行还款义务，应立即向人民法院申请强制执行，对已保全财产或抵押物优先处置变现。

（3）依法核销呆坏账。在欠费用户满足应收电费坏账损失确认原则及依据时，欠费用户所在供电单位应及时按照坏账损失的内部处理程序对确认无法收回的电费坏账予以核销，并按照账销案存管理要求继续催收电费。

6. 工作要求

（1）强化电费回收责任落实。

落实电费回收主体责任。市（县）公司作为责任主体，负责电费回收各项措施落实，实行“一把手”责任制，主要领导亲自部署、包干到户，严抓、严管、严考核，确保电费足额回收。省公司履行监管职责，通过现场督察、专项检查等方式，对资金到账情况进行全过程监控，并建立考核激励机制。

加大考核力度。执行电费回收“说清楚”制度，将电费回收纳入同业对标、企业负责人绩效考核，制定电费回收奖惩工作规定，进一步加大责任追究力度。

强化跨部门协同联动。建立和完善电费催收人、财、物保障机制，确保电费催收措施落实到位。积极依靠法律顾问全程参与电费回收各环节，依法督促电费回收证据收集和保存，审查法律文书，制定法律措施方案，启动法律程序，指导外聘律师开展诉讼。加大与审计、财务、经法等专业的联动，建立全方位核查机制，及时发现问题、整改问题，严防侵占电费行为发生。

（2）全方位构建省市县三级过程管控体系，实行省市县电费回收三级“例会”制度，重点解决电费回收工作中的重点难点问题。全面推行省市县电费回收三级“督办”制度，欠费100万元及以上的由省公司跟踪督办，欠费10万元以上的由地市公司督办，10万元以下的由县公司督办。实行跨市、县（区）、所的三级“电费催收和预警联动”机制，统一制订催费措施，一旦出现欠费，立即启动联动催收。

（3）不断夯实电费回收基础管理。

规范电费账务管理。切实规范实收账务处理，做到每笔实收电费记录真实、准确，并按规定完成日结日清，确保实收电费与进账金额、凭证及报表数据一致。切实规范预收电费账务处理，预存电费必须进入营销业务系统管理，不得体外循环，不得挪用客户预存款冲抵其他客户欠费，预存电费必须按规定在月末结转，不得形成电费保证金模式。加快推进营财一体实用化进程，全面实现公司系统营销财务电费电价信息集成共享，用现代化手段保障价费管理的真实规范。

推行抄核收标准化作业。组织编制抄核收标准化作业指导书，分级开展抄核收实务操作培训，提高人员业务水平，进一步规范人员作业行为，夯实基础管理。

强化量价费管控。强化量价费在线实时监测，分级常态开展系统稽核检查，对异常问题发起核查、闭环督办。

建立信息报送机制。及时准确报送电费回收信息，任何单位和个人不得延时报送、漏报、谎报或者瞒报。

三、典型案例分析

【案例一】××城区供电分公司有一家2023年4月新投运的大宗客户乌尤寺面粉厂，10 kV龙金979专线供电。该厂2024年4月发生电费271477.99元，其中，水库移民3080.00元、可再生能源为350.00元、农网还贷7000.00元、水利基金2450.00元；2024年6月因生产不景气，发生电费8866.41元，其中，水库移民40.37元、可再生能源为4.59元、农网还贷91.74元、水利基金32.11元。以上电费客户卢×同意在2024年6月29日16时30分之前一次性交清（双方合同约定缴费期限截止日为每月15日，每月抄表时间为1日）。

抄表人员王×一人在6月28日上门催收该厂电费，经敲门无人回应，便索性翻进围墙内，将一张2024年6月29日16时30分实施的《停电通知书》（含28948.58元电费滞纳金）张贴在办公室门口后离去。2024年6月29日16时30分，王×仍不见客户缴费，一气之下在班长李×的监护下于6月29日17时10分对该厂实施了停电。无奈，客户卢×只好把电费（含电费违约金）在当天17时30分到营业厅全部结清，收费员徐×坐在位置上，在客户离开时气愤地说了一句“感谢你的支持”。客户装作未听见似的走出了大厅。

【存在的问题】

根据以上电费催交案例，存在的问题如下：

（1）张贴的《停电通知书》上电费滞纳金错误。根据《供电营业规则》第一百条规定：用户在供电企业规定的期限内未交清电费时，应承担电费滞纳的违约责任。电费违约金从逾期之日起计算至交纳日止。每日电费违约金按下列规定计算。其他用户：当年欠费部分，每日按欠费总额的千分之二计算；跨年度欠费部分，每日按欠费总额的千分之三计算。2024年6月28日发出停电通知，则计算出电费滞纳金=271477.99×44×0.002=23890.06元。

（2）实施停电的时间与通知时间不一致。《停电通知书》上的时间为6月29日16时30分，而实施停电的时间为6月29日17时10分。

（3）填发《停电通知书》的程序错误。根据《电力供应与使用条例》第三十九条，自逾期之日起计算，超过30日经催交仍未交付电费的，供电企业可以按照国家规定的程序停止供电。在发《停电通知书》之前，未发《催费通知书》。

（4）办理停电手续错误。未将停电的客户、原因、时间报本单位负责人批准。

（5）《停电通知书》没提前3～7天送达客户；在停电前30分钟，未将停电时间再通知客户一次。《供电营业规则》第七十条规定，除因故需要中止供电和可以立即中止供电的情形外，供电企业需对用户停止供电时，应当按照下列程序办理：①在停电前三至七日内，将《停电通知书》送达用户，对重要用户的停电，应当将《停电通知书》报送同级电力管理部门；②在停电前三十分钟，将停电时间再通知用户一次，方可在通知规定时间实施停电。

（6）送达《停电通知书》时，因厂内无人，客户无法签字确认，也没有留置送达见证人；张贴在办公室门口，未采取拍照。根据《××供电公司电费电价管理标准》的规定，《停电通知书》须取得客户法人签章确认后归档备案。对于无法取得客户签章的，可采取用邮寄挂号信，保留存根；或在客户厂区标志物处张贴《催费通知书》，并相应拍照等方式收集证据，以保留供电企业提起民事诉讼的权利。

（7）抄表人员违反现场服务纪律。因厂内无人，工作人员翻进围墙。根据《××供电公司营销工作守则》的规定，到客户现场服务前，有必要且有条件的，应与客户预约时间，讲明工作内容和工作地点，请客户予以配合。

（8）工作人员违反相关管理制度，私自同意客户延期缴费。

（9）收费人员服务不规范。收费人员对客户有抱怨。根据《城市营业窗口供电服务规范》的行为举止规范，客户离开时应起身、面带微笑、使用文明用语。

【采取措施】

根据电费催交案例中存在的问题，应采取如下措施：

（1）定期或不定期地与欠费客户对账，同时签订《客户欠费确认书》，并发出《催费通知书》。

（2）《催费通知书》须取得客户法人签章确认后归档备案。对于无法取得客户签章的，也可采取公证处公证等措施。

（3）客户拖欠电费时，除采取限（停）电等措施外，还应与客户签订交款协议书。将停电的客户、原因、时间报本单位负责人批准。在停电前七天，对重要客户的停电，应将《停电通知书》送同级电力管理部门。

（4）供电企业及时与客户沟通衔接，派出工作能力较强的电费回收人员进驻企业，了解客户生产、经营、销售、资金回笼等情况，协调解决有关问题，及时回收电费。

（5）加强与地方政府及相关部门的联系，争取当地政府的理解及支持。

（6）加强内部协作与配合，定期召开电费回收协调会议。

（7）对欠费客户采取月、季、年分析，分析不同的欠费原因，提出相应的催收措施，对生产不景气的客户尤为关注。

（8）为规避欠费风险，分旬抄表，并于抄表后结清电费。

（9）对长期拖欠电费的大宗客户，安装使用充值售电装置，有效遏制欠费。

（10）协助客户催收“三角债”，利于电费收缴。

（11）发扬“三千”精神催收电费。在采取停电催收电费时，应做到有理、有据、有度，严格履行规定的停电程序。言行举止服务规范。

思一思

随着国际金融形势等因素影响和电力客户的多元化，电费催收工作面临更加复杂的局面，电费回收压力也日益增大。同时，基于我国经济社会发展的巨大进步，我们仅仅依靠《供用电合同》的约定或简单的电费催收已经不能满足电费催收工作的需要，只有转变服务观念，以人为本，切实把优质服务做好，并用优质服务进行电费催缴，做到“欠费不欠服务”，充分认识和尊重社会客观发展规律，才能合理地解决矛盾，推动社会不断发展，以实现人的全面发展和社会进步。

思考练习

1.简答题：怎样规范地送达《停电通知书》？

2.简答题：坏账损失的内部处理程序是怎样的？

3.简答题：什么叫质押担保？

扫描二维码·参看答案31

第三部分

电力营销稽查及典型案例分析

单元一　电力营销稽查

单元目标

知识目标

1. 能熟悉电力营销稽查的概念、作用。
2. 能掌握电力营销数字化内控体系建设的三道防线在管控方式上的区别。
3. 能掌握电力营销稽查工作步骤及方法。

能力目标

能根据用户异常问题类型选择合适的稽查防控方式开展稽查管控。

素质目标

1. 提高电力营销稽查三道防线知识储备。
2. 提高营销业务风险防范意识。

模块一　电力营销稽查概述

学习导读

重点：电力营销稽查的概念。

难点：数字化内控体系建设的三道防线的作用和区别。

一、电力营销稽查的概念

电力营销稽查是核查电力营销工作中的业务差错、责任事件、违约用电和窃电行为的重要环节，是电力营销管理的重要组成部分，在规范电力市场秩序，保证企业经营效益等方面发挥着至关重要的作用，是我国电力事业健康、快速发展的重要保障。

电力营销稽查工作主要根据相关规章制度、供电企业管理标准及办法，围绕影响供电企业关键指标、工作质量、服务水平、经营成果等问题部署稽查主题，充分利用营销信息化建设成果和大数据分析技术，开展营销数据深度挖掘，对供电企业营销业务规范管理、供电服务优质水平、国家政策及供电企业重点工作落实情况等进行全过程合规性审核。

总部、省、市、县级供电企业均设置电力营销稽查岗位或稽查组织机构。各级稽查人员按照“稽查分析督办、专业核实整改”的原则，每月通过营销系统完成稽查主题异常数据派发、处理、审核与归档等工作，并督促责任专业和管理部门限期对稽查发现的问题进行核实、整改和反馈，制定防控及应急措施，确保问题闭环整改。同时，稽查人员及时将稽查结果反馈到相应业务执行层、管理层以及决策层，实现营销异常整改和业务管理提升的“双闭环”，提升电力营销工作质效。

事前校验、事中预警、事后稽查是当前供电企业在智能营销模式下的营销稽查新模式，实现了防控预警精益化、营销稽查精准化、闭环处置规范化，全面提升营销风险辨识能力和防控能力，促进电力营销业务高质量发展。

（一）事前校验

事前校验是指通过营销系统将校验规则内嵌在业务流程环节中，采用提醒或强制不通过等方式实现对业务操作结果的实时校核。校验规则是对营销系统中电力用户基础档案、设备参数、计量采集、定价策略等完整性、规范性、准确性进行逻辑判断，包括规则名称、规则编号、规则等级、规则状态、专业分类、关键信息类别、应用场景、规则逻辑等信息。

营销系统中校验规则分为“强制规则”和“仅提示规则”两种。

“强制规则”是指在营销系统业务流程中针对某一内容具有强制性质，不允许更改。如：在高压新装增容业扩流程中的受电方案制定环节，若受电设备变压器“运行状态”为“运行”，但“主备性质”为“冷备”时，则自动触发校验规则，系统提示“变压器设备状态异常”，业务办理人员需将受电设备运行状态与主备性质修改一致后，方可推进流程；否则，无法推进流程。

“仅提示规则”是指在营销系统业务办理流程中针对某一项操作环节触发提醒信

息，供业务办理人员参考核实。如：在为运行容量315 kVA及以上、用电类别为大工业用户办理新装、增容、减容、改类等业务时，当系统档案电价名称不包含“大工业”时，系统提示“315 kVA及以上大工业用户应执行大工业电价，请修改”。业务办理人员可根据系统提示内容，核对用户档案电价是否正确。若经核对用户电价执行确实有误，业务办理人员修改电价后再继续推进流程；若经核对用户执行电价无误，业务办理人员可关闭提示信息继续推进流程。

校验规则触发后，系统实时生成校验日志，可按年/月/日统计各供电企业、各专业的校验次数，便于各专业对业务办理的准确性进行监督管控。

（二）事中预警

事中预警是将预警规则与营销系统业务流程环节并联部署，依托经验证有效的业务流程预警规则，对有异常的在途业务流程采取生成预警异常明细、预警工单等方式提示业务风险或异常问题，实现对在途业务流程合规性的风险监测和异常预警。预警规则是对营销系统中供电方案合理性、计量计费准确性、业务工单时效性、现场工作质量等进行过程管控的判断逻辑，包括规则名称、规则编号、规则等级、规则状态、专业分类、考核时限、关键信息类别、预警频率、规则逻辑等信息。

事中预警通过对营销系统业务流程过程管控，可以有效减少业务差错产生。如“高可靠费收取不规范”预警规则，营销系统每日筛选名称为“高压新装增容”的业务流程，流程状态为“在途”，“竣工报验”的“环节开始时间”处于当日，剔除电源的“供电电压”为“交流220 kV”“交流500 kV”，剩余“电源”的数目≥2，且存在一个或者多个电源“供电容量”与“原有容量”不一致，在“业务费确定”中的记录为空，或者“应收金额”为“0”时，则自动触发预警，并生成预警异常明细。

在营销系统中，事中预警按日更新异常明细和异常关闭情况。供电企业按月考核重点预警主题异常处理情况，旨在业务办理过程中及时防范业务风险、遏制异常问题的发生，减少业务差错。

（三）事后稽查

事后稽查主要围绕电价执行、业扩报装、电费实收账务、营业收费等各类营销业务问题和异常情况，通过在线稽查、现场稽查、专项稽查（“三位一体”营销稽查）方式，针对事前校验、事中预警未能拦截的异常，开展业务风险溯源分析、督促问题闭环整改、跟踪整改成效，督查督办重点、难点稽查问题，并开展质量评价与总结提升。

稽查主题可通过预先设置数据筛选规则、监控阈值，依托营销系统、用电信息采集系统开展异常问题的统一筛选、溯源分析，实现自动生成符合主题规则的异常数据。稽查主题需包括主题名称、主题编号、主题等级、当前状态、专业分类、关键信息类别、部署方式、主题描述等。

思考练习

1. 简答题：电力营销稽查的概念是什么？
2. 简答题：当前是怎样的营销稽查新模式？具有什么样的作用？
3. 简答题：事前校验、事中预警、事后稽查与业务流程是怎么联合部署的？

扫描二维码·参看答案32

模块二　电力营销稽查工作方法

学习导读

重点：电力营销稽查的工作步骤。
难点：电力营销稽查工作方法。

一、电力营销稽查工作步骤

（一）营销业务风险识别

营销业务风险识别是开展营销稽查工作的第一个环节，是对电力营销管理潜在或面临风险进行分析、判断和分类整理的过程。当前电力营销风险主要集中在电费电价、计量采集、业扩报装、客户服务、用电检查以及新型业务等方面（表3-1）。

表 3-1　电力营销业务风险点

序号	风险领域	风险名称	具体表现
1	电费电价	电价执行不正确	分类电价、分时电价以及优惠电价执行范围不正确等
2		抄表管理不规范	抄表包参数配置不正确、抄表不及时性、抄表数据错误等
3		应收电费不正确	基本电费、力调电费、变损、线损电费等应收电费计算不正确等
4		电费实收管理不规范	电费资金未日清日结，到账确认不及时等
5		退补电费业务不规范	退补审批不规范、退补电量电费计算错误，退补业务佐证资料不完整或不规范等
6		退费业务不规范	销户客户余额不为零、坐支现金、非关联户间违规余额结转，退费业务佐证资料不完整或不规范等
7		电费回收不真实	应收未收、违规冲正、虚假销账等
8		购电制执行不规范	违规冻结用户预收电费、购电协议签订不规范或未签订等
9		电费违约金管理不规范	违约金起算日设置错误，未按规定审批、擅自减免电费违约金等
10		营财对账不规范	营财账务明细或总账不一致等
11	计量采集	表计计量不准确	计量故障、计量错接线、计量器具配置不合理等
12		计量档案不正确	表计参数设置不正确、系统档案与现场不一致等
13		换表业务不规范	拆表止度录入不规范、计量装置装(换)工作票未按规定办理等
14		计量异常处置不规范	现场计量未及时恢复正确、差错追补不到位等
15		电能表校验不规范	电能表校验超时限等
16		采集管理不规范	新装或更换电能表未及时完成采集接入、采集失败长期未处理、虚假采集等
17		现场检验不到位	现场检验不规范、周期性检验及首次检验不到位等
18		计量资产管理不规范	计量器具领出未及时安装，计量装置未定期盘点、账实不符，库存电能表超期等
19	业扩报装	客户档案不规范	营销系统用户档案信息不正确，与用户纸质档案、现场情况不一致等
20		业务办理不规范	业务流程环节所需的资料、文件、手续不完备、不合规或无效；存在三指定、体外循环、环节超期、业务流程时限超短或超长等
21		供电方案不规范	一址多户、业扩配套执行不到位，高危客户、重要客户的供电电源、接线方式等不符合国家相关政策要求及技术标准等
22		合同管理不规范	供用电合同签订、续签不规范，供用电合同质量不高等
23		业务费收取不规范	违规设立收费项目，高可靠性费用、自备电厂备用容量费未收取或收取错误等

续表

序号	风险领域	风险名称	具体表现
24	客户服务	供电营业厅服务设施不规范	营业厅服务设施设备不满足业务办理、咨询、缴费等功能需求和用户需求；营业厅公示信息或提供的资料不准确或不完备等
25		供电营业厅工作人员行为不规范	一口对外、一证受理、一次性告知等执行不规范等
26		95598故障报修、停送电管理流程时限不规范	故障报修超时到达现场、抢修时间超长，停送电信息公告不及时、不规范等
27		95598服务热线、供电企业自有等服务渠道业务办理不规范	工单的处理不及时、不规范等
28		投诉、举报处理不规范	投诉、举报事件处置不规范、不真实等
29	用电检查	用电检查管理不规范	重要电力用户名单认定不合理、电源配置和自备电源配置不合规、保供电专项检查、周期检查、临时用电核查不规范等
30		违约用电、窃电处理不到位	查处违约用电、窃电不规范，处置标准执行错误等
31		定比定量核定不规范	未按规定开展定比定量值核定，或定比定量值核定不准确等
32	新型业务	电力负荷管理不规范	电力负荷管理方案不规范或未有效实施，需求侧市场化响应费用结算不准确等
33		电能替代项目不规范	电能替代政策执行不规范、年替代电量错误等
34		市场交易管理不规范	市场化交易用户结算电量异常、结算电价错误，退市用户未执行1.5倍代理购电价格等
35		分布式光伏用户管理不规范	分布式光伏接入不规范、发电量或上网电量异常、上网执行电价、光伏补贴错误或支付不及时等
36		充换电设施业务流程不规范或用户档案不准确	充电桩接入不规范，执行电价与用户合同容量、行业分类、扩展属性、表计示数类型不匹配等

（二）制定规则与主题

稽查人员根据电力营销业务风险点，综合诊断分析供电企业在电费电价、计量采集、业扩报装、客户服务、用电检查以及新型业务管理等方面的风险指数，制定校验预警规则与稽查主题，按需或定期开展风险监测、异常预警和问题稽查。

规则与主题按重要性等级由高到低可分设五级。一级规则与主题由供电企业总部统一部署与管控；二、三级规则与主题由供电企业省级统一部署与管控；四级规则与主题由供电企业省级选择设置，供电企业地市级自行管控；五级规则与主题由供电企业各地市级选择设置，区县级自行管控。

规则和主题按照管控层级实施全寿命周期管理。各层级供电企业可结合自身业务管理需要，制定相应等级的稽查主题和规则，经逐级提报审批同意后可发布生效。若相关政策、管理要求、业务流程调整后，各级供电企业应及时更新修改规则与主题，提高规则与主题的准确性。

（三）异常问题处理

稽查问题核实处理是对稽查主题提取的疑似异常开展异常数据分析派发、核实、整改、回复的过程。

1. 工单分析派发

供电企业的总部、省级、市级、县级每月会定期开展对稽查主题异常数据的分析与派发，下属单位逐级承接。各级供电企业可根据自身实际情况选择本级处理或下派处理。市、县级也可结合稽查内容向本级相关专业进行工单转派。

2. 工单承接核实

接单人接收工单后，需对该异常进行核实。通常采用在线核查、纸质档案核查与现场核查等方式结合开展疑似异常的分析核查，确定异常属性、剖析问题原因、制定整改措施。

（1）在线核查

在线核查主要根据稽查主题规则，针对用户某一个或某些方面的疑似异常，结合营销系统中用电类别、容量、定价策略等基础信息，以及用电信息采集系统中电能表示数、电压电流曲线等数据，有针对性地、选择性地开展在线异常分析（表3-2）。

表3-2　在线核查要点

序号	信息系统	核查内容	在线核查要点
1	营销系统	用户信息	用户名称、用电地址、电压等级、用电类别、行业分类、合同容量、运行容量、立户日期、生产班次等
2		用户电费/收费信息	用户月度电量电费和收费信息等
3		供电电源信息	(1)供电电源：电源数目、电源性质、电源运行方式、进线方式、供电容量、供电电压等。 (2)受电点信息：电源数量、电源联锁方式、有无自备电源、自备电源容量等
4		计费信息	定价策略、电价码、目录电价名称、电价金额、分时标志、功率因数考核标准及考核方式等

续表

序号	信息系统	核查内容	在线核查要点
5	营销系统	计量信息	(1)计量点信息:计量点级数、计量点性质、计量方式、电量计算方式、计量点执行电价、峰谷浮动标志、功率因数考核标准、转供关系、计费关系、定量定比值等。 (2)电能表信息:资产编号、条形码、出厂编号、电能表类别、接线方式、电压、电流、综合倍率、安装日期、检验周期、上次检验日期、电能表示数类型以及上次抄表信息等。 (3)互感器信息:条形码、出厂编号、电压变比、电流变比、安装日期、上次检验日期、检验周期等
6		电费账单	抄表止数、抄表起数、倍率、结算电量、执行电价、结算电费等
7		用户设备信息	(1)受电设备:设备编号、设备类型、设备型号、设备容量、主备性质、运行状态、实际启用日期、实际停用日期、计划恢复日期、变损编号、公变专变标志等。 (2)无功补偿设备:设备类型、安装时间、投切方式、实际功率因数等。 (3)用户用电设备:设备类型、单台设备容量、设备台数、设备用途等
8		客户工单信息	(1)基线退补工单:退补方案、退补电量、退补电价、退补电费等。 (2)计量设备更换工单:旧电能表本次示数,互感器电压、电流变比等。 (3)业扩工单:申请信息、受电点方案、电源方案、计量点方案、电能表方案、用户电价方案、用户定价策略方案等。 (4)合同履约管理工单:违约类型、违约行为、追补电量电费、追补违约使用电费等
9		客户合同信息	合同编号、合同类型、合同状态、生效日期、合同到期日期、有效期(月)、供电方签订人、用电方签订人、签订渠道、起草人等
10	用电信息采集系统	基本档案	用户编号、用电地址、电表类型、接线方式、所属终端、电表资产号、接线方式、计量方式、综合倍率等
11		电能示值	选择开始、结束日期以及数据类型后,查看电表连续多日正向有功、反向有功、无功数据、数据采集方式等
12		电压/电流/功率曲线	选择开始、结束日期以及数据类型后,查看电表连续多日电压曲线及数据、电流曲线及数据、功率曲线及数据等
13		需量	选择开始、结束日期以及数据类型后,查看电表连续多日最大需量值及发生时间等
14		购电信息	选择开始、结束日期以及数据类型后,查看电表连续多日购电次数、剩余金额、累计购电金额等

(2)纸质档案核查

在稽查实施的过程中，查阅用户纸质档案是发现问题、核实异常、抓取线索的有效手段。纸质档案是记录供电企业与电力用户之间供用电活动的原始资料，也是系统档案信息的原始凭证，具有较高的法律效力。

用户纸质档案资料主要包括新装、增容及业务变更用电纸质档案、电能计量装置装拆档案、用电检查（违约用电、窃电）档案、电量电费退补档案等资料，稽查人员主要围绕档案完整性、规范性、准确性等方面开展核查（表3-3）。

表3-3 纸质档案检查要点

序号	检查内容	纸质档案检查要点
1	新装、增容及业务变更用电纸质档案	(1)完整性：核查用户新装、增容、业务变更用电的纸质档案是否齐全，是否存在系统有业务流程，但无纸质档案资料等问题。 (2)规范性：核查各类业务(含分布式电源业务及在办业务)表单签字(盖章)、日期时间是否规范正确填写；是否存在增设环节，额外收取各类证明、承诺材料等问题。 (3)准确性：核查纸质档案与系统档案信息一致性。核查业务办理纸质档案记录时间与系统流程各环节时间是否一致；核查报装容量、用电容量、用电性质、计量方式、计费方式、电价类别、电压等级等信息与系统、现场是否一致
2	电能计量装置装拆档案	(1)完整性：核查系统存在计量装置更换流程的用户是否有电能计量装置装拆工单纸质档案资料。 (2)规范性：核查计量装置更换表单是否填写新旧表号或新旧互感器号，是否抄录旧表止度或旧表余额，抄录的示数类型是否全面，计量人员及用户是否签字确认。 (3)准确性：核查纸质档案信息与系统流程信息是否一致，如换表流程中旧表止度、旧表余额、新旧互感器倍率是否与营销系统内信息一致
3	用电检查档案	(1)完整性：核查是否存在营销系统内有合同履约管理流程但无《用电检查工作单》《违约用电/窃电通知书》《违约用电/窃电处理结果通知书》等纸质档案资料的问题；核查用户是否存在有《违约用电/窃电通知书》《违约用电/窃电处理结果通知书》纸质档案但营销系统无合同履约管理流程等问题。 (2)规范性：核查《用电检查工作单》《用电检查结果告知书》《违约用电/窃电通知书》《违约用电/窃电处理结果通知书》等表单信息是否规范填写，是否存在重要信息未填写，是否存在检查人员少于两名、用户未签字等问题。 (3)准确性：核查《用电检查工作单》《用电检查结果告知书》等表单纸质档案与营销系统档案是否一致；核查《违约用电/窃电通知书》《违约用电/窃电处理结果通知书》表单处理结论、追补电量、追补电费及违约使用电费是否与营销系统中合同履约管理流程信息一致；核查违约用电/窃电追补电量、电费及违约使用电费是否符合相关规定
4	电量电费退补档案	(1)完整性：核查是否存在营销系统内有用户电量电费退补流程但无退补审批手续纸质档案资料等问题。 (2)规范性：核查是否履行退补审批手续后进行电量电费退补；退补佐证资料是否真实、齐全等。 (3)准确性：比对纸质档案与系统档案一致性，核查退补记录是否录入营销系统；核查纸质档案中的退补电量、退补电费是否与营销系统中的记录一致

（3）现场核查

对在线核查、纸质档案核查中发现的存疑点，或营销管理中存在重大管理和突出问题，以及对问题的真实性、准确性需进一步核查确认的，需要开展现场核查。现场核查主要对用户用电负荷、计量装置以及供电电源等方面开展核查（表3-4）。

表3-4　现场核查工作要点

序号	核查内容	核查要点
1	计量装置安装位置	是否与供电方案、供电合同中约定位置一致等
2	计量装置外观	门锁、封印是否齐全，计量装置外观是否正常，各相电流互感器铭牌是否一致，变比、穿芯匝数与铭牌是否一致等
3	计量装置运行状况	电能表及其示数与系统是否一致，是否有失压、失流、逆相序、极性反、三相不平衡、时钟超差等报警提示
4	计量装置接线	接线是否正确，是否有短接、虚接、不接等
5	用电性质	用电负荷性质是否与用电类别、行业类别一致，是否存在私自更改用电类别等情况
6	用电设备	用电设备铭牌是否清晰，设备实际容量与铭牌、系统是否一致，用电设备运行状态是否与系统一致等
7	用户用电行为	核查有无绕越计量装置、直接搭线等窃电行为

开展现场核查工作前，营销稽查人员应严格按照现场作业安全规范要求，规范穿戴工作服、手套、绝缘鞋；认真检查现场所需的工器具是否完好、齐全，做好必要的人身防护和安全措施，现场工作人数不得少于2人。同时，现场核查还需要遵守一线员工服务行为规范。

3. 异常整改回复

承接单位应在预警异常或稽查工单处理周期内完成异常整改和工单回复。

异常整改时应严格按照供电企业内部各级相关规定，并按规定的程序和流程及时处理，确保问题整改正确、不留隐患。

工单回复内容包括核查情况、整改状态、整改措施、稽查成效、佐证材料等（表3-5）。

表3-5　稽查工单回复内容填写要求

序号	回复内容	填写要求
1	核查情况	(1)详细描述在线分析过程、纸质档案核查、或现场调查情况。 (2)阐述产生异常问题的原因
2	整改状态	(1)异常属实工单，整改状态可为“已整改”“整改中”“无法整改”。 (2)异常不属实工单，整改状态可为“无须整改”
3	整改措施	(1)涉及供电企业工作人员责任的，说明人员考核处理情况。 (2)涉及专业协同和问题移交的，填写工作联系单，描述专业部室处理意见。 (3)无法整改的，说明管理提升措施
4	稽查成效	(1)业务成效：包括业务成效标志、成效说明以及关联工单编号。 (2)经济成效：包括经济成效类型、经济成效分类、追补(退)电量、追补(退)电费、关联工单编号
5	佐证材料	上传支撑问题原因、问题整改、稽查成效的佐证材料，涉及现场检查的工单还需提供佐证用户用电性质、计量装置准确性等现场照片

稽查工单核查整改回复示例：

如某供电企业开展“合表居民大电量”稽查主题时，发现某居民用户××电价执行错误，现场实际为小区底楼商铺用电，应执行商业电价。异常问题整改完成后，稽查工单回复内容见表3-6所列。

表3-6　合表居民大电量稽查工单回复内容

序号	回复内容	详细信息
1	核查情况	(1)核查情况：2024年3月3日，稽查人员发现用户××(户号：××)，用电类别为城镇居民生活用电，用电容量50 kVA，系统内执行电价为低压居民合表电价。经核查，实际用户现场为小区底楼商铺，为商业用电性质，应执行低压商业电价，电价执行错误问题属实。 (2)差错原因：2023年12月该用户办理新装时，业扩人员因现场勘察不到位，为用户错误选择居民合表电价
2	整改状态	异常属实，已整改
3	整改措施	工作人员于2024年3月12日通过改类流程(业扩工单号：××)将用户电价更正为低压商业电价、用电类别更正为商业用电，2024年3月20日通过退补流程对该用户新装立户至电价更正期间的价差电费××元(退补工单号：××)进行补收
4	稽查成效	(1)业务成效：完成电价、用电类别等档案修正的业务成效(业扩工单号：××)。 (2)经济成效：追补电费××元的经济成效(退补工单号：××)
5	佐证材料	电价改类流程系统截图、用户用电现场情况照片、退补流程截图

（四）稽查工作质量监督与评价

营销稽查工作质量监督与评价是电力营销稽查工作闭环管理的重要一环，可围绕体系建设、运营管理、工作质效等方面开展周期性营销稽查管控工作评价，对促进营销稽查工作质量提升具有积极作用。

1. 组织体系建设

健全的组织体系是确保电力营销稽查工作有序规范推进的前提，因此在供电企业总部、省级、市级、县级均设有营销稽查组织机构，并需要配置专职稽查人员，支撑开展营销全业务、全环节、全流程的风险防控。

2. 业务运营管理

业务运营管理主要对稽查工单质量抽检、白名单抽检、异常问题压降率、查实问题整改率等情况进行评价。

3. 稽查工作成效

营销稽查工作成效是指通过稽查发现营销业务管理不规范后，推动专业及时整改问题和规范管理产生的成效，主要分为风险防范成效和稽查经济成效。

风险防范成效主要指事前校验成效和事中预警成效，是通过在营销各业务环节内嵌校验规则或并联部署预警防控规则，对工作人员业务执行过程进行实时校核、预警和分析，及时防范“习惯性”违章或人为差错所产生的成效。

事前校验成效重点对用户基础档案、设备参数、计量采集、定价策略等信息的完整性、规范性、准确性进行校验，相应的校验次数和有效异常拦截次数纳入校验成效。

事中预警成效重点对供电方案合理性、计量计费准确性、业务工单时效性等进行过程管控、智慧提醒，在差错发生或用户感知前，协助专业及时发现业务风险，相应的预警次数和有效预警次数纳入预警成效。

稽查经济成效指的是通过事后稽查发现业务管理不规范，在问题整改过程中产生的实质性费用退补，且已发起退补流程并归档的资金。对专业管理、政策性原因、电费特殊算费等必然产生的费用，一般不纳入经济成效统计。稽查经济成效主要包括电价执行、电费收取、抄表管理、业扩报装、计量管理、业务费收取、违约用电、违窃查处规范性等方面。

二、电力营销稽查工作方式

电力营销稽查工作方式主要包括在线稽查、现场稽查、专项稽查，即“三位一体”营销稽查体系。

（一）在线稽查

在线稽查是指供电企业总部、省、市、县各级依托各类系统数据，将营销业务管理和执行中的风险点形成主题规则，筛查出疑似异常数据，常态开展线上稽查。

在线稽查工单分为总部工单、省级工单、市级工单、县级工单，分别逐级派发，各下属单位逐级承接处理回复。

1. 县级在线稽查工单流程

在营销系统中，由县级供电企业发起的在线稽查工单，主要包含以下流程：

异常分析派发（县级）—异常处理（班所）—稽查审核（县级）—工单归档。

2. 市级在线稽查工单流程

在营销系统中，由市级供电企业发起的在线稽查工单，主要包含以下流程：

异常分析派发（市级）—稽查派发（县级）—异常处理（班所）—稽查审核（县级）—稽查审核（市级）—工单归档。

3. 省级在线稽查工单流程

在营销系统中，由省级供电企业发起的在线稽查工单，主要包含以下流程：

异常分析派发（省级）—异常分析派发（市级）—稽查派发（县级）—异常处理（班所）—稽查审核（县级）—稽查审核（市级）—稽查审核（省级）—工单归档。

4. 总部在线稽查工单流程

在营销系统中，由供电企业总部发起的在线稽查工单，主要包含以下流程：

异常分析派发（总部）—异常分析派发（省级）—异常分析派发（市级）—稽查派发（县级）—异常处理（班所）—稽查审核（县级）—稽查审核（市级）—稽查审核（省级）—稽查审核（总部）—工单归档。

总部、省、市、县各级“异常分析派发”环节是对稽查主题提取的疑似异常数开展分析确认，并进行异常数据清单分解、派发的过程。异常数据分解类型包括：无异常、直接处理异常、下派异常。在线稽查异常派发时可选择本级直接处理，也可选择将异常派发至下级单位处理。选择本级处理时，稽查人员可根据稽查工作开展模式、工单复杂难易程度，选择向本级相关专业转派工单，也可以选择本级稽查人员直接处理。

总部、省、市、县各级“稽查审核”环节中，是将问题调查结论清晰、问题整改完成的工单传递至上一级单位审核，工单由下至上逐级审核，最终由发起单位审核通过后，工单方可归档。若审核不通过的，该工单将回退至下级承接人重新处理。因问题整改周期需要较长时间，无法在工单处理周期内完成整改的，可将整改状态选为“整改中”，原稽查工单审核归档后，营销系统将自动触发整改催办流程，稽查人员后期可持续督促异常问题整改。

省、市、县各级“异常处理”工单环节中，某些异常明细属于经现场核实无异常属于正常情况；问题已成事实无法整改或经专业审核认定属于合理情况；非营销工作差错造成且无法在营销系统内完成整改的，可申请“白名单”。“白名单”申请方式主要有两种，一种是在稽查工单异常处理环节申请；另一种则是独立于异常处理流程，通过稽查白名单管理模块申请。相较于前一种白名单申请方式，第二种申请方式支持批量新增白名单，更适用于大量异常明细批量申请白名单的情形。

“白名单”申请时需准确、详细录入白名单申请原因、解冻日期（不生效时间）等信息，上传相应佐证，严格遵循“申请、审批分离”原则，逐级审批通过后“白名单”生效。系统每月自动筛查在线稽查主题异常用户时，将默认该主题内生效的“白名单”用户无异常，不再生成异常信息。

（二）专项稽查

专项稽查是对典型性、集中性的营销业务质量问题、阶段性管理需要、重点跟踪督办任务等，全方位、多维度挖掘突出问题，开展的线上线下一体化营销稽查。

供电企业各级专项稽查主题的来源主要有：一是根据供电企业阶段性重点工作、经营管理需要确定专项稽查主题。二是根据日常稽查中发现的具有典型性、集中性的营销业务质量问题确定专项稽查主题。三是根据重大营销差错、服务事件调查核实需要确定专项稽查主题。

专项稽查工单可分为总部工单、省级工单、市级工单、县级工单，分别逐级派发，各下属单位逐级承接、处理、回复。

1. 县级发起的专项稽查流程

在营销系统中，由县级供电企业发起的专项稽查工单，主要包含以下流程：

专项稽查任务制定（县级）—专项任务派发（县级）—专项工单处理（县级）—专项工单审核（县级）—专项稽查结果汇总（县级）—专项工单审核（市级）—工单归档。

2. 市级发起的专项稽查流程

在营销系统中，由市级供电企业发起的专项稽查工单，主要包含以下流程：

专项稽查任务制定（市级）—专项任务派发（市级）—专项任务派发（县级）—专项工单处理（县级）—专项工单审核（县级）—专项工单审核（市级）—专项稽查结果汇总（市级）—形成专项报告（市级）—工单归档。

3. 省级发起的专项稽查流程

在营销系统中，由省级供电企业发起的专项稽查工单，主要包含以下流程：

专项稽查任务制定（省级）—专项任务派发（省级）—专项任务派发（市级）—专项任务派发（县级）—专项工单处理（县级）—专项工单审核（县级）—专项工单审核（市级）—专项工单审核（省级）—专项稽查结果汇总（省级）—形成专项报告（省级）—工单归档。

4. 总部发起的专项稽查流程

在营销系统中，由供电企业总部发起的专项稽查工单，主要包含以下流程：

专项稽查任务制定（总部）—专项任务派发（总部）—专项任务派发（省级）—专项任务派发（市级）—专项任务派发（县级）—专项工单处理（县级）—专项工单审核（县级）—专项工单审核（市级）—专项工单审核（省级）—专项工单审核（总部）—专项稽查结果汇总（总部）—工单归。

总部、省、市、县各级“专项稽查任务制定”环节，指的是各级稽查人员根据营销业务质量问题、阶段性管理需要、重点跟踪问题等情况，发起专项稽查任务的过程。任务内容包括：稽查内容、工作方式、稽查要求、处理时限等。

总部、省、市、县各级“专项任务派发”环节，任务派发人可采用上传专项异常明细或采取无明细派发模式，派发专项任务至下一级处理人。无明细派发模式指的是本级派发的专项任务无具体异常明细，可由下一级处理人录入。工单派发时，稽查人员可选择派发至本级其他人员直接处理，也可选择派发至下级单位处理。

总部、省、市、县各级“专项工单审核”环节，稽查人员将问题调查结论清晰、问题整改完成的工单传递至上一级单位，工单由下至上逐级审核，最终由发起单位审核通过后，工单方可归档。若审核不通过的，该工单将直接回退至下级承接人重新处理。

因问题整改周期需要较长时间，无法在工单处理周期内完成整改的，可将整改状态选为“整改中”，完善原因说明、整改措施及附件后，传递至专项工单审核环节。整改状态为“整改中”的专项工单审核归档后，营销系统自动触发整改催办流程，稽查人员后期可通过整改催办管理持续督促问题整改。

总部、省、市、县各级“专项稽查结果汇总”环节，稽查人员汇总统计本级和下级稽查结果。此环节稽查人员需填报汇总后的查实异常数、计费修正数、营销整改流程数、补电量、退电量等信息，并简述汇总情况，上传附件佐证。

总部、省、市各级“形成专项报告”环节，稽查人员根据汇总后的专项稽查结果编制专项稽查报告，对稽查结果进行综合性分析，明确存在问题及分布情况、发生的原因及责任界定等，对系统功能不完善、业务管理不规范、制度不健全等问题，向相关专业移交营销业务管理建议书，便于后续管理提升。

专项稽查则属于阶段性、非定时执行的稽查任务，异常明细为稽查人员临时形成，因此专项稽查不支持“白名单”申请。

（三）现场稽查

现场稽查主要对历年内外部巡视、巡察、审计及监督检查、12398转办，以及在线稽查、专项稽查和工单质检中发现的存疑问题、供电服务和营销管理中存在的风险隐患等，开展现场复核和深入检查。

现场稽查工作步骤包括：现场稽查任务制定—任务审核—现场结果录入—现场问题审核—任务发布—稽查问题整改—整改情况审核—工单归档。

“现场稽查任务制定”环节需制定现场稽查方案，方案中应包括稽查时间、稽查对象、稽查内容、被稽查单位、现场稽查专家团队成员及责任分工。结合现场稽查内容特征，一般从事先建立的营销稽查专家库中抽调稽查专家团队成员，对重大管理漏洞和突出问题可组织专业和稽查人员联合开展现场稽查。

“现场结果录入”现场稽查专家团队按照现场稽查方案，通过系统核实、资料调阅、现场检查或现场访谈等多方式开展现场核查，收集佐证材料，如实记录现场工作情况。对现场发现的问题、现场照片进行收集汇总，并形成报告，录入营销系统。报告内容应包括基本情况、核查过程、存在问题及整改意见等。

“稽查问题整改”是指被稽查单位在限定的时间内，对现场稽查发现的问题按要求落实问题整改和责任考核，提供整改佐证，并形成整改报告。现场稽查专家团队应跟踪现场稽查问题整改，对不符合整改要求的工单回退至被稽查单位继续整改，直至整改合格。

思考练习

1.简答题：什么是专项稽查？

2.简答题：哪些情况营销稽查人员可以申请“白名单”？

3.简答题：“三位一体”营销稽查体系主要包括哪三类稽查模式？

扫描二维码·参看答案33

单元二　营销稽查典型案例分析

单元目标

知识目标

1. 能了解稽查工作中常见异常类型的核查方法和技巧。
2. 能了解稽查工作中常见异常暴露的问题及防范措施。

能力目标

1. 能根据主题规则初步判定异常问题原因，确定检查方向。
2. 能够阐述归纳典型案例中存在问题。
3. 能够根据典型案例中存在问题提出相应整改措施和防范措施。

素质目标

1. 提高常见电力营销异常问题解决能力。
2. 提高电力营销风险防范意识。

模块一　线路线损异常专项稽查案例

学习导读

重点：通过用电信息采集系统对高损耗台区下的所有计量点及计量装置相关信息进行逐一核对，确保档案信息和用户现场信息一致。

难点：对高损耗台区挂接用户进行电量分析，锁定可疑用户。

一、稽查类型

线路线损异常专项稽查属于事后稽查，可采用在线稽查、专项稽查、现场稽查模式开展。

二、主题规则

通过用电信息采集系统对高损耗台区挂接用户电量进行统计分析，筛查锁定存在计量装置异常或窃电嫌疑用户，精准开展现场核查。

三、实例概要

某居民小区公变台区下存在一只表计未在营销系统立户，导致该台区线损长期高于理论线损3.5%，补收未立户期间使用电量14.11万kW·h、补收电费10.50万元。

四、实例异常描述

2023年10月，××供电企业开展线路线损异常专项稽查时发现某居民小区公变台区线损长期高于理论线损3.5%。疑似该台区存在计量装置异常或窃电嫌疑。

五、异常情况核查

（一）在线核查情况

查看营销系统台区档案：台区受电设备变压器容量630 kVA，10 kV线路供电。该台区于2014年10月进行户表改造，改造后台区下有124个用户，1只考核计量表计。

调取用电信息采集系统线损数据：该台区线损波动存在一定规律性，工作日线损较高、非工作日线损趋近于理论线损值，如图3-1所示。工作人员怀疑该台区存在有办公用电用户漏计或窃电的情况，需进一步开展现场检查。

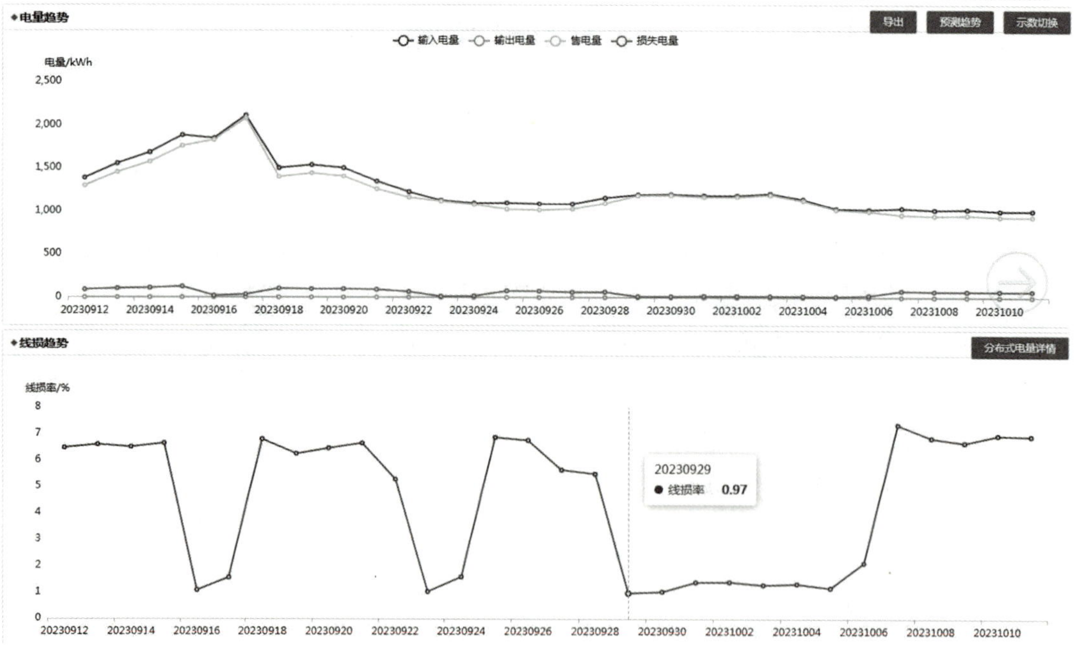

图3-1 电量线损信息

（二）现场核查情况

2023年10月，供电企业工作人员开展现场核查。通过现场排查该台区下用户，工作人员发现该台区下有一只××机关食堂表计搭接在该变压器出线用电处，但在营销系统中无该表计档案，现场表计有功总示数为“141050”，如图3-2所示。

图3-2　表计信息

（三）核查结论

2014年10月8日，该台区进行户表改造时，未对该表计立户。自户表改造至今，供电企业一直漏收该表计电量电费。需在营销系统中将该表计立户，并补收未立户期间漏收取的电量电费。

六、异常整改情况

对该机关食堂用电尽快完成新装业务办理。

核实现场表计出厂合格证、校验合格证齐全，接线正确，校验精度符合计量要求，可参考以表计记录示数作为补收电量依据。依据漏计收期间各月应执行的电价，将电量分摊到对应月份，补收漏计电量14.11万kW·h、电费10.50万元。

七、案例暴露的问题、原因分析

工作人员责任心不强。开展户表改造时，对用户现场查勘不到位，供电方案制定不完善，验收不到位，应装表计量处未装表计量，应在营销系统立户未立户，致使电量电费漏计漏收。

用电检查人员现场检查不到位。长期未能发现该表计搭接在该变压器台区下用电，而营销系统中无该表计信息问题。

台区线损治理不到位。对长期高损耗台区未能有效开展治理，未逐户开展电量异常比对核查，也未逐户核实现场表计与系统档案的一致性，致使异常长期未能发现。

八、违反规定、监督和防范措施

（一）违反规定

（1）违反《国家电网有限公司电能表质量管控办法》相关规定：在新报装或换装电能表业扩报装业务中，应严格按照电能计量装置、电能表的技术规范和工艺标准进行设计、选型、审查、安装、验收，确保电能计量装置配置合理、参数正确、运行可靠。

（2）违反业扩报装相关规定，现场查勘不到位，装表接电验收不规范，未及时收集、整理、核对用户现场与报装资料是否一致，导致漏建用户系统档案。

（二）监督和防范措施

加强业务流程过程管控力度，现场查勘收资要准确，送电前验收要逐户核实，对业务关键点、关键环节应逐一重点审核，提高业务质量，防范错误发生。

按计划开展用户周期性用电检查工作，工作流程、方法及内容应按供电企业标准化作业要求进行，及时发现异常问题。

加强台区线损分析监控，对线损异常的台区和线路要进行全面梳理和检查，及时发现异常问题并督促整改。

思考练习

1. 简答题：该模块案例中，工作人员通过哪些线索初步锁定某台区存在有办公用电用户漏计或窃电异常？

2. 简答题：工作人员发现现场已安装表计（表计符合计量要求），但营销系统漏建用户系统档案时，该如何进行整改？

3. 简答题：工作人员可以通过哪些措施有效监督防范漏建用户系统档案异常发生？

扫描二维码·参看答案34

模块二　高可靠性供电费收取不规范稽查案例

学习导读

重点：在线稽查营销系统中新装、增容用户，电源数目为双电源或多电源，根据主备用电源的供电容量、运行方式、电压等级等信息计算理论高可靠性供电费收取金额，与实收业务费进行比对，核查应收业务费为空或与理论业务费不一致的异常数据。

难点：根据用户主备电源性质、运行方式、电压等级等信息计算理论高可靠性供电费。

一、稽查类型

高可靠性供电费收取不规范稽查属于事中预警或事后稽查。事后稽查中可采用在线稽查、专项稽查模式。

二、主题规则

筛查营销系统中在途或已归档新装、增容等流程，综合比对供电电源、收费项目名称、业务费用等字段，电源方案中电源数目为“2条及以上”，主备电源性质为“常用互为备用”。但“应收业务费”中费用类别为“高可靠性供电费”的应收业务费为空或不为理论值的，进行预警监控或事后稽查。

三、实例概要

2024年3月，某省级供电企业开展高可靠性供电费收取不规范异常专项稽查时，发现某设备制造公司双电源供电，主备电源性质为“常用互为备用”。该用户于2021年5月高压增容，新增容量部分未收取高可靠性供电费，追补高可靠性供电费25.60万元。

四、异常情况描述

某省级供电企业开展高可靠性供电费收取不规范专项稽查时，发现某设备制造公司双电源供电，主备电源性质为“常用互为备用”，两路供电电源所接用电设备运行容量均为5710 kVA，高可靠性供电费仅收取2510 kVA，疑似存在高可靠性供电费少收问题。

五、异常核查情况

（一）在线核查情况

该用户是二级重要客户，其用电容量2510 kVA，使用10 kV两路电源供电。两路电源互为备用，电源联络方式为高压联络、电气闭锁，在任一路供电电源失电情况下，另一路电源能供所有负荷用电，高可靠性供电费按2510 kVA收取。

该用户2021年5月31日申请高压增容3200 kVA，2021年8月4日流程完成。核查该用户增容业务的设计图纸、供电方案、供用电合同等资料，发现该户在主供供电电源失电情况下，备用供电电源能供所有用电负荷。

根据《关于降低新装及增容电力用户高可靠性供电收费标准的通知》（川发改价格〔2016〕482号）相关规定，初步判定，该用户属两路电源供电用户增加用电容量，应按照增容容量3200 kVA与对应电压等级收费标准的50%收取高可靠性供电费25.60万元。但营销系统内未发起高可靠性费用收取流程。

（二）现场核查情况

经现场核实，该用户现场确为双电源供电，两路电源互为备用、互为闭锁，用户自建本级电压外部工程架空线路已建成投运，增容后用电容量为5710 kVA。在主供供电电源失电情况下，备用电源能供所有负荷用电。

（三）调查结论

该用户2021年5月31日新增用电容量3200 kVA，属两路电源供电用户增容业务，应按照增加的容量与对应电压等级收费标准的50%，收取高可靠性供电费25.60万元。

六、异常整改情况

在营销系统内发起高可靠性供电费补收流程，补收高可靠性供电费25.60万元。

七、案例暴露的问题、原因分析

业务办理人员对业务政策学习理解不到位。该用户虽前期新装时已经收取过高可靠性供电费，但是增容部分的容量仍应再收取高可靠性供电费。业务办理人员误以为已经收取过高可靠性供电费，无须再收取。造成未严格按照文件规定收取增加用电容量的高可靠性供电费问题。

业务办理过程管控不到位。在送电前进行接电条件审核、信息归档审核等环节，业务审核人员均未发现该用户系统业务流程与实际供电方案不一致，未管控好业务办理过程风险。

未建立两路及以上多回路供电用户的监测台账。在业务归档后未及时对该笔业务的正确性进行分析监控，该用户高压增容流程2021年8月4日就已经归档，2023年2月由省级下发稽查工单，才发现该笔业务费未收取。

八、违反规定、监督和防范措施

（一）违反规定

违反《四川省物价局、四川省经济委员会转发<国家发展改革委关于停止收取供配电贴费有关问题的补充通知>的通知》（川价工〔2004〕43号）第一条：申请新装及增加用电容量的两路及以上多回路供电（含自备电源、保安电源）的用户，在国家没有统一出台高可靠性电价政策前，除一条供电容量最大的供电回路外，对其余供电回路按接入系统装见容量收取高可靠性供电费用。

（二）监督和防范措施

（1）加大业务知识的培训。供电企业应该定期组织业务办理人员对现行电价政策、业务费收取标准等政策文件进行学习，促使岗位人员熟练掌握政策文件要求，提高业务办理质量。

（2）加强业务流程审核力度。在营销系统智能审核的同时，业务审批人员应加强工作责任心，对业务关键点、关键环节应逐一重点审核，提高业务质量，防范错误发生。

（3）加大营销稽查主题监测频次。综合分析诊断易发、高发风险的业务环节，设置稽查主题，加大监测频次，及时发现业务办理中出现的问题，缩短发现问题的周期。

思考练习

1. 简答题：高可靠性供电费用收取对象是谁？

2. 简答题：本模块案例中工作人员通过哪些线索，分析发现该用户疑似存在高可靠性供电费少收问题？

3. 简答题：工作人员可以通过哪些措施有效监督防范高可靠性供电费收取错误或未收取等异常？

扫描二维码·参看答案35

模块三 反向有功持续走字稽查案例

学习导读

重点：现场检查专用变压器计量柜、表计封印是否完好；查看表计是否故障；检查表计接线是否正确。

难点：现场检查用户计量装置接线情况，确认用户错误接线事实。

一、稽查类型

反向有功持续走字稽查属于事后稽查，可采用在线稽查、专项稽查、现场稽查模式。

二、主题规则

用户表计当月反向电量大于500 kW·h，或用户表计累计反向电量大于5000 kW·h，或截至本月表计反向有功总示数值大于2。

三、实例概要

供电企业在开展反向有功持续走字异常专项稽查时，发现某非工业用户高压计量表计反向有功示数持续走字，正向有功示数未走字，采集显示A、C相电流为负。经现场检查发现该户电压互感器三相接线正确，A、C相电流互感器二次接线无误，一次侧P1与P2接反。核实问题后，供电企业更正电流互感器一次接线，并立即对反向走字表计进行换表处理，追补少收电量电费，并对相关工作人员进行了追责处理。

四、异常情况描述

供电企业在开展反向有功持续走字异常专项稽查时，发现某工业用户高压计量表计反向有功持续走字异常，疑似存在表计接线错误。

五、异常核查情况

（一）在线核查情况

通过营销服务统核查用户档案信息，该用户于2022年11月8日立户，行业分类为房屋建筑业，用电类别为非工业，运行容量1250 kVA，计量方式为高供高计，互感器综合倍率为1500。稽查人员通过用电信息采集系统，发现该用户自新上以来一直反向有功走字，正向有功未走字，采集显示A、C相电流为负，疑似A、C相电流接反，需进一步开展现场检查核实工作。

（二）现场核查情况

经现场核查，用户生产正常，核实电能表信息，发现电能表电压正常，电流显示为负电流，表计正向无示数，反向有示数。拆除封印检查表计接线，发现电压互感器二次侧接入表计的三相电压接线正确，电流互感器二次侧接入表计A、C相电流接线无误。进一步核实发现电流互感器一次侧P1与P2进出线接反，致使二次侧电流接入错误。现场电能表示数：正向有功为0，反向有功总为7.00，反向有功峰为2.52，反向有功平为2.45，反向有功谷为2.01，反向无功总14.35。

（三）核查结论

核查确认问题属实，属电流互感器一次侧P1与P2进出线接反，造成电能表A、C相电流反接，表计正向有功不计量，反向有功持续走字。应更正计量装置错误接线，并按表计反向有功示数补收电量电费。

六、异常整改情况

供电企业立即对现场计量装置错误接线进行更正，并重新更换计量表计。同时，根据《供电营业规则》第八十三条第二款规定：计费电能计量装置接线错误的，以其实际记录的电量为基数，按正确与错误接线的差额率退补电量；退补时间无法确定的，从上次校验或换装投入之日起至接线错误更正之日止。该用户A、C相电流互感器电流反接，且三相负荷基本平衡，因此电能表反向走字电量为用户实际用电量，可按电能表反向有功示数补收电量电费。2023年2月9日电能表反向有功示数为7，表计倍率1500，补收电量10500 kW·h，追补电费11278.69元。

七、案例暴露的问题、原因分析

计量人员责任心不强、业务技能不高。现场计量表计安装及验收工作不细致，未认真核对互感器一二次接线是否正确。用户投运后，未按规定及时对计量装置开展首检工作。

计量采集监控不到位。未开展电能表状态检测，未通过用电信息采集系统分析出运行电能表电流异常，导致表计接线错误未能及时发现。

抄表人员责任心不强，抄表管理不到位。未对连续三个抄表周期的零度表开展远程召测分析、现场核实，未能及时发现电能表反向走字异常。

八、违反规定、监督和防范措施

（一）违反规定

违反《国家电网有限公司电能表质量管控办法》［国网（营销/4）380—2022］相关规定：新报装或换装电能表业扩报装业务中，应严格按照电能计量装置、电能表的技术规范和工艺标准进行设计、选型、审查、安装、验收，确保电能计量装置配置合理、参数正确、运行可靠。

违反《电能计量装置技术管理规程》（DL/T 448—2016）相关规定：新投运或改造后的Ⅰ、Ⅱ、Ⅲ类电能计量装置应在带负荷运行一个月内进行首次电能表现场检验。

（二）监督防范措施

加强计量装置投运前验收管理，依据国家标准、行业标准和公司相关管理制度，对计量器具配置、准确度等级、计量接线等方面审查、验收，确保电能计量装置配置合理、参数正确、运行可靠。

有效开展周期核抄、现场校验、用电检查等工作，通过巡视检查电能表运行状态，充分利用用电信息采集系统的监控手段，及时发现并处理异常问题。

加强作业人员技能水平提升，各级计量人员熟练掌握装表接电操作技能，提高错误接线分析能力，提高风险意识与异常问题处理能力。

思考练习

1. 简答题：根据《供电营业规则》相关规定，用户计费电能计量装置接线错误时，工作人员如何正确计算差错退补电量？

2. 简答题：根据《电能计量装置技术管理规程》（DL/T 448—2016）相关规定，首次电能表现场检验工作应在新投运或改造后多久开展？

3. 简答题：工作人员可以通过哪些措施有效监督防范计量装置接线错误？

扫描二维码·参看答案36

模块四　两部制电价执行错误稽查案例

学习导读

重点：根据用户档案信息，核查两部制工商业用户基本电费计收是否异常。
难点：计算两部制工商业用户应收基本电费。

一、稽查类型

两部制电价执行错误稽查属于事后稽查，可采用在线稽查、专项稽查、现场稽查模式。

二、主题规则

存量用户（新装归档时间在2023年6月1日以前）容量大于或等于315 kVA，用电类别为大工业或普通工业，档案定价策略为单一制或基本电费计算方式为“不计算”；2023年6月1日以后新装、增容、分户（并户、过户），运行容量大于或等于315 kVA的工商业用户，档案定价策略为单一制或基本电费计算方式为“不计算”，不含增容前执行单一制电价的商业、非居照、非工业用户。执行大工业电价的用户，定价策略不为“两部制”或基本电费计算方式为“不计算”（剔除电价码名称含“免基本电费”的）；需量计费方式为“合约需量”的用户，需量核定值为“空”；执行大工业电价的用户有电量无基本电费（剔除电价码名称含“免基本电费”的）。排除行业类别为污水处理及其再生利用、城市公共交通运输、充换电服务业及发电行业的用户。

三、实例概要

2024年4月，供电企业在开展两部制电价执行异常专项稽查时发现某制造公司执行两部制工商业电价，有用电量但无基本电费。经核查，该用户由装表临时转正式用电时，因工作人员工作疏忽，未添加需量示数，营销系统未能计算出基本电费。核实后，追补该用户基本电费2.52万元。

四、异常情况描述

供电企业开展“两部制电价执行异常”主题专项稽查，发现某制造公司运行容量和合同容量均为1250 kVA，执行两部制工商业电价，按照抄见实际最大需量计收基本电费。2024年1月27日至3月31日期间有结算电量电费，但大工业计量点无最大需量示数且需量基本电费为0元，疑似基本电费计收异常。

五、异常核查情况

（一）在线核查情况

核实营销系统中该用户信息：2022年10月28日申请临时用电，运行容量和合同容量均为1250 kVA。2024年1月24日，用户临时施工用电结束后，申请变更为正式用电。2024年1月27日，业务办理人员通过装表临时转正式用电流程，为用户办理临时用电转正式用电手续。因用户正式用电负荷为煤制品制造，业务办理人员将用户定价策略修改为两部制工商业电价，基本电费计收方式为按实际最大需量计收。考虑到用户计量装置在有效期范围内且用户用电容量、计量方案均无变更，故业务办理人员未对用户表计进行更换，且未对表计计量信息进行修改。

因用户前期为临时施工用电，执行单一制工商业电价，故表计示数信息无最大需量示数类型。但当用户2024年1月转为正式用电执行两部制工商业电价后，需抄录表计最大需量示数，营销系统才能正确计算用户基本电费。因业务办理人员在业务办理中未对表计计量信息进行修改，导致漏收用户2024年1月27日至3月31日期间基本电费。

（二）现场核查情况

经现场核实，该用户临时施工用电已结束，现场为煤制品制造用电，应该执行两部制工商业电价。

（三）核查结论

该用户办理临时转正式用电后，应执行两部制工商业电价，但因系统表计无最大需量示数类型，造成2024年1月27日至3月31日期间漏收基本电费，异常属实，需补收基本电费。

六、异常整改情况

通过抄表示数类型变更流程更正用户计量档案，新增需量示数类型，同时补收2024年1月27日至3月31日期间基本电费2.52万元。

七、案例暴露的问题、原因分析

业务办理人员必备业务技能不熟练。该用户由临时用电转为正式用电后执行两部制工商业电价，按实际最大需量计收基本电费，最大需量值是正确计收基本电费的关键因素，若未建立最大需量示数，系统则无法计算基本电费。因业务办理人员必备业务技能掌握不足，未全面思考业务办理中需要涉及变更的重要参数，致使漏建需量示数类型，导致基本电费计收不正确。

电费审核把关不严。业务办理后当月电费差错风险往往较大，电费审核人员未重点审核当月发生业务变更的用户，未及时发现该大工业用户有电量无基本电费异常。

八、违反规定、监督和防范措施

（一）违反规定

1. 违反《某供电企业电费业务管理办法》有关规定：新装增容、变更用电、表计拆装、入市退市等涉及计费参数变化的业务，应在业务流转过程中配置校验规则，部署归档试算功能，提前发现和消除影响计费的参数差错。

2. 违反《电能计量装置技术管理规程》（DL/T 448—2016）有关规定：按最大需量计收基本电费的电力用户，应配置具有最大需量计量功能的电能表。各类电能计量装置的设计方案应经有关电能计量专业人员审查通过，设计审查的内容包括：计量点、计量方式、电能表与互感器接线方式的选择、电能表的型式和装设参数的确定，电能计量器具的功能、规则和准确度等级，互感器二次回路及附件等。

（二）监督防范措施

（1）加大业务知识的培训。供电企业应该定期组织业扩、计量、电费等相关人员对各类政策文件进行学习，促使各岗位人员熟练掌握政策文件要求，提高判断异常问题的能力。

（2）加强业务流程归档审核力度。在营销系统智能审核的同时，业务人员应加强工作责任心，对业务关键点、关键环节应逐一重点审核，提高业务质量，防范错误发生。

(3) 加强重要用户的电费审核力度。严格按照抄核收管理相关规定，对新装电力客户、变更电力客户、电能计量装置参数变化的电力客户，其业务流程处理完毕后的首次电量电费计算（或试算），高压应逐户审核、低压应抽查典型电力客户，及时发现用户档案异常问题，降低电量电费计收差错风险。

思考练习

1. 简答题：按最大需量计收基本电费的电力用户，应配置具有什么计量功能的电能表？

2. 简答题：根据《某供电企业电费业务管理办法（试行）》有关规定，新装增容、变更用电的电力客户，可以通过哪些方式提前发现和消除影响计费的参数差错？

3. 简答题：工作人员可以通过哪些措施有效监督防范新装及用电变更电力客户两部制电价执行差错？

扫描二维码·参看答案37

模块五　合表大电量异常稽查案例

学习导读

重点：根据居民用户用电负荷特性，在线锁定大电量居民合表用户是否存在非居民用电负荷。

难点：根据用户现场检查情况，判断用户电价是否正确。

一、稽查类型

合表大电量异常稽查属于事后稽查，可采用在线稽查、现场稽查模式。

二、主题规则

提取执行居民合表电价且月均用电量超过1500 kW·h的用户，剔除中小学教学用电用户，月均电量阈值可根据当地经济发展程度进行调整。

三、实例概要

在开展居民合表大电量异常在线稽查时，发现某街道综合服务中心执行合表居民生活电价，自立户起月均电量超过4万kW·h。经现场核查，该用户实际为某政府街道办事处用电，应执行工商业电价，核实问题后补收价差电费5万余元。

四、异常情况描述

2019年9月，在线稽查“居民合表执行异常”主题时，发现某街道综合服务中心月均电量超过4万kW·h，且用电负荷集中在早上9点至下午5点，与居民生活用电特性不符，属合表居民大电量异常。

五、异常核查情况

（一）在线核查情况

核查营销系统信息，该用户2019年2月立户，合同容量100 kVA，行业类别为国家行政机构，执行居民合表电价，无业务变更流程。

核查用电信息采集系统发现，该户用电负荷集中在早上9点至下午5点，与居民生活用电特性不符。

查阅用户纸质档案资料，发现该户供电方案和供用电合同的行业类别、电价等信息与系统一致，该户自立户起便执行合表居民电价。需进一步现场核查确定该户用电性质。

（二）现场核查情况

经现场核查发现，该用户现场计量装置正常，表计示数与用电信息采集系统示数相符。但现场实际为某政府街道办事处对外办理业务的综合服务中心，属一般工商业用电性质，应执行工商业电价。

（三）核查结论

现场实际为一般工商业用电性质，应执行工商业电价，存在电价执行错误问题。

六、异常整改情况

供电企业立即将该用户电价更正为工商业电价，并计算补收2019年2—9月的价差电费5万余元。

七、案例暴露的问题、原因分析

（1）业务人员对电价政策不熟悉。未熟练掌握销售电价分类及适用范围，导致新上客户电价执行错误。

（2）现场验收不到位。现场验收时未针对用电主体和用电实际再次复核确认用户执行电价是否正确，同时业务档案归档前未认真复核行业类别、电价等关键信息，未及时发现电价错误问题。

八、违反规定、监督和防范措施

（一）违反规定

违反《国家发展改革委关于调整销售电价分类结构有关问题的通知》（发改价格〔2013〕973号）中居民生活用电适用范围：城乡居民住宅用电，城乡居民住宅小区公用附属设施用电，学校教学和学生生活用电，学校、社会福利场所生活用电，宗教场所生活用电和城乡社区居民委员会服务设施用电。其中城乡社区居民委员会服务设施用电指城乡居民社区居民委员会工作场所及非经营公益服务设施的用电。

（二）监督防范措施

（1）加强业务人员电费电价政策知识培训，熟练掌握销售电价分类及适用范围，减少新上用户电价执行差错。

（2）加强新装、增容及变更用电业务规范管理。依据国家标准、行业标准和公司相关管理制度，在接电条件审核、信息归档审核等环节，对关键环节、关键信息逐一重点审核，提高业务质量，防范错误发生。

（3）有效开展周期核抄、用电检查等现场工作，应重点核查用户用电性质与执行电价是否相符，及时发现电价执行错误问题。

思一思

为促进电力行业又好又快发展，推动构架转型和产业升级，中共中央、国务院进一步深入推进电力体制改革，加快构建有效竞争的市场结构和市场体系，形成主要由市场决定能源价格的机制。供电企业在开拓更先进的电力市场和现代化建设的同时，如何科学合理地进行购售电力、电网维护和电力生产的活动？提高管理水平，更好服务民生电力，提升供电企业自身竞争力，确保经营管理成果不流失，显得尤为重要。而电力营销稽查犹如电力营销管理的“哨兵”“探头”，对持续提升营销业务合规管理和优质服务水平，切实做好党中央、国务院各项决策部署落地落实，积极营造和谐稳定的营商环境氛围起着至关重要作用。

思考练习

1. 简答题：该案例中工作人员通过哪些线索初步锁定该用户存在居民大电量异常？

2. 简答题：居民生活用电适用范围有哪些？

3. 简答题：工作人员可以通过哪些措施有效监督防范新装、增容及用电变更电力客户电价执行差错？

扫描二维码·参看答案38

第四部分

电力相关报表统计与分析

单元一　电力相关报表编制

单元目标

知识目标

1. 能理解电力相关报表的概念。
2. 能了解电力相关报表的重要性。
3. 能理解各类报表的统计规则。
4. 能掌握电力相关报表的逻辑关系。
5. 能理解电价构成。
6. 能掌握本企业经营指标概况。

能力目标

1. 能正确编制电力相关报表。
2. 能分析电价执行的准确性。

素质目标

1. 提高经营指标管理水平。
2. 提高经济安全意识。
3. 培养精益求精、严谨细致的工作态度。

模块一　应收报表识读

学习导读

重点：应收报表的概念、组成。

难点：应收报表的识读方法。

一、应收报表概念

应收报表是企业在正常经营过程中，在一定期间内因向其他企业或个人提供的商品或服务而应收取的款项总额，可以理解为应收账款报表，而非销售总额报表。

二、应收报表的重要性

应收报表对企业的经营和发展具有重要影响。通过应收报表，企业能够了解自身产品或服务在市场上的需求情况以及销售状况。这不仅可以帮助企业评估市场表现，还能根据应收账款的实际情况来制定更加合理的生产和销售策略，从而优化资金流动和减少坏账风险。

三、应收报表的识读

以“电力营销信息系统应收电费报表（月度）”为例：某公司2024年5月应收电费报表（月度）部分展示见表4-1所列，全部展示扫描右侧二维码。

某公司2024年5月应收电费报表

（一）表头

应收电费报表（月度），填报单位：××供电公司，填报年月：202405，单位：户、kW·h、元/kW·h、元、kVA、kW、元/kVA、元/kW。

（二）表尾

没有特别注明标志，为空白。

（三）各项类别的来源、组成及计算逻辑

应收电费报表（月度）按照客户基础信息、保障类电费、代理购电、市场化电费、基本电费、力调电费、系统运行费、价内电费、代征电费、总电费等分类进行展示，并按目录电价和电价结构分别进行小计。为了便于理解，将横向称为“行”，纵向为“列”。

表 4-1　三个典型用户的 5 月应收电费报表（月度）

基础信息					保障类电费				代理购电							
目录电价	电压等级	丰枯峰谷	户数	电量	目录电量	目录电价	目录电费	其中：低保五保优惠	购电电量	购电电价	购电电费	其中：购电加价电量	购电加价电价	购电加价电费	代购输配电价	代购输配电费
农业生产	1 kV～10 kV	平	1	0	0	0	0	0	0	0	0	0	0	0	0	0
	220 V～380 V	平	26	6247	6247	0.48433	3025.62	0	0	0	0	0	0	0	0	0
	小计		27	6247	6247	0.48433	3025.62	0	0	0	0	0	0	0	0	0
商业用电两部制	1 kV～10 kV	峰	1	77333	0	0	0	0	77333	0.6352	49121.91	0	0	0	0.2224	17198.84
		平	19	82963	0	0	0	0	82963	0.397	32936.3	0	0	0	0.139	11531.86
		谷	1	92749	0	0	0	0	92749	0.1588	14728.54	0	0	0	0.0556	5156.87
		峰	1	2166	0	0	0	0	2166	0.6352	1375.84	0	0	0	0.22241	481.73
		平	1	2006	0	0	0	0	2006	0.397	796.38	0	0	0	0.139	278.83
		谷	1	311	0	0	0	0	311	0.15881	49.39	0	0	0	0.05559	17.29
	小计		24	257528	0	0	0	0	257528	0.38446	99008.36	0	0	0	0.13461	34665.42
标准输配(差额)商业 10 kV	1 kV～10 kV	平	27	1479742	0	0	0	0	0	0	0	0	0	0	0	0
	小计		27	1479742	0	0	0	0	0	0	0	0	0	0	0	0
	合计			1743517	6247	0.48433	3025.62	0	257528	0.38446	99008.36	0	0	0	0.13461	34665.42

续表

市场化电费					基本电费								
交易电量	交易电价	交易电费	市场输配电价	市场输配电费	容量	容量基本电价	容量基本电费	需量	需量基本电价	需量基本电费	其中：执行90%需量减收金额	合计基本电费
0	0	0	0	0		0			0			
0	0	0	0	0		0			0			
0	0	0	0	0	0	0	0	0	0	0	0	0
0	#DIV/0!	62628.19	0	0		0			0			
0	#DIV/0!	34644.77	0	0	0	0	0	3825.1	35	133878.5	0	133878.5
0	#DIV/0!	8377.26	0	0		0			0			
0	0	0	0	0		0			0			
0	0	0	0	0	0	0	0	27	35	945	0	945
0	0	0	0	0		0			0			
0	#DIV/0!	105650.22	0	0	0	0	0	3852.1	35	134823.5	0	134823.5
1479742	0	0	0.2702	399826.3		0			0			
1479742	0	0	0.2702	399826.3	0	0	0	0	0	0	0	0
144450	0	0	0.2966	42843.84		0			0			
144450	0	0	0.2966	42843.84	0	0	0	0	0	0	0	0
1624192	#DIV/0!	105650.22	0.5668	442670.14	0	0	0	3852.1	35	134823.5	0	134823.5

续表

力调电费		系统运行费												
力调（惩罚）	力调（奖励）	上网线损损益	电价交叉损益	趸售电价损益	绿色电价损益	力调电费损益	峰谷分时损益	电能替代输配价差损益	高炉渣提钛输配价差损益	燃气机组容量电费	煤电容量电费	抽水蓄能容量电费	辅助服务费用	损益合计
		0	0	0	0	0	0	0	0	0	0	0	0	0
		0	0	0	0	0	0	0	0	0	0	0	0	0
0	0	0	0	0	0	0	0	0	0	0	0	0	0	0
		0	567.15	0	0	0	0	0	0	0	1317.24	0	0	1884.39
0	-2245.7	0	547.19	0	0	0	0	0	0	0	1270.8	0	0	1817.99
		0	463.04	0	0	0	0	0	0	0	1075.47	0	0	1538.51
		0	6.71	0	0	0	0	0	0	0	15.6	0	0	22.31
0	0	0	6.22	0	0	0	0	0	0	0	14.44	0	0	20.66
		0	0.96	0	0	0	0	0	0	0	2.24	0	0	3.2
0	-2245.7	0	1591.27	0	0	0	0	0	0	0	3695.79	0	0	5287.06
		0	0	0	0	0	0	0	0	0	0	0	0	0
0	0	0	0	0	0	0	0	0	0	0	0	0	0	0
		0	0	0	0	0	0	0	0	0	0	0	0	0
0	0	0	0	0	0	0	0	0	0	0	0	0	0	0
0	-2245.7	0	1591.27	0	0	0	0	0	0	0	3695.79	0	0	5287.06

续表

上网环节线损电费	价内电费	代征电费						总电费
		农网还贷资金	库区移民	水利基金	再生能源1	再生能源2	合计代征	
0	0							0
0	3025.62	124.94	0	12.3	0	0	137.24	3162.86
0	3025.62	124.94	0	12.3	0	0	137.24	3162.86
6867.97	137701.3	1546.66	479.45	152.25	0	1469.34	3647.7	141349
4155.36	216719.08	1659.26	514.37	163.33	0	1576.29	3913.25	220632.33
1420.13	31221.31	1854.98	575.04	182.6	0	1762.21	4374.83	35596.14
84.56	1964.44	43.32	13.43	4.26	0	41.15	102.16	2066.6
48.95	2089.82	40.12	12.44	3.95	0	38.11	94.62	2184.44
3.04	72.92	6.22	1.93	0.61	0	5.91	14.67	87.59
12580.01	389768.87	5150.56	1596.66	507	0	4893.01	12147.23	401916.10
0	399826.3	29594.84	9174.4	2913.22	0	28115.11	69797.57	469623.87
0	399826.30	29594.84	9174.4	2913.22	0	28115.11	69797.57	469623.87
0	42843.84	2889	895.6	284.38	0	2744.56	6813.54	49657.38
0	42843.84	2889	895.6	284.38	0	2744.56	6813.54	49657.38
12580.01	835464.63	37759.34	11666.66	3716.9	0	35752.68	88895.58	924360.21

1. 基础信息

基础信息包括目录电价（指定价策略及电价中目录电价名称）、电压等级（指供电电压）、丰枯峰谷（指分时执行情况）、户数（指按户号发行账单上时段电价不为“0”的个数）、电量（指电力企业销售给用电客户直接消费的电量，包括目录电量、购电电量和交易电量）。（表4-2）

2. 保障类电费

保障类电费指保障性农业生产和居民生活用电的电量及其各项电费，包括目录电量、目录电价、目录电费、其中：低保五保优惠。（表4-2）

表4-2　某农业生产用户的保障类电费

基础信息					保障类电费			
目录电价	电压等级	丰枯峰谷	户数	电量	目录电量	目录电价	目录电费	其中：低保、五保优惠
农业生产	1 k V～10 kV	平	1	0	0	0	0	0
	220 V～380 V	平	26	6247	6247	0.48433	3025.62	0
	小计		27	6247	6247	0.48433	3025.62	0

3. 代理购电

代理购电指供电企业代理购电工商业用户的购电电量、购电电价、购电电费以及代购输配电价、代购输配电费。其中：购电加价电量、购电加价电价、购电加价电费指退市客户执行1.5倍代理购电价格的电量（此电量已包含在购电电量中），但对应的加价电费（此电费未包含在购电电费中）需单独计算。（表4-3）

表4-3　某商业用电两部制用户的代理购电电费

基础信息					代理购电							
目录电价	电压等级	丰枯峰谷	户数	电量	购电电量	购电电价	购电电费	其中：购电加价电量	购电加价电价	购电加价电费	代购输配电价	代购输配电费
商业用电两部制	1 kV～10 kV	峰	1	77333	77333	0.6352	49121.91	0	0	0	0.2224	17198.84
		平	19	82963	82963	0.397	32936.3	0	0	0	0.139	11531.86
		谷	1	92749	92749	0.1588	14728.54	0	0	0	0.0556	5156.87
		峰	1	2166	2166	0.6352	1375.84	0	0	0	0.22241	481.73
		平	1	2006	2006	0.397	796.38	0	0	0	0.139	278.83
		谷	1	311	311	0.15881	49.39	0	0	0	0.05559	17.29
	小计		24	257528	257528	0.38446	99008.36	0	0	0	0.13461	34665.42

4.市场化电费

市场化电费指参与市场化工商业用户的交易电量、交易电价、交易电费、市场输配电价及市场输配电费。市场交易客户数据应分两行展示：

第一行，对于基础信息下的目录电价名称与“定价策略及电价”中目录电价名称一致的行（商业用电两部制），展示交易电量为“0”、交易电价显示为“#DIV/0!”（由于电量为0导致无法计算），以及实际交易电费。

第二行，对于目录电价名称在“定价策略及电价”中的目录电价名称前加上了“标准输配”字样的行，展示市场交易客户的交易电量、市场输配电价以及市场输配电费，见表4-4所列。

表4-4　某商业用电两部制用户和某标准输配(差额)商业10 kV用户的市场化电费

基础信息					市场化电费				
目录电价	电压等级	丰枯峰谷	户数	电量	交易电量	交易电价	交易电费	市场输配电价	市场输配电费
商业用电两部制	1 kV～10 kV	峰	1	77333	0	#DIV/0!	62628.19	0	0
		平	19	82963	0	#DIV/0!	34644.77	0	0
		谷	1	92749	0	#DIV/0!	8377.26	0	0
		峰	1	2166	0	0	0	0	0
		平	1	2006	0	0	0	0	0
		谷	1	311	0	0	0	0	0
	小计		24	257528	0	#DIV/0!	105650.22	0	0
标准输配(差额)商业10 kV	1 kV～10 kV	平	27	1479742	1479742	0	0	0.2702	399826.3
	小计		27	1479742	1479742	0	0	0.2702	399826.3

5. 基本电费

基本电费指对执行两部制电价的工商业用户，根据其变压器容量或最大需量收取的费用。商业用电两部制电价客户的费用包括容量电费和需量电费，具体分为容量、容量基本电价、容量基本电费、需量、需量基本电价、需量基本电费。其中，执行90%需量减收金额也需计算在内，最终得出合计基本电费，见表4-5所列。

表4-5　某商业用电两部制用户的基本电费

基础信息					基本电费							
目录电价	电压等级	丰枯峰谷	户数	电量	容量	容量基本电价	容量基本电费	需量	需量基本电价	需量基本电费	其中:执行90%需量减收金额	合计基本电费
商业用电两部制	1 kV～10 kV	峰	1	77333		0			0			
		平	19	82963	0	0	0	3825.1	35	133878.5	0	133878.5
		谷	1	92749		0			0			
		峰	1	2166		0			0			
		平	1	2006	0	0	0	27	35	945	0	945
		谷	1	311		0			0			
	小计		24	257528	0	0	0	3852.1	35	134823.5	0	134823.5

6. 力调电费

执行功率因数考核标准用户的力率调整电费，包括力调（惩罚）、力调（奖励）。力调（惩罚）为正数，力调（奖励）为负数要加负号“–”，见表4-6所列。

表4-6　某商业用电两部制用户的力调电费

基础信息					力调电费	
目录电价	电压等级	丰枯峰谷	户数	电量	力调(惩罚)	力调(奖励)
商业用电两部制	1 kV～10 kV	峰	1	77333		
		平	19	82963	0	–2245.7
		谷	1	92749		
		峰	1	2166		
		平	1	2006	0	0
		谷	1	311		
	小计		24	257528	0	–2245.7

7. 上网环节线损电费

上网环节线损电费单独展示，见表4-7所列。

表4-7　某商业用电两部制用户和某标准输配(差额)商业10 kV用户的力调电费

基础信息					上网环节线损电费
目录电价	电压等级	丰枯峰谷	户数	电量	
商业用电两部制	1 kV～10 kV	峰	1	77333	6867.97
		平	19	82963	4155.36
		谷	1	92749	1420.13
		峰	1	2166	84.56
		平	1	2006	48.95
		谷	1	311	3.04
	小计		24	257528	12580.01
标准输配(差额)商业10 kV	1 kV～10 kV	平	27	1479742	0
	小计		27	1479742	0

8. 系统运行费

代理购电和市场交易用户均收取该费用。损益合计=上网线损损益+电价交叉损益（指居民农业新增损益）+趸售电价损益+绿色电价损益+力调电费损益+峰谷分时损益+电能替代输配价差损益+高炉渣提钛输配价差损益+燃气机组容量电费+煤电容量电费+抽水蓄能容量电费+辅助服务费用，见表4-8所列。

表 4-8 某商业用电两部制用户的系统运行费

基础信息					系统运行费												
目录电价	电压等级	丰枯峰谷	户数	电量	上网线损损益	电价交叉损益	趸售电价损益	绿色电价损益	力调电费损益	峰谷分时损益	电能替代输配价差损益	高炉渣提钛输配价差损益	燃气机组容量电费	煤电容量电费	抽水蓄能容量电费	辅助服务费用	损益合计
商业用电两部制	1 kV～10 kV	峰	1	77333	0	567.15	0	0	0	0	0	0	0	1317.24	0	0	1884.39
		平	19	82963	0	547.19	0	0	0	0	0	0	0	1270.8	0	0	1817.99
		谷	1	92749	0	463.04	0	0	0	0	0	0	0	1075.47	0	0	1538.51
		峰	1	2166	0	6.71	0	0	0	0	0	0	0	15.6	0	0	22.31
		平	1	2006	0	6.22	0	0	0	0	0	0	0	14.44	0	0	20.66
		谷	1	311	0	0.96	0	0	0	0	0	0	0	2.24	0	0	3.2
	小计		24	257528	0	1591.27	0	0	0	0	0	0	0	3695.79	0	0	5287.06

9. 价内电费

价内电费=目录电费+购电电费+购电加价电费+代购输配电费+交易电费+市场输配电费+合计基本电费+力调（惩罚）+力调（奖励）+上网环节线损电费+损益合计。

10. 代征电费

合计代征=农网还贷资金+库区移民+水利基金+再生能源 1+再生能源 2，见表 4-9 所列。

参与市场交易用户的电量、代征基金、基本电费、力调电费均随着标准输配类别展示。

表 4-9 某商业用电两部制用户的代征电费

基础信息					代征电费					
目录电价	电压等级	丰枯峰谷	户数	电量	农网还贷资金	库区移民	水利基金	再生能源 1	再生能源 2	合计代征
商业用电两部制	1 kV～10 kV	峰	1	77333	1546.66	479.45	152.25	0	1469.34	3647.7
		平	19	82963	1659.26	514.37	163.33	0	1576.29	3913.25
		谷	1	92749	1854.98	575.04	182.6	0	1762.21	4374.83
		峰	1	2166	43.32	13.43	4.26	0	41.15	102.16
		平	1	2006	40.12	12.44	3.95	0	38.11	94.62
		谷	1	311	6.22	1.93	0.61	0	5.91	14.67
	小计		24	257528	5150.56	1596.66	507	0	4893.01	12147.23

11. 总电费

总电费=价内电费+合计代征

12. 合计

最后一行除电价不合计外，其他等于各类小计相加，电价按下面的注意事项4的第（2）点计算。

13. 退补电量电费

如有退补电量电费，单独展示，其目录电价名称在“定价策略及电价中目录电价名称”前加上了“退补”字样，见表4-10所列。

表4-10　某居民用户的退补保障类电费

基础信息					保障类电费			
目录电价	电压等级	丰枯峰谷	户数	电量	目录电量	目录电价	目录电费	其中：低保五保优惠
退补：居民户表2	220 V～380 V	峰	1	0	0	0	0	0
		平	16	0	0	#DIV/0!	31.27	0
		谷	1	0	0	0	0	0
	小计		18	0	0	#DIV/0!	31.27	0

注意事项

1. 市场交易用户的市场化电费、上网环节线损和系统运行费，这些费用随着其基础信息目录电价为定价策略及电价中目录电价名称栏目展示，而电量、代征基金、基本电费和力调电费则按照标准输配栏目进行展示。

2. 户数是指统一电费账上电价不为“0”的个数。例如，如果某时段结算电量为“0”，但电价不为0，则该类户数为1。如果n个时段的电量均为“0”，但对应的电价均不为“0”，则该类户数为n。

3. 检查分时电价执行的正确性。对于不应执行分时的目录电价类别，如果出现了分时电量电费及户数，说明该结算周期内存在电费计算错误的用户，应立即组织核实并进行处理。

4.数据规范性

（1）电费展示的两位小数，但小数点后面的“0”不是有效数据时则没展示，如电费为“0”只展示“0”而不是展示“0.00”，又如电费“3480.1”只展示“3480.1”，而不是展示的“3480.10”，均不需用“0”补足两位小数，见表4-11所列。

表4-11 应收电费报表（月度）部分

基础信息					保障类电费				代理购电							
目录电价	电压等级	丰枯峰谷	户数	电量	目录电量	目录电价	目录电费	其中：低保五保优惠	购电电量	购电电价	购电电费	其中：购电加价电量	购电加价电价	购电加价电费	代购输配电价	代购输配电费
商业1 kV以下（差额）	220 V ~ 380 V	平	16	82350	0	0	0	0	82350	0.397	32692.95	0	0	0	0.2966	24425.02
		平	1	0	0	0	0	0	0	0	0	0	0	0	0	0
	小计		17	82350	0	0	0	0	82350	0.397	32692.95	0	0	0	0.2966	24425.02
商业用电	1 kV ~ 10 kV	峰	2	946733	0	0	0	0	946733	0.6352	601364.81	0	0	0	0.36736	347791.74
		平	218	819529	0	0	0	0	819529	0.397	325353.06	0	0	0	0.2296	188163.87
		谷	2	429608	0	0	0	0	429608	0.1588	68221.77	0	0	0	0.09184	39455.04
		峰	1	0	0	0	0	0	0	0	0	0	0	0	0	0
		平	1	0	0	0	0	0	0	0	0	0	0	0	0	0
		谷	1	0	0	0	0	0	0	0	0	0	0	0	0	0
		尖峰	1	0	0	0	0	0	0	0	0	0	0	0	0	0
		峰	1	0	0	0	0	0	0	#DIV/0!	8097.52	0	0	0	0	0
		平	3	0	0	0	0	0	0	#DIV/0!	3480.1	0	0	0	0	0
		谷	1	0	0	0	0	0	0	#DIV/0!	723.65	0	0	0	0	0
		尖峰	1	0	0	0	0	0	0	0	0	0	0	0	0	0
		峰	1	0	0	0	0	0	0	0	0	0	0	0	0	0
		平	2	0	0	0	0	0	0	0	0	0	0	0	0	0
		谷	1	0	0	0	0	0	0	0	0	0	0	0	0	0

（2）电价是此表中电费除以对应的电量，四舍五入保留五位小数，小数点后面只展示有效数据，如不足五位小数均不需用“0”补足五位小数，如表4-12所列；只有电费而无电量的类别，购电电价用“#DIV/0!”表示，见表4-11所列。居民户表2的电价展示见表4-12所列。

表4-12 应收电费报表（月度）部分

基础信息					保障类电费				代理购电							
目录电价	电压等级	丰枯峰谷	户数	电量	目录电量	目录电价	目录电费	其中：低保五保优惠	购电电量	购电电价	购电电费	其中：购电加价电量	购电加价电价	购电加价电费	代购输配电价	代购输配电费
居民户表2	220 V ～ 380 V	峰	2	140088	140088	0.49308	69074.86	−20.4	0	0	0	0	0	0	0	0
		平	4357	132653	132653	0.57791	76661.69	−697.21	0	0	0	0	0	0	0	0
		谷	2	113298	113298	0.25349	28720.11	−1.52	0	0	0	0	0	0	0	0
		峰	1	23	23	0.4713	10.84	−0.52	0	0	0	0	0	0	0	0
		平	15	9	9	0.49444	4.45	0	0	0	0	0	0	0	0	0
		谷	1	10	10	0.252	2.52	0	0	0	0	0	0	0	0	0
		峰	1	1	1	0.49	0.49	0	0	0	0	0	0	0	0	0
		平	1	1	1	0.49	0.49	0	0	0	0	0	0	0	0	0
		谷	1	0	0	0	0	0	0	0	0	0	0	0	0	0
	小计		4381	386083	386083	0.45191	174475.45	−719.65	0	0	0	0	0	0	0	0

（3）目录电价类别对应栏电量不为“0”时，对符合收取标准项的代征基金展示为实际收取金额，如不属于收取范围项则展示为“0”，如电量为“0”时，展示“空白”，见表4-13所列。

表4-13 应收电费报表（月度）部分

基础信息					保障类电费				价内电费	代征电费						总电费
目录电价	电压等级	丰枯峰谷	户数	电量	目录电量	目录电价	目录电费	其中：低保五保优惠		农网还贷资金	库区移民	水利基金	再生能源1	再生能源2	合计代征	
乡村居民合表充电桩1 kV以下	220 V~380 V	峰	1	1027	1027	0.82755	849.89	0	849.89	20.54	6.36	2.04	1.04	0	29.98	879.87
		平	23	1105	1105	0.51722	571.53	0	571.53	22.1	6.84	2.19	1.11	0	32.24	603.77
		谷	1	4888	4888	0.20689	1011.26	0	1011.26	97.76	30.31	9.61	4.9	0	142.58	1153.84
	小计		25	7020	7020	0.34654	2432.68	0	2432.68	140.4	43.51	13.84	7.05	0	204.8	2637.48
充电桩合表居民1 kV以下	220 V~380 V	峰	2	58836	58836	0.82757	48690.67	0	48690.67	1176.72	365.42	115.4	59.03	0	1716.57	50407.24
		平	3742	79622	79622	0.51722	41182.43	0	41182.43	1592.44	494.06	156.71	80.25	0	2323.46	43505.89
		谷	2	742822	742822	0.20689	153682.55	0	153682.55	14856.44	4605.8	1462.33	744.55	0	21669.12	175351.67
		峰	1	18	18	0.82722	14.89	0	14.89	0.36	0.11	0.04	0.02	0	0.53	15.42
		平	1	14	14	0.51714	7.24	0	7.24	0.28	0.09	0.03	0.01	0	0.41	7.65
		谷	1	860	860	0.2069	177.93	0	177.93	17.2	5.33	1.69	0.86	0	25.08	203.01
		峰	1	0	0	0	0	0	0							0
		平	2	1	1	0.52	0.52	0	0.52	0.02	0.01	0	0	0	0.03	0.55
		谷	1	0	0	0	0	0	0							0
	小计		3753	882173	882173	0.27631	243756.23	0	243756.23	17643.46	5470.82	1736.2	884.72	0	25735.2	269491.43
农业生产	1 kV~10 kV	平	1	0	0	0	0	0	0							0
	220 V~380 V	平	26	6247	6247	0.48433	3025.62	0	3025.62	124.94	0	12.3	0	0	137.24	3162.86
	小计		27	6247	6247	0.48433	3025.62	0	3025.62	124.94	0	12.3	0	0	137.24	3162.86
农村饮水安全工程用电220 V~380 V	220 V~380 V	峰	1	0	0	0	0	0	0	0电量时金额为空白						0
		平	3	5085	5085	0.48433	2462.82	0	2462.82	101.7	0	10.01	0	0	111.71	2574.53
		谷	1	0	0	0	0	0	0		不收为0					0
	小计		5	5085	5085	0.48433	2462.82	0	2462.82	101.7	0	10.01	0	0	111.71	2574.53

（4）基本电费栏

①单一制类，容量基本电价、需量基本电价展示“0”，其他均为“空白”，见表4-14所列。

表4-14　应收电费报表（月度）部分

基础信息					基本电费								力调电费	
目录电价	电压等级	丰枯峰谷	户数	电量	容量	容量基本电价	容量基本电费	需量	需量基本电价	需量基本电费	其中：执行90%需量减收金额	合计基本电费	力调（惩罚）	力调（奖励）
乡村居民合表充电桩1 kV以下	220 V～380 V	峰	1	1027		0			0					
		平	23	1105		0			0					
		谷	1	4888		0			0					
	小计		25	7020	0	0	0	0	0	0	0	0	0	0
充电桩合表居民1 kV以下	220 V～380 V	峰	2	58836		0			0					
		平	3742	79622		0			0					
		谷	2	742822		0			0					
		峰	1	18		0			0					
		平	1	14		0			0					
		谷	1	860		0			0					
		峰	1	0		0			0					
		平	2	1		0			0					
		谷	1	0		0			0					
	小计		3753	882173	0	0	0	0	0	0	0	0	0	0

②两部制类，基本电费展示在对应目录电价栏的平段行，按实际收取方式的容量（需量）、电价、电费展示，另一种方式的容量（需量）、电价、电费均为“空白”，见表4-15所列。

（5）力调电费栏：不执行力调电费类，力调电费为“空白”；执行力调电费类力调电费展示在对应目录电价栏的平段行，见表4-14、4-15所列。

（6）其他没单独说明的项均展示为“0”。

表 4-15　应收电费报表（月度）部分

填报单位：国网 ××　　　　填报年月：202405

基础信息					保障类电费				代理购电								市场化电费					基本电费							
目录电价	电压等级	丰枯峰谷	户数	电量	目录电量	目录电价	目录电费	其中：低保五保优惠	购电电量	购电电价	购电电费	其中：购电加价电量	购电加价电价	购电加价电费	代购输配电价	代购输配电费	交易电量	交易电价	交易电费	市场输配电价	市场输配电费	容量	容量基本电价	容量基本电费	需量	需量基本电价	需量基本电费	其中：执行90%需量减收金额	合计基本电费
商业用电两部制	1 kV～10 kV	峰	1	77333	0	0	0	0	77333	0.6352	49121.91	0	0	0	0.2224	17198.84	0	#DIV/0!	62628.19	0	0		0			0			
		平	19	82963	0	0	0	0	82963	0.397	32936.3	0	0	0	0.139	11531.86	0	#DIV/0!	34644.77	0	0	0	0	0	3825.1	35	133878.5	0	133878.5
		谷	1	92749	0	0	0	0	92749	0.1588	14728.54	0	0	0	0.0556	5156.87	0	#DIV/0!	8377.26	0	0		0			0			
		峰	1	2166	0	0	0	0	2166	0.6352	1375.84	0	0	0	0.22241	481.73	0	0	0	0	0		0			0			
		平	1	2006	0	0	0	0	2006	0.397	796.38	0	0	0	0.139	278.83	0	0	0	0	0	0	0	0	27	35	945	0	945
		谷	1	311	0	0	0	0	311	0.15881	49.39	0	0	0	0.05559	17.29	0	0	0	0	0		0			0			
	小计		24	257528	0	0	0	0	257528	0.38446	99008.36	0	0	0	0.13461	34665.42	0	#DIV/0!	105650.22	0	0	0	0	0	3852.1	35	134823.5	0	134823.5
大型商业用户 10 kV（不考核功率因数）（差额）	1 kV～10 kV	平	5	943047	0	0	0	0	943047	0.397	374389.66	0	0	0	0.2702	254811.3	0	#DIV/0!	1672885.92	0	0		0			0			
	小计		5	943047	0	0	0	0	943047	0.397	374389.66	0	0	0	0.2702	254811.3	0	#DIV/0!	1672885.9	0	0	0	0	0	0	0	0	0	0

四、反思总结

（一）问题

通过报表4-1的识读，发现3户用户“定价策略及电价中目录电价名称”均为“农村饮水安全工程用电220 V至380 V”，为何峰段和谷段有户数，经核实用户②电费账单上电费明细计算了分时电价，再核实该用户计费信息，发现“分时标志”为“是”，结论“档案分时标志”错误，如图4-1所示。

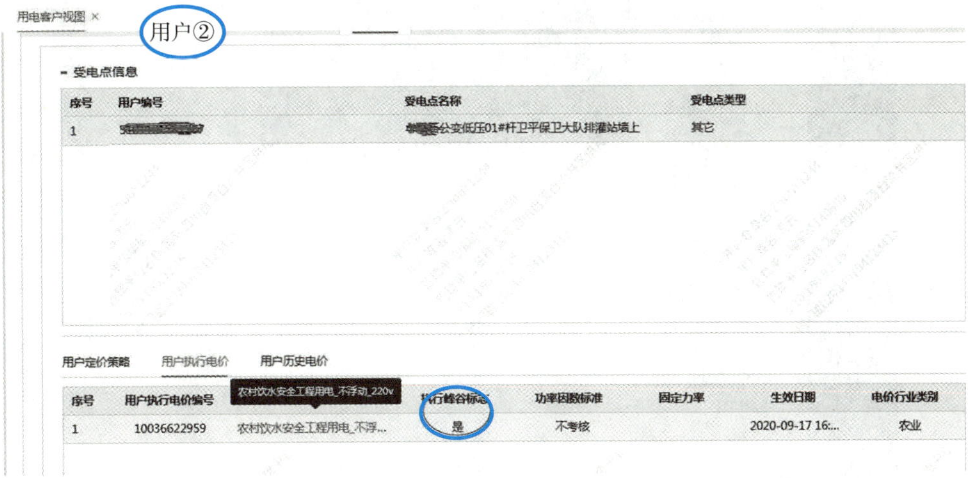

图4-1　用户②受电点信息图

（二）存在的风险

虽然本结算周期无电量只出现户数错误，但如果该用户在结算周期有电量，则会出现结算电量电费错误，给电价执行正确率和优质服务带来风险。

（三）整改措施

按照抄核收管理办法，立即传递异常工单，按工单流程进行处理，保证电量电费计算的准确性，保障电价执行的严肃性。

思考练习

1. 简答题：怎样确定应收电费报表（月度）基础信息中的户数？
2. 简答题：损益合计包含哪些电费项目？
3. 案例题：给定某供电公司2024年5月3个客户的统一电费账单（图4-2至4-7），请按照应收电费报表（月度）统计规则完成解读。

扫描二维码·参看答案39

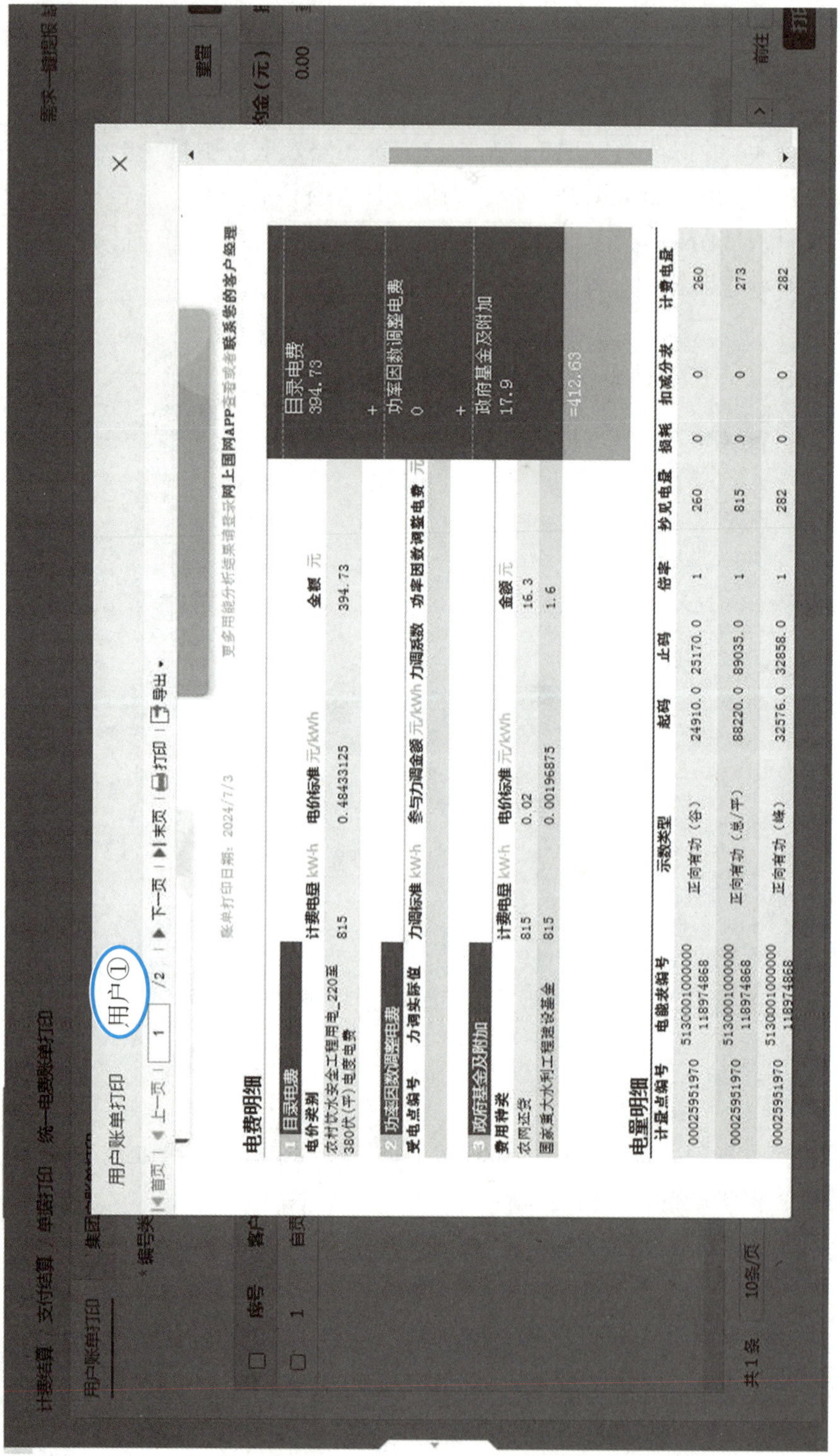

图4-2 用户①账单打印图

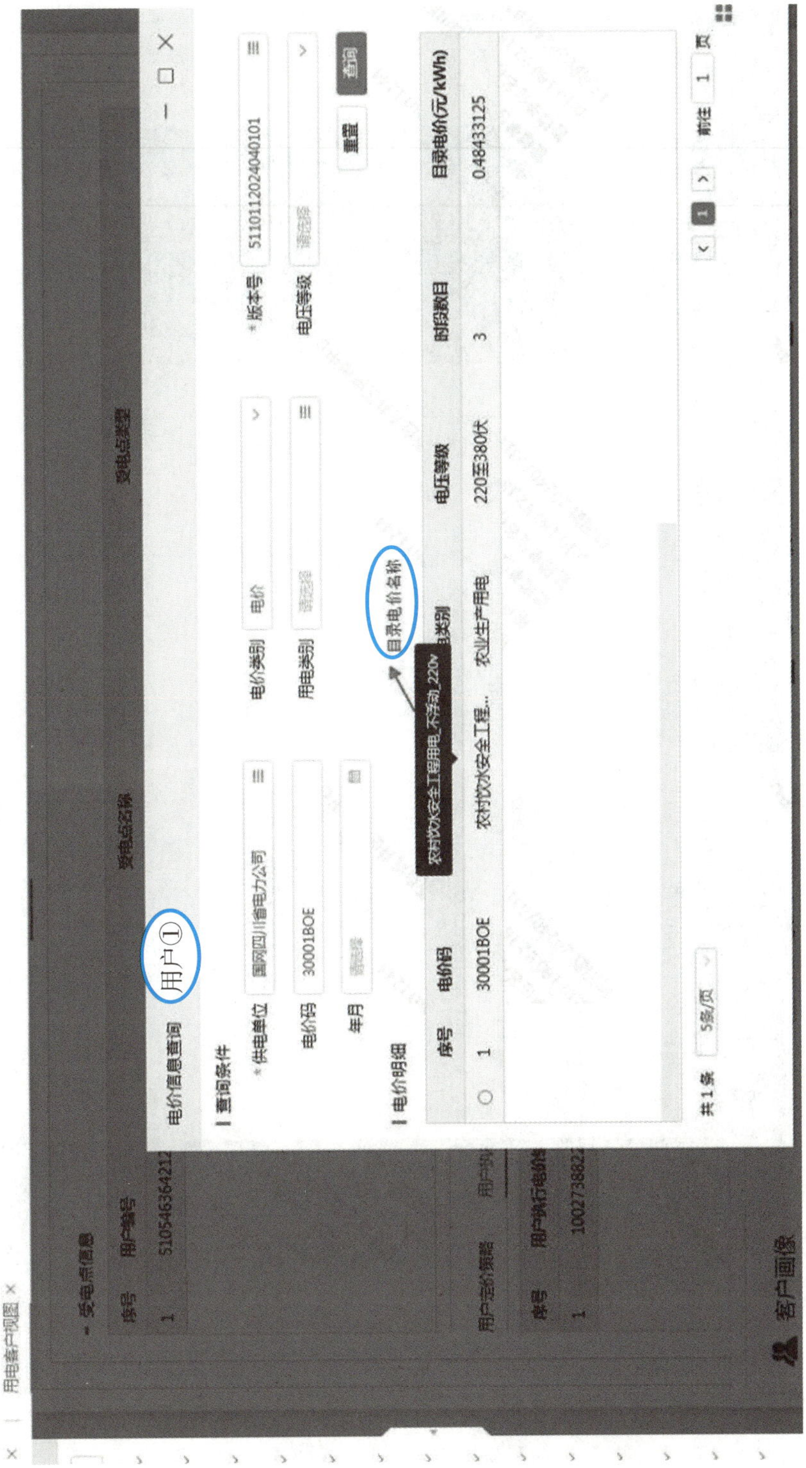

图4-3　用户①电价信息查询图

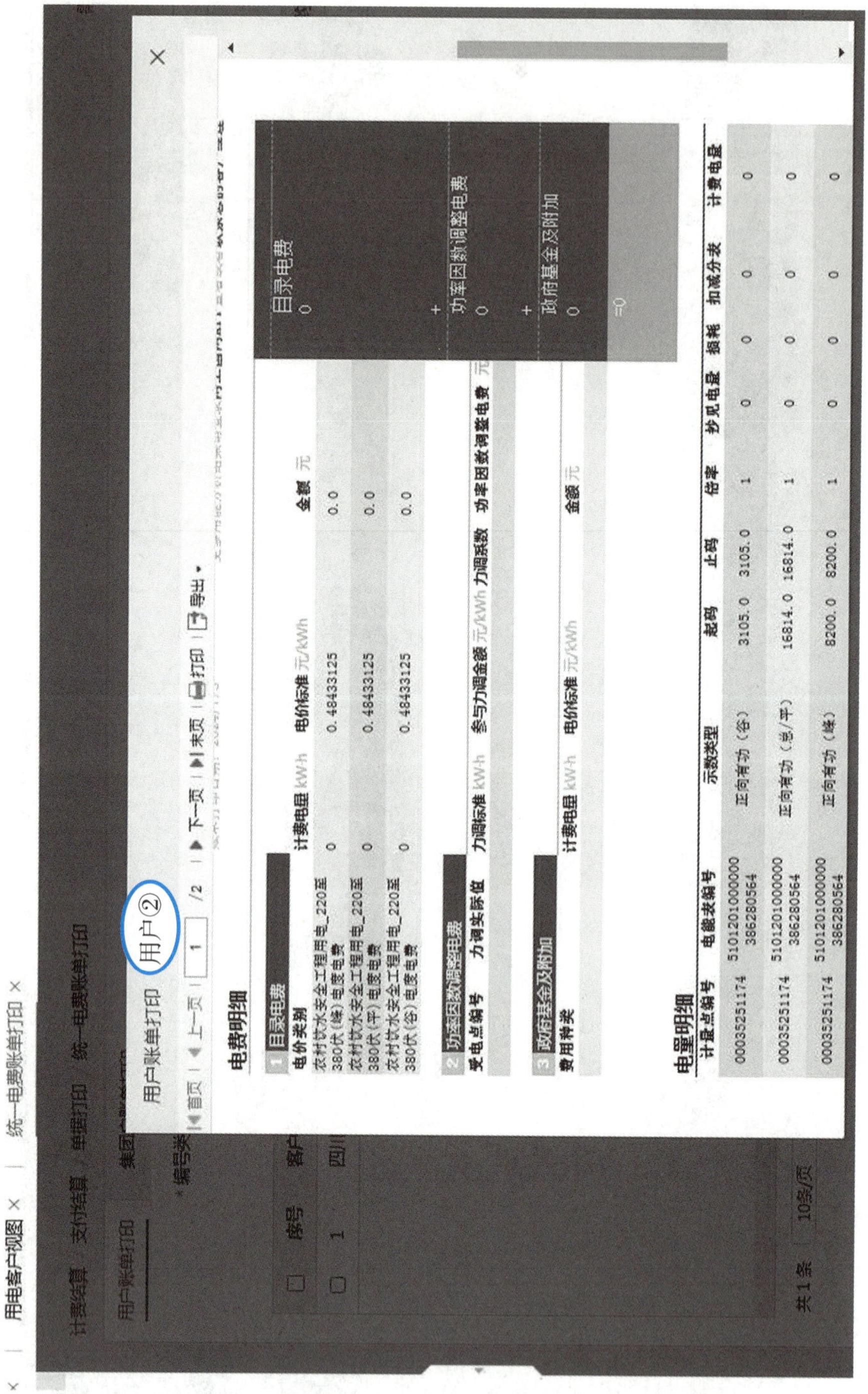

图 4-4　用户②账单打印图

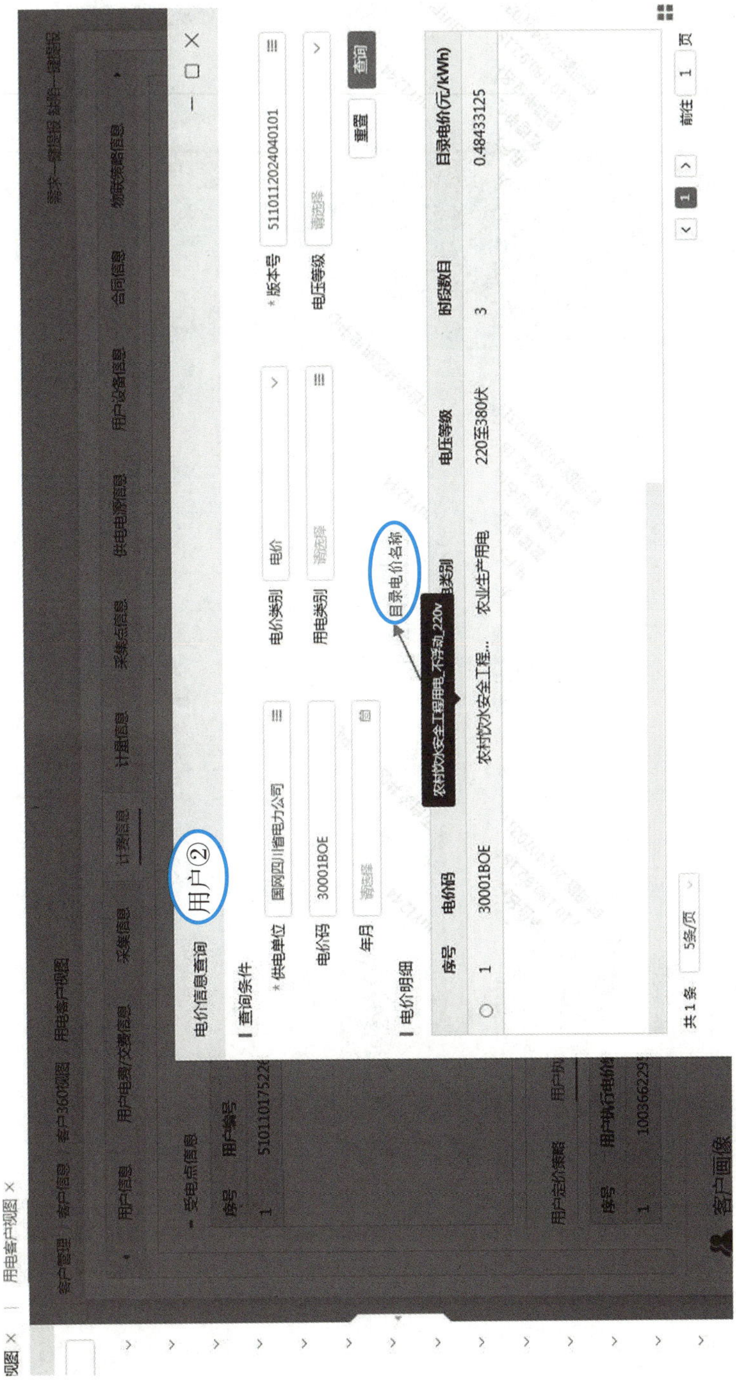

图4-5 用户②电价信息查询图

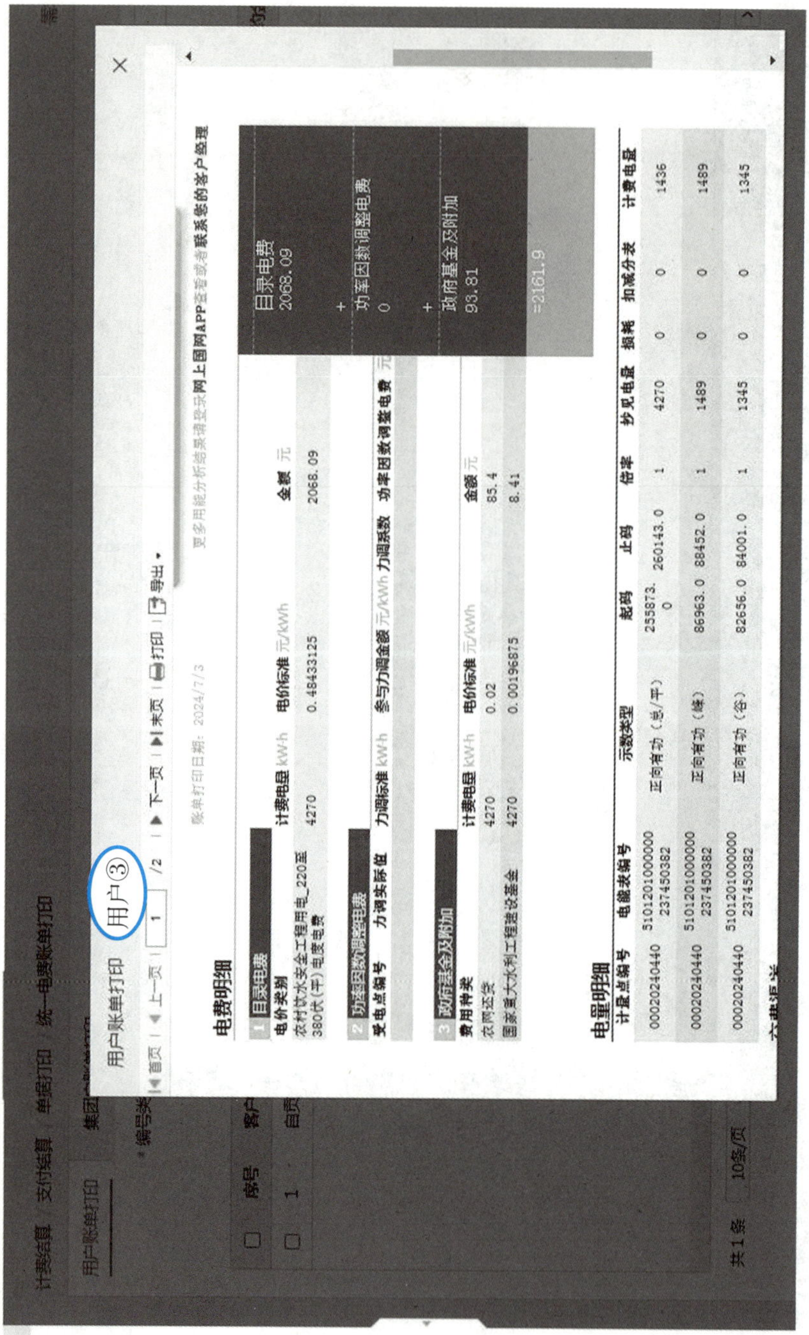

图4-6　用户③账单打印图

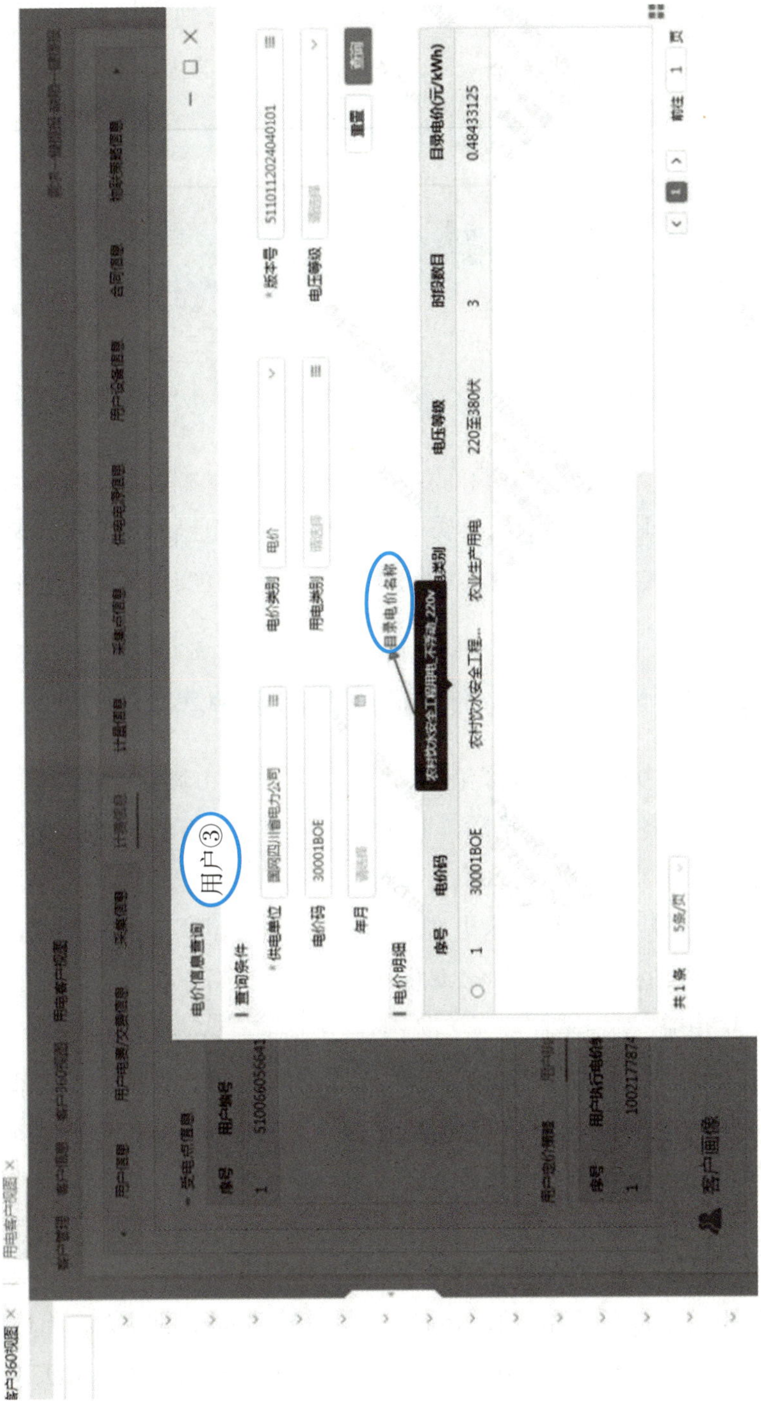

图4-7　用户③电价信息查询图

模块二　电力销售明细报表的编制

学习导读

重点：电力销售明细报表的概念、组成。

难点：电力销售明细报表编制方法。

一、电力销售明细报表的概念及意义

电力销售明细报表是电力营销统计指标的基础报表。通过基础数据分析影响销售利润的相关用电指标，如售电量、售电收入、售电平均电价、用电结构等分析，预测行业经济发展趋势，得到反映社会经济现状总体的统计指标，并最终实现提高企业的经济效益的目的。同时检验电价执行的准确性。

二、电力销售明细报表中用电价格构成及用电分类

根据《国家发展改革委关于进一步深化燃煤发电上网电价市场化改革的通知》（发改价格〔2021〕1439号），各地需有序推动工商业用户全部进入市场，按照市场价格购电，并取消了工商业目录销售电价，自2021年10月15日起实施。因此，电度电费被分为了保障性农贸行业生产和居民生活目录电费（电度电费未取消）、代理购电工商业的代理购电价格电费与输配电价电费、市场化工商业市场购电价格电费与输配电价电费三类，后两者均包括新增损益。

2023年5月12日，国家发展改革委正式印发了《关于第三监管周期省级电网输配电价及有关事项的通知》（发改价格〔2023〕526号），核定了全国33个省级电网（不含西藏）的输配电价标准，并于2023年6月1日起执行。国家发展改革委在此通知中引入了“系统运行费”科目，将与输配环节无关的费用从输配电价中调整到“系统运行费”中。因此，用户用电价格逐步归并为居民生活、农业生产及工商业用电三类（除执行居民生活和农业生产用电价格以外的用电）。在尚未实现工商业同价的地方，用户用电价格则可分为居民生活、农业生产、大工业、一般工商业用电（除执行居民生活、农业生产和大工业用电价格以外的用电）四类。工商业用户的用电价格由上网电价、上网环节线损费用、输配电价、系统运行费用、政府性基金及附加等部分组成，而居民生活和农

业生产用电则继续执行现行的目录销售电价政策。

三、电力销售明细报表中名词含义

根据统计目标表，将各项目归纳如下：

（1）项目：按用电类别分，包括大工业用电、居民生活用电、农业生产用电、农业排灌、贫困县农排用电、一般工商业用电（非居民照明，非、普工业，商业用电）、趸售用电。每个类别分别分为五个电压等级：0.38/0.22 kV、1 kV～10 kV、35 kV～110 kV、110 kV～220 kV、220 kV及以上。

（2）营业户数（第1栏）=计量点个数。

（3）售电量（第2栏）=应收报表中的电量=目录电量+购电电量+交易电量。

（4）到户均价（第3栏）=到户电费/售电量（四舍五入保留四位小数，不足四位有效数据的，保留实际有效数据位数）。

（5）到户电费（第4栏）=售电收入+政府性基金及附加。

（6）售电均价（第5栏）=售电收入（售电电费）/售电量（四舍五入保留四位小数，不足四位有效数据的，保留实际有效数据位数）。

（7）售电电费（第6栏）=售电收入=保障类电费（保障性农业生产和居民生活用电的目录电费）+代理购电电费+市场化交易电费+功率因数调整电费+基本电费+上网环节线损费+系统运行费。

（8）功率因数调整电费（第23和24栏）：是指供电公司根据客户一段时间内（一个抄表周期）所使用的有功和无功电量来计算其平均功率因数，并据此收取的相关电费，等于应收月报中的力调电费。

四、完成当月电力销售明细报表所需资料

（1）数据来源表：应收电费报表（月度）。

（2）电力销售明细报表所要统计的目标报表，如表4-16所示。

表4-16 电力销售明细报表(本月)

供电单位:××供电公司　　填报年月:202406　　单位:户、kW·h、元、元/kW·h、kVA、kW

项目					售电收入																													政府性基金及附加	
							保障类				代理购电							市场化交易					功率因数调整电费		基本电费					上网环节线损费		系统运行费			
	营业户数(计量点)1栏	售电量2栏	到户均价3栏	到户电费4栏	售电均价5栏	售电电费6栏	目录电量7栏	单价8栏	目录电费9栏	其中:低保五保优惠10栏	购电量11栏	购电单价12栏	购电电费13栏	其中:加价电量14栏	加价电费15栏	购电输配价16栏	购电输配费17栏	交易电量18栏	交易单价19栏	交易电费20栏	交易输配价21栏	交易输配费22栏	增加额23栏	减少额24栏	增变压器容量25栏	容量金额26栏	最大需量27栏	需量金额28栏	其中:执行90%需量减收金额29栏	单价30栏	金额31栏	单价32栏	金额33栏	基金单价34栏	基金电费35栏
合计																																			
一、大工业用电	1																																		
0.38/0.22 kV	2																																		
1 kV～10 kV	3																																		
35 kV～110 kV	4																																		
110 kV～220 kV	5																																		
220 kV及以上	6																																		
二、居民生活用电	7																																		
0.38/0.22 kV	8																																		
1 kV～10 kV	9																																		

续表

项目					售电收入																														
							保障类				代理购电							市场化交易					功率因数调整电费		基本电费					上网环节线损费		系统运行费		政府性基金及附加	
	营业户数(计量点)1栏	售电量2栏	到户均价3栏	到户电费4栏	售电均价5栏	售电电费6栏	目录电量7栏	单价8栏	目录电费9栏	其中:低保五保优惠10栏	购电量11栏	购电单价12栏	购电电费13栏	其中:加价电量14栏	加价电费15栏	购电输配价16栏	购电输配费17栏	交易电量18栏	交易单价19栏	交易电费20栏	交易输配价21栏	交易输配费22栏	增加额23栏	减少额24栏	增变压器容量25栏	容量金额26栏	最大需量27栏	需量金额28栏	其中:执行90%需量减收金额29栏	单价30栏	金额31栏	单价32栏	金额33栏	基金单价34栏	基金电费35栏
35 kV～110 kV	10																																		
10 kV～220 kV	11																																		
220 kV及以上	12																																		
三、农业生产用电	13																																		
0.38/0.22 kV	14																																		
1 kV～10 kV	15																																		
35 kV～110 kV	16																																		
110 kV～220 kV	17																																		
220 kV及以上	18																																		
四、农业排灌	19																																		
0.38/0.22 kV	20																																		

续表

项目	营业户数（计量点）1栏	售电量2栏	到户均价3栏	到户电费4栏	售电收入																													政府性基金及附加	
							保障类				代理购电							市场化交易					功率因数调整电费		基本电费					上网环节线损费		系统运行费			
					售电均价5栏	售电电费6栏	目录电量7栏	单价8栏	目录电费9栏	其中：低保五保优惠10栏	购电量11栏	购电单价12栏	购电电费13栏	其中：加价电量14栏	加价电费15栏	购电输配价16栏	购电输配费17栏	交易电量18栏	交易单价19栏	交易电费20栏	交易输配价21栏	交易输配费22栏	增加额23栏	减少额24栏	增变压器容量25栏	容量金额26栏	最大需量27栏	需量金额28栏	其中：执行90%需量减收金额29栏	单价30栏	金额31栏	单价32栏	金额33栏	基金单价34栏	基金电费35栏
1 kV～10 kV	21																																		
35 kV～110 kV	22																																		
110 kV～220 kV	23																																		
220 kV及以上	24																																		
五、贫困县农排用电	25																																		
0.38/0.22 kV	26																																		
1 kV～10 kV	27																																		
35 kV～110 kV	28																																		
110 kV～220 kV	29																																		
220 kV及以上	30																																		
六、一般工商业用电	31																																		

续表

项目	营业户数(计量点)1栏	售电量2栏	到户均价3栏	到户电费4栏	售电收入																													政府性基金及附加	
					售电均价5栏	售电电费6栏	保障类				代理购电							市场化交易					功率因数调整电费		基本电费					上网环节线损费		系统运行费			
							目录电量7栏	单价8栏	目录电费9栏	其中:低保五保优惠10栏	购电量11栏	购电单价12栏	购电电费13栏	其中:加价电量14栏	加价电费15栏	购电输配价16栏	购电输配费17栏	交易电量18栏	交易单价19栏	交易电费20栏	交易输配价21栏	交易输配费22栏	增加额23栏	减少额24栏	增变压器容量25栏	容量金额26栏	最大需量27栏	需量金额28栏	其中:执行90%需量减收金额29栏	单价30栏	金额31栏	单价32栏	金额33栏	基金单价34栏	基金电费35栏
1. 非居民照明	32																																		
0.38/0.22 kV	33																																		
1 kV～10 kV	34																																		
35 kV～110 kV	35																																		
110 kV～220 kV	36																																		
220 kV及以上	37																																		
2. 非、普工业	38																																		
0.38/0.22 kV	39																																		
1 kV～10 kV	40																																		
35 kV～110 kV	41																																		
110 kV～220 kV	42																																		
220 kV及以上	43																																		
3. 商业用电	44																																		

续表

项目	营业户数(计量点)1栏	售电量2栏	到户均价3栏	到户电费4栏	售电收入																													政府性基金及附加	
							保障类				代理购电							市场化交易					功率因数调整电费		基本电费					上网环节线损费		系统运行费			
					售电均价5栏	售电电费6栏	目录电量7栏	单价8栏	目录电费9栏	其中：低保五保优惠10栏	购电量11栏	购电单价12栏	购电电费13栏	其中：加价电量14栏	加价电费15栏	购电输配价16栏	购电输配费17栏	交易电量18栏	交易单价19栏	交易电费20栏	交易输配价21栏	交易输配费22栏	增加额23栏	减少额24栏	增变压器容量25栏	容量金额26栏	最大需量27栏	需量金额28栏	其中：执行90%需量减收金额29栏	单价30栏	金额31栏	单价32栏	金额33栏	基金单价34栏	基金电费35栏
0.38/0.22 kV	45																																		
1 kV～10 kV	46																																		
35 kV～110 kV	47																																		
110 kV～220 kV	48																																		
220 kV及以	49																																		
七、趸售用电	50																																		
其中：趸售大工业	51																																		
趸售普工、非普工业	52																																		
趸售非居民	53																																		
趸售居民生活用电	54																																		
趸售农业生产用电	55																																		
趸售商业用电	56																																		

五、电力销售明细报表（本月）编制

（一）表头

电力销售明细报表（本月），填报单位：××公司，填报年月：202405，单位：户、kW·h、元/kW·h、元、kVA、kW、元/kVA、元/kW。

（二）表尾

没有特别注明标志，为空白。

（三）整理报表

（1）以项目大工业为例，在应收电费报表（月度）的基础信息中，目录电价和电压等级有合并单元格，在按用电类别筛选时，结果只有该类第一行，数据筛选不全。于是，采取先用查找—定块—标注颜色—关闭的方法来解决，具体操作如图4-8所示。

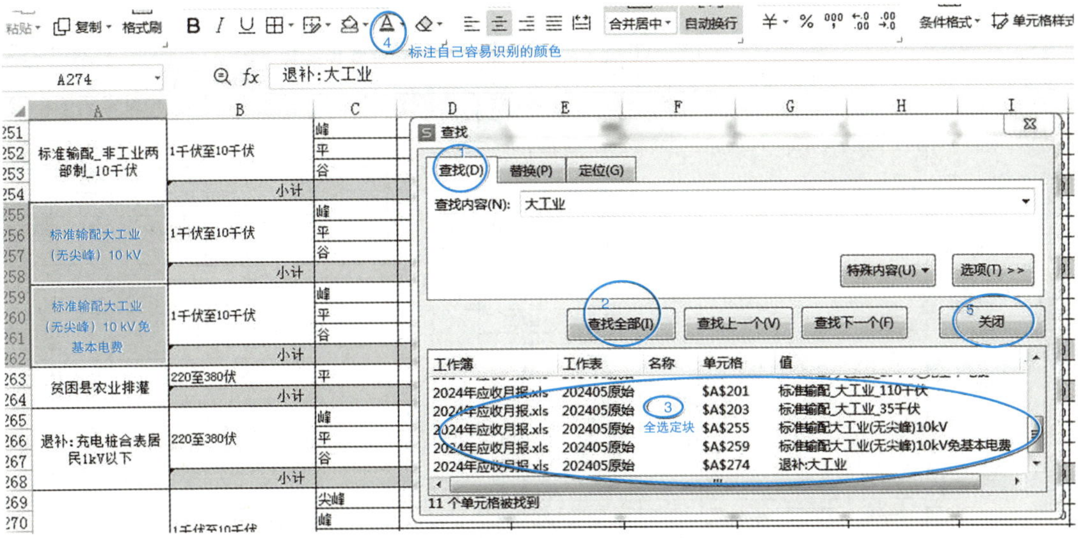

图4-8　电力销售明细报表（本月）数据筛选1

（2）再按上一步标注的颜色筛选，如图4-9所示。

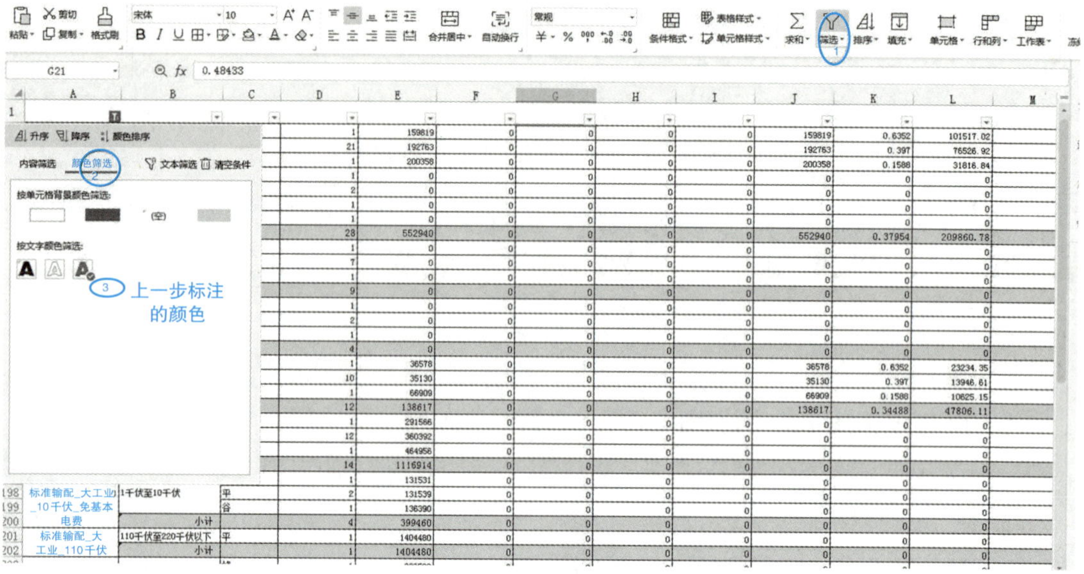

图4-9　电力销售明细报表（本月）数据筛选2

（3）筛选后无表头电价结构统计项目如图4-10所示，为了便于统计，先复制到另一个空格电子表中，再附上表头电价结构。

	④ 无表头电价结构统计项目										
大工业	1 kV～10 kV	峰	1	159819	0	0	0	0	159819	0.6352	101517.02
		平	21	192763	0	0	0	0	192763	0.397	76526.92
		谷	1	200358	0	0	0	0	200358	0.1588	31816.84
	35 kV～110 kV以下	峰	1	0	0	0	0	0	0	0	0
		平	2	0	0	0	0	0	0	0	0
		谷	1	0	0	0	0	0	0	0	0
	110 kV～220 kV以下	平	1	0	0	0	0	0	0	0	0
	小计		28	552940	0	0	0	0	552940	0.37954	209860.78
大工业（无尖峰）	1 kV～10 kV	峰	1	0	0	0	0	0	0	0	0
		平	7	0	0	0	0	0	0	0	0
		谷	1	0	0	0	0	0	0	0	0
	小计		9	0	0	0	0	0	0	0	0
大工业免基本电费	1 kV～10 kV	峰	1	0	0	0	0	0	0	0	0
		平	2	0	0	0	0	0	0	0	0
		谷	1	0	0	0	0	0	0	0	0
	小计		4	0	0	0	0	0	0	0	0
大工业免基本电费（无尖峰）	1 kV～10 kV	峰	1	36578	0	0	0	0	36578	0.6352	23234.35
		平	10	35130	0	0	0	0	35130	0.397	13946.61
		谷	1	66909	0	0	0	0	66909	0.1588	10625.15
	小计		12	138617	0	0	0	0	138617	0.34488	47806.11
标准输配_大工业_10 kV	1 kV～10 kV	峰	1	291566	0	0	0	0	0	0	0
		平	12	360392	0	0	0	0	0	0	0
		谷	1	464956	0	0	0	0	0	0	0
	小计		14	1116914	0	0	0	0	0	0	0
标准输配_大工业_10 kV_免基本电费	1 kV～10 kV	峰	1	131531	0	0	0	0	0	0	0
		平	2	131539	0	0	0	0	0	0	0
		谷	1	136390	0	0	0	0	0	0	0
	小计		4	399460	0	0	0	0	0	0	0

图4-10　电力销售明细报表（本月）整理1

（4）先复制粘贴到另一个空表格中，同时附上表头电价结构项目，保障类电费可以删除，图4-11至图4-13为最后精简的大工业应收报表。

基础信息					保障类电费				代理购电								市场化电费				
目录电价	电压等级	丰枯峰谷	户数	电量	目录电量	目录电价	目录电费	其中：低保五保优惠	购电电量	购电电价	购电电费	其中：购电加价电量	购电加价电价	购电加价电费	代购输配电价	代购输配电费	交易电量	交易电价	交易电费	市场输配电价	市场输配电费
大工业	1 kV～10 kV	峰	1	159819	0	0	0	0	159819	0.6352	101517.02	0	0	0	0.2224	35543.73	0	#DIV/0!	170038.68	0	0
		平	21	192763	0	0	0	0	192763	0.397	76526.92	0	0	0	0.139	26794.05	0	#DIV/0!	130296.27	0	0
		谷	1	200358	0	0	0	0	200358	0.1588	31816.84	0	0	0	0.0556	11139.91	0	#DIV/0!	66166.46	0	0
	35 kV～110 kV以下	峰	1	0	0	0	0	0	0	0	0	0	0	0	0	0	0	#DIV/0!	467428.09	0	0
		平	2	0	0	0	0	0	0	0	0	0	0	0	0	0	0	#DIV/0!	264353.98	0	0
		谷	1	0	0	0	0	0	0	0	0	0	0	0	0	0	0	#DIV/0!	53417.53	0	0
	110 kV～220 kV以下	平	1	0	0	0	0	0	0	0	0	0	0	0	0	0	0	#DIV/0!	497242.1	0	0
	小计		28	552940	0	0	0	0	552940	0.37954	209860.78	0	0	0	0.13289	73477.69	0	#DIV/0!	1648943.11	0	0
大工业(无尖峰)	1 kV～10 kV	峰	1	0	0	0	0	0	0	0	0	0	0	0	0	0	0	#DIV/0!	321635.05	0	0
		平	7	0	0	0	0	0	0	0	0	0	0	0	0	0	0	#DIV/0!	195456.74	0	0
		谷	1	0	0	0	0	0	0	0	0	0	0	0	0	0	0	#DIV/0!	68654.26	0	0
	小计		9	0	0	0	0	0	0	0	0	0	0	0	0	0	0	#DIV/0!	585746.05	0	0
大工业免基本电费	1 kV～10 kV	峰	1	0	0	0	0	0	0	0	0	0	0	0	0	0	0	#DIV/0!	83684.44	0	0
		平	2	0	0	0	0	0	0	0	0	0	0	0	0	0	0	#DIV/0!	52287.2	0	0
		谷	1	0	0	0	0	0	0	0	0	0	0	0	0	0	0	#DIV/0!	21673.08	0	0
	小计		4	0	0	0	0	0	0	0	0	0	0	0	0	0	0	#DIV/0!	157644.72	0	0
大工业免基本电费(无尖峰)	1 kV～10 kV	峰	1	36578	0	0	0	0	36578	0.6352	23234.35	0	0	0	0.2224	8134.96	0	#DIV/0!	68335.62	0	0
		平	10	35130	0	0	0	0	35130	0.397	13946.61	0	0	0	0.139	4883.07	0	#DIV/0!	63931.37	0	0
		谷	1	66909	0	0	0	0	66909	0.1588	10625.15	0	0	0	0.0556	3720.13	0	#DIV/0!	51442.66	0	0
	小计		12	138617	0	0	0	0	138617	0.34488	47806.11	0	0	0	0.12075	16738.16	0	#DIV/0!	183709.65	0	0
标准输配_大工业_10 kV	1 kV～10 kV	峰	1	291566	0	0	0	0	0	0	0	0	0	0	0	0	291566	0	0	0.2224	64844.28
		平	12	360392	0	0	0	0	0	0	0	0	0	0	0	0	360392	0	0	0.139	50094.52
		谷	1	464956	0	0	0	0	0	0	0	0	0	0	0	0	464956	0	0	0.0556	25851.51
	小计		14	1116914	0	0	0	0	0	0	0	0	0	0	0	0	1116914	0	0	0.12605	140790.31
标准输配_大工业_10 kV_免基本电费	1 kV～10 kV	峰	1	131531	0	0	0	0	0	0	0	0	0	0	0	0	131531	0	0	0.2224	29252.49
		平	2	131539	0	0	0	0	0	0	0	0	0	0	0	0	131539	0	0	0.139	18283.91
		谷	1	136390	0	0	0	0	0	0	0	0	0	0	0	0	136390	0	0	0.0556	7583.27
	小计		4	399460	0	0	0	0	0	0	0	0	0	0	0	0	399460	0	0	0.13799	55119.67

图4-11　电力销售明细报表（本月）整理2

基础信息					代理购电								市场化电费					基本电费								力调电费	
目录电价	电压等级	丰枯峰谷	户数	电量	购电电量	购电电价	购电电费	其中：购电加价电量	购电加价电价	购电加价电费	代购输配电价	代购输配电费	交易电量	交易电价	交易电费	市场输配电价	市场输配电费	容量	容量基本电价	容量基本电费	需量	需量基本电价	需量基本电费	其中：执行90%需量减收金额	合计基本电费	力调(惩罚)	力调(奖励)
大工业	1 kV～10 kV	峰	1	159819	159819	0.6352	101517.02	0	0	0	0.2224	35543.73	0	#DIV/0!	170038.68	0	0		0			0					
		平	21	192763	192763	0.397	76526.92	0	0	0	0.139	26794.05	0	#DIV/0!	130296.27	0	0	2145	22	47190	414	35	14490	0	61680	6796.55	-2113.07
		谷	1	200358	200358	0.1588	31816.84	0	0	0	0.0556	11139.91	0	#DIV/0!	66166.46	0	0		0			0					
	35 kV～110 kV	峰	1	0	0	0	0	0	0	0	0	0	0	#DIV/0!	467428.09	0	0		0			0					
		平	2	0	0	0	0	0	0	0	0	0	0	#DIV/0!	264353.98	0	0	0	0	0	0	0	0	0	0	0	-5843.62
		谷	1	0	0	0	0	0	0	0	0	0	0	#DIV/0!	53417.53	0	0		0			0					
	110 kV～220 kV	平	1	0	0	0	0	0	0	0	0	0	0	#DIV/0!	497242.1	0	0	0	0	0	0	0	0	0	0	0	0
	小计		28	552940	552940	0.37954	209860.78	0	0	0	0.13289	73477.69	0	#DIV/0!	1648943.11	0	0	2145	22	47190	414	35	14490	0	61680	6796.55	-7956.69
大工业（无尖峰）	1 kV～10 kV	峰	1	0	0	0	0	0	0	0	0	0	0	#DIV/0!	321635.05	0	0		0			0					
		平	7	0	0	0	0	0	0	0	0	0	0	#DIV/0!	195456.74	0	0	0	0	0	0	0	0	0	0	0	-4582.5
		谷	1	0	0	0	0	0	0	0	0	0	0	#DIV/0!	68654.26	0	0		0			0					
	小计		9	0	0	0	0	0	0	0	0	0	0	#DIV/0!	585746.05	0	0	0	0	0	0	0	0	0	0	0	-4582.5
大工业免基本电费	1 kV～10 kV	峰	1	0	0	0	0	0	0	0	0	0	0	#DIV/0!	83684.44	0	0		0			0					
		平	2	0	0	0	0	0	0	0	0	0	0	#DIV/0!	52287.2	0	0	0	0	0	0	0	0	0	0	0	-1280.25
		谷	1	0	0	0	0	0	0	0	0	0	0	#DIV/0!	21673.08	0	0		0			0					
	小计		4	0	0	0	0	0	0	0	0	0	0	#DIV/0!	157644.72	0	0	0	0	0	0	0	0	0	0	0	-1280.25
大工业免基本电费（无尖峰）	1 kV～10 kV	峰	1	36578	36578	0.6352	23234.35	0	0	0	0.2224	8134.96	0	#DIV/0!	68335.62	0	0		0			0					
		平	10	35130	35130	0.397	13946.61	0	0	0	0.139	4883.07	0	#DIV/0!	63931.37	0	0	0	0	0	0	0	0	0	0	0	-2017.44
		谷	1	66909	66909	0.1588	10625.15	0	0	0	0.0556	3720.13	0	#DIV/0!	51442.66	0	0		0			0					
	小计		12	138617	138617	0.34488	47806.11	0	0	0	0.12075	16738.16	0	#DIV/0!	183709.65	0	0	0	0	0	0	0	0	0	0	0	-2017.44
标准输配_大工业_10 kV	1 kV～10 kV	峰	1	291566	0	0	0	0	0	0	0	0	291566	0	0	0.2224	64844.28		0			0					
		平	12	360392	0	0	0	0	0	0	0	0	360392	0	0	0.139	50094.52	5980	22	131560	1816	35	63560	0	195120	3268.75	-433.72
		谷	1	464956	0	0	0	0	0	0	0	0	464956	0	0	0.0556	25851.51		0			0					
	小计		14	1116914	0	0	0	0	0	0	0	0	1116914	0	0	0.12605	140790.31	5980	22	131560	1816	35	63560	0	195120	3268.75	-433.72
标准输配_大工业_10 kV_免基本电费	1 kV～10 kV	峰	1	131531	0	0	0	0	0	0	0	0	131531	0	0	0.2224	29252.49		0			0					
		平	2	131539	0	0	0	0	0	0	0	0	131539	0	0	0.139	18283.91	0	0	0	0	0	0	0	0	0	-411.44
		谷	1	136390	0	0	0	0	0	0	0	0	136390	0	0	0.0556	7583.27		0			0					
	小计		4	399460	0	0	0	0	0	0	0	0	399460	0	0	0.13799	55119.67	0	0	0	0	0	0	0	0	0	-411.44
标准输配_大工业_110 kV	110 kV～220 kV	平	1	1404480	0	0	0	0	0	0	0	0	1404480	0	0	0.0669	93959.71	0	0	0	11601	27	313227	0	313227	0	0
	小计		1	1404480	0	0	0	0	0	0	0	0	1404480	0	0	0.0669	93959.71	0	0	0	11601	27	313227	0	313227	0	0
标准输配_大工业_35 kV	35 kV～110 kV	峰	1	826503	0	0	0	0	0	0	0	0	826503	0	0	0.17472	144406.61		0			0					
		平	2	747747	0	0	0	0	0	0	0	0	747747	0	0	0.1092	81653.97	7732.69	20	154653.8	991	32	31712	0	186365.8	0	-2870.35
		谷	1	377912	0	0	0	0	0	0	0	0	377912	0	0	0.04368	16507.2		0			0					
	小计		4	1952162	0	0	0	0	0	0	0	0	1952162	0	0	0.12426	242567.78	7732.69	20	154653.8	991	32	31712	0	186365.8	0	-2870.35
标准输配大工业(无尖峰)10kV	1 kV～10 kV	峰	1	565739	0	0	0	0	0	0	0	0	565739	0	0	0.2224	125820.35		0			0					
		平	7	550146	0	0	0	0	0	0	0	0	550146	0	0	0.139	76470.3	1400	22	30800	2571.31	34.48956	88683.35	-1312.5	119483.35	0	-2474.86
		谷	1	483011	0	0	0	0	0	0	0	0	483011	0	0	0.0556	26855.41		0			0					
	小计		9	1598896	0	0	0	0	0	0	0	0	1598896	0	0	0.14332	229146.06	1400	22	30800	2571.31	34.48956	88683.35	-1312.5	119483.35	0	-2474.86
标准输配大工业(无尖峰)10kV免基本电费	1 kV～10 kV	峰	1	118675	0	0	0	0	0	0	0	0	118675	0	0	0.2224	26393.27		0			0					
		平	9	178226	0	0	0	0	0	0	0	0	178226	0	0	0.139	24773.38	0	0	0	0	0	0	0	0	0	-529.48
		谷	1	360401	0	0	0	0	0	0	0	0	360401	0	0	0.0556	20038.28		0			0					
	小计		11	657302	0	0	0	0	0	0	0	0	657302	0	0	0.10833	71204.93	0	0	0	0	0	0	0	0	0	-529.48
退补:大工业	35 kV～110 kV	尖峰	1	0	0	0	0	0	0	0	0	0	0	0	0	0	0		0			0					
		峰	1	0	0	0	0	0	0	0	0	0	0	#DIV/0!	17263.23	0	0		0			0					
		平	1	0	0	0	0	0	0	0	0	0	0	#DIV/0!	9845.12	0	0	0	0	0	0	0	0	0	0	0	-232.63
		谷	1	0	0	0	0	0	0	0	0	0	0	#DIV/0!	2085.35	0	0		0			0					
	1 kV～10 kV	尖峰	1	0	0	0	0	0	0	0	0	0	0	0	0	0	0		0			0					
		峰	1	0	0	0	0	0	0	0	0	0	0	#DIV/0!	193.97	0	0		0			0					
		平	2	0	0	0	0	0	0	0	0	0	0	#DIV/0!	342.06	0	0	0	0	0	0	0	0	0	0	0	-10.21
		谷	1	0	0	0	0	0	0	0	0	0	0	#DIV/0!	1598.28	0	0		0			0					
	小计		9	0	0	0	0	0	0	0	0	0	0	#DIV/0!	31328.01	0	0	0	0	0	0	0	0	0	0	0	-242.84

图4-12　电力销售明细报表（本月）整理3

基础信息				系统运行费														价内电费	代征电费						总电费
目录电价	电压等级	丰枯峰谷	户数	上网环节线损电费	上网线损损益	电价交叉损益	趸售电价损益	绿色电价损益	力调电费损益	峰谷分时损益	电能替代输配价差损益	高炉渣提钛输配价差损益	燃气机组容量电费	煤电容量电费	抽水蓄能容量电费	辅助服务费用	损益合计		农网还贷资金	库区移民	水利基金	再生能源1	再生能源2	合计代征	
大工业	1 kV～10 kV	峰	1	16689.46	0	1399.29	0	0	0	0	0	0	0	3249.97	0	0	4649.26	328438.15	3196.38	990.88	314.66	0	3036.56	7538.48	335976.63
		平	21	12711.65	0	1714.8	0	0	0	0	0	0	0	3982.71	0	0	5697.51	318389.88	3855.26	1195.14	379.51	0	3662.5	9092.41	327482.29
		谷	1	6021.82	0	2062.5	0	0	0	0	0	0	0	4790.27	0	0	6852.77	121997.8	4007.16	1242.23	394.45	0	3806.81	9450.65	131448.45
	35 kV～110 kV	峰	1	28730.92	0	2562.16	0	0	0	0	0	0	0	5950.82	0	0	8512.98	504671.99							504671.99
		平	2	16260.7	0	2318.02	0	0	0	0	0	0	0	5383.78	0	0	7701.8	282472.86							282472.86
		谷	1	3281.43	0	1171.53	0	0	0	0	0	0	0	2720.97	0	0	3892.5	60591.46							60591.46
	110 kV～220 kV	平	1	30617.66	0	4353.89	0	0	0	0	0	0	0	10112.26	0	0	14466.15	542325.91	0	0	0	0	0	0	542325.91
	小计		28	114313.64	0	15582.19	0	0	0	0	0	0	0	36190.78	0	0	51772.97	2158888.05	11058.8	3428.25	1088.62	0	10505.87	26081.54	2184969.59
大工业（无尖峰）	1 kV～10 kV	峰	1	19768.32	0	1753.8	0	0	0	0	0	0	0	4073.32	0	0	5827.12	347230.49	0	0	0	0	0	0	347230.49
		平	7	12003.1	0	1705.45	0	0	0	0	0	0	0	3961.06	0	0	5666.51	208543.85	0	0	0	0	0	0	208543.85
		谷	1	4219.69	0	1497.33	0	0	0	0	0	0	0	3477.68	0	0	4975.01	77848.96	0	0	0	0	0	0	77848.96
	小计		9	35991.11	0	4956.58	0	0	0	0	0	0	0	11512.06	0	0	16468.64	633623.30	0	0	0	0	0	0	633623.30
大工业免基本电费	1 kV～10 kV	峰	1	5143.13	0	407.75	0	0	0	0	0	0	0	947.03	0	0	1354.78	90182.35	0	0	0	0	0	0	90182.35
		平	2	3215.8	0	407.77	0	0	0	0	0	0	0	947.08	0	0	1354.85	55577.6	0	0	0	0	0	0	55577.6
		谷	1	1331.63	0	422.81	0	0	0	0	0	0	0	982.01	0	0	1404.82	24409.53	0	0	0	0	0	0	24409.53
	小计		4	9690.56	0	1238.33	0	0	0	0	0	0	0	2876.12	0	0	4114.45	170169.48	0	0	0	0	0	0	170169.48
大工业免基本电费（无尖峰）	1 kV～10 kV	峰	1	5627.87	0	481.28	0	0	0	0	0	0	0	1117.83	0	0	1599.11	106931.91	731.56	226.78	72.01	0	694.98	1725.33	108657.24
		平	10	4790.39	0	661.39	0	0	0	0	0	0	0	1536.18	0	0	2197.57	87731.57	702.6	217.81	69.16	0	667.47	1657.04	89388.61
		谷	1	3813.49	0	1324.66	0	0	0	0	0	0	0	3076.62	0	0	4401.28	74002.71	1338.18	414.84	131.73	0	1271.27	3156.02	77158.73
	小计		12	14231.75	0	2467.33	0	0	0	0	0	0	0	5730.63	0	0	8197.96	268666.19	2772.34	859.43	272.9	0	2633.72	6538.39	275204.58
标准输配_大工业_10 kV	1 kV～10 kV	峰	1	0	0	0	0	0	0	0	0	0	0	0	0	0	0	64844.28	5831.32	1807.72	574.01	0	5539.76	13752.81	78597.09
		平	12	0	0	0	0	0	0	0	0	0	0	0	0	0	0	248049.55	7207.84	2234.42	709.5	0	6847.45	16999.21	265048.76
		谷	1	0	0	0	0	0	0	0	0	0	0	0	0	0	0	25851.51	9299.12	2882.74	915.4	0	8834.17	21931.43	47782.94
	小计		14	0	0	0	0	0	0	0	0	0	0	0	0	0	0	338745.34	22338.28	6924.88	2198.91	0	21221.38	52683.45	391428.79
标准输配_大工业_10 kV_免基本电费	1 kV～10 kV	峰	1	0	0	0	0	0	0	0	0	0	0	0	0	0	0	29252.49	2630.62	815.49	258.96	0	2499.09	6204.16	35456.65
		平	2	0	0	0	0	0	0	0	0	0	0	0	0	0	0	17872.47	2630.78	815.54	258.97	0	2499.25	6204.54	24077.01
		谷	1	0	0	0	0	0	0	0	0	0	0	0	0	0	0	7583.27	2727.8	845.62	268.52	0	2591.42	6433.36	14016.63
	小计		4	0	0	0	0	0	0	0	0	0	0	0	0	0	0	54708.23	7989.2	2476.65	786.45	0	7589.76	18842.06	73550.29
标准输配_大工业_110 kV	110 kV～220 kV	平	1	0	0	0	0	0	0	0	0	0	0	0	0	0	0	407186.71	28089.6	8707.78	2765.07	0	26685.12	66247.57	473434.28
	小计		1	0	0	0	0	0	0	0	0	0	0	0	0	0	0	407186.71	28089.6	8707.78	2765.07	0	26685.12	66247.57	473434.28
标准输配_大工业_35 kV	35 kV～110 kV	峰	1	0	0	0	0	0	0	0	0	0	0	0	0	0	0	144406.61	16530.06	5124.32	1627.17	0	15703.56	38985.11	183391.72
		平	2	0	0	0	0	0	0	0	0	0	0	0	0	0	0	265149.42	14954.94	4636.03	1472.13	0	14207.19	35270.29	300419.71
		谷	1	0	0	0	0	0	0	0	0	0	0	0	0	0	0	16507.2	7558.24	2343.05	744.01	0	7180.33	17825.63	34332.83
	小计		4	0	0	0	0	0	0	0	0	0	0	0	0	0	0	426063.23	39043.24	12103.4	3843.31	0	37091.08	92081.03	518144.26
标准输配大工业(无尖峰)10 kV	1 kV～10 kV	峰	1	0	0	0	0	0	0	0	0	0	0	0	0	0	0	125820.35	11314.78	3507.59	1113.8	0	10749.03	26685.2	152505.55
		平	7	0	0	0	0	0	0	0	0	0	0	0	0	0	0	193478.79	11002.92	3410.91	1083.1	0	10452.77	25949.7	219428.49
		谷	1	0	0	0	0	0	0	0	0	0	0	0	0	0	0	26855.41	9660.22	2994.66	950.93	0	9177.22	22783.03	49638.44
	小计		9	0	0	0	0	0	0	0	0	0	0	0	0	0	0	346154.55	31977.92	9913.16	3147.83	0	30379.02	75417.93	421572.48
标准输配大工业(无尖峰)10 kV免基本电费	1 kV～10 kV	峰	1	0	0	0	0	0	0	0	0	0	0	0	0	0	0	26393.27	2373.5	735.79	233.66	0	2254.85	5597.8	31991.07
		平	9	0	0	0	0	0	0	0	0	0	0	0	0	0	0	24243.9	3564.52	1105.02	350.88	0	3386.3	8406.72	32650.62
		谷	1	0	0	0	0	0	0	0	0	0	0	0	0	0	0	20038.28	7208.02	2234.49	709.53	0	6847.63	16999.67	37037.95
	小计		11	0	0	0	0	0	0	0	0	0	0	0	0	0	0	70675.45	13146.04	4075.3	1294.07	0	12488.78	31004.19	101679.64
退补：大工业	35 kV～110 kV	尖峰	1	0	0	0	0	0	0	0	0	0	0	0	0	0	0	0	0	0	0	0	0	0	0
		峰	1	1077.9	0	0	0	0	0	0	0	0	0	0	0	0	0	18341.13	0	0	0	0	0	0	18341.13
		平	1	614.68	0	0	0	0	0	0	0	0	0	0	0	0	0	10227.17	0	0	0	0	0	0	10227.17
		谷	1	130.16	0	0	0	0	0	0	0	0	0	0	0	0	0	2215.51	0	0	0	0	0	0	2215.51
	1 kV～10 kV	尖峰	1	0	0	0	0	0	0	0	0	0	0	0	0	0	0	0	0	0	0	0	0	0	0
		峰	1	12.11	0	0	0	0	0	0	0	0	0	0	0	0	0	206.08	0	0	0	0	0	0	206.08
		平	2	21.36	0	0	0	0	0	0	0	0	0	0	0	0	0	353.21	0	0	0	0	0	0	353.21
		谷	1	99.76	0	0	0	0	0	0	0	0	0	0	0	0	0	1698.04	0	0	0	0	0	0	1698.04
	小计		9	1955.97	0	0	0	0	0	0	0	0	0	0	0	0	0	33041.14	0	0	0	0	0	0	33041.14

图4-13　电力销售明细报表（本月）整理4

（四）统计报表

按电压等级、保障类、代理购电、市场化交易、功率因数调整电费、基本电费、上网环节线损费、系统运行费、政府性基金及附加分别统计，填入对应的表格内。按目标电力销售明细报表（本月）所列项目在应收电费报表（月度）对应查找，分别统计，能用小计的就用小计表示。由于应收报表电价结构较多，可以冻结基础信息下面的目录电价和电压等级，将鼠标向右拖动，则可统计所需电价结构的数据，步骤如下：

1. 营业户数（计量点）

除目录电价有“标准”字样的外的各类平段张数的合计，如35 kV～110 kV的大工业2+退补：大工业1=3

2. 代理购电

0.38/0.22 kV：无数据，填“0”。

1 kV～10 kV：

购电量=552940+138617=691557

购电电费=209860.78+47806.11=257666.89

其中：

加价电量：0；

加价电费：填0；

购电输配费=73477.69+16738.16=90215.85

35 kV～110 kV：0

110 kV～220 kV：0

220 kV及以上：0

购电单价=电费/电量=257666.89/691557=0.3726（四舍五入保留四位小数，如果小于四位小数时，均取小于四位的有效数据）

购电输配价=购电输配费/购电量=90215.85/691557=0.1305

大工业合计行（除电价外）=各电压等级相应数据相加

如：购电量=0+691557+0+0+0=691557

已统计代理购电部分如图4-14所示。

项目	营业户数（计量点）	售电量	到户均价	到户电费	售电收入												
							保障类				代理购电						
					售电均价	售电电费	目录电量	单价	目录电费	其中：低保五保优惠	购电量	购电单价	购电电费	其中：加价电量	加价电费	购电输配价	购电输配费
合计																	
一、大工业用电											691557	0.3726	257666.89	0	0	0.1305	90215.85
0.38/0.22 kV											0	0	0	0	0	0	0
1 kV～10 kV											691557	0.3726	257666.89	0	0	0.1305	90215.85
35 kV～110 kV											0	0	0	0	0	0	0
110 kV～220 kV											0	0	0	0	0	0	0
220 kV及以上											0	0	0	0	0	0	0

图4-14　电力销售明细报表（本月）代理购电销售收入

3. 市场化交易

0.38/0.22 kV：无数据，填“0”。

1～10 kV：

交易电量=1116914+399460+1598896+657302=3772572

交易电费=170038.68+130296.27+66166.46+585746.05+157644.72+183709.65+193.97+342.06+1598.28=1295736.14

交易输配费=140790.31+55119.67+229146.06+71204.93=496260.97

35～110 kV：

交易电量=1952162

交易电费=467428.09+264353.98+53417.53+17263.23+9845.12+2085.35=814393.30

交易输配费=242567.78

110～220 kV：

交易电量=1404480

交易电费=497242.10

交易输配费=93959.71

220 kV及以上：无数据，填“0”。

大工业合计行（除电价外）=各电压等级相应数据相加

如：交易电量=0+3772572+1952162+1404480+0=7129214

电价的计算与代理购电的购电电价一致，示例，110～220 kV的交易单价计算：

交易单价=交易电费/交易电量=497242.10/1404480=0.354，得数四舍五入后保留四位小数为0.3540，但计算规则只保留有效数据，所以舍去最后一位无效数据“0”。

已统计市场化交易部分如图4-15所示。

电力销售明细表(本月)

填报单位:国网××	填报年月:202405				
项目	售电收入				
	市场化交易				
	交易电量	交易单价	交易电费	交易输配价	交易输配费
合计					
一、大工业用电	7129214	0.3657	2607371.54	0.1168	832788.46
0.38/0.22 kV	0	0	0.00	0	0
1 kV～10 kV	3772572	0.3435	1295736.14	0.1315	496260.97
35 kV～110 kV	1952162	0.4172	814393.30	0.1243	242567.78
110 kV～220 kV	1404480	0.354	497242.10	0.0669	93959.71
220 kV及以上	0	0	0.00	0	0

图4-15 电力销售明细报表（本月）市场化交易销售收入

同理，统计功率因数调整电费、基本电费、上网环节线损费、系统运行费、政府性基金及附加。

竖列合计=各项目合计相加。

售电量=一、大工业用电+二、居民生活用电+三、农业生产用电+四、农业排灌+五、贫困县农排用电+六、一般工商业用电+七、趸售用电=7820771+37141326+11332+0+244+37925831+0=82899504，如图4-16所示。

项目	营业户数(计量点)	售电量	到户均价	到户电费	售电收入				
					售电均价	售电电费	保障类		
							目录电量	单价	目录电费
合计	257121	82899504	0.6179	51222650.78	0.5815	48202438.58	37152902	0.4616	17151494.62
一、大工业用电	53	7820771	0.6747	5276817.83	0.6275	4907921.67	0	0	0
0.38/0.22 kV	0	0	0	0.00	0	0	0	0	0
1 kV～10 kV	48	4464129	0.6416	2864393.26	0.5945	2653825.7	0	0	0
35 kV～110 kV	3	1952162	0.7154	1396664.38	0.6683	1304583.35	0	0	0
110 kV～220 kV	2	1404480	0.7232	1015760.19	0.6761	949512.62	0	0	0
220 kV及以上	0	0	0	0.00	0	0	0	0	0
二、居民生活用电	247881	37141326	0.4849	18008091.47	0.4616	17145945.15	37141326	0.4616	17145945.15
0.38/0.22 kV	247512	28562334	0.4694	13406320.11	0.4479	12794412.56	28562334	0.4479	12794412.56
1 kV～10 kV	364	8494099	0.5364	4556234.75	0.5072	4308472.23	8494099	0.5072	4308472.23
35 kV～110 kV	3	84876	0.5364	45527.49	0.5072	43051.75	84876	0.5072	43051.75
110 kV～220 kV	0	0	0	0.00	0	0	0	0	0
220 kV及以上	2	17	0.5365	9.12	0.5065	8.61	17	0.5065	8.61
三、农业生产用电	30	11332	0.5063	5737.39	0.4843	5488.44	11332	0.4843	5488.44
0.38/0.22 kV	29	11332	0.5063	5737.39	0.4843	5488.44	11332	0.4843	5488.44
1 kV～10 kV	1	0	0	0.00	0	0	0	0	0
35 kV～110 kV	0	0	0	0.00	0	0	0	0	0
110 kV～220 kV	0	0	0	0.00	0	0	0	0	0
220 kV及以上	0	0	0	0.00	0	0	0	0	0
四、农业排灌	0	0	0	0.00	0	0	0	0	0
0.38/0.22 kV	0	0	0	0.00	0	0	0	0	0
1 kV～10 kV	0	0	0	0.00	0	0	0	0	0
35 kV～110 kV	0	0	0	0.00	0	0	0	0	0
110 kV～220 kV	0	0	0	0.00	0	0	0	0	0
220 kV及以上	0	0	0	0.00	0	0	0	0	0
五、贫困县农排用电	4	244	0.2521	61.51	0.2501	61.03	244	0.2501	61.03
0.38/0.22 kV	4	244	0.2521	61.51	0.2501	61.03	244	0.2501	61.03
1 kV～10 kV	0	0	0	0.00	0	0	0	0	0
35 kV～110 kV	0	0	0	0.00	0	0	0	0	0
110 kV～220 kV	0	0	0	0.00	0	0	0	0	0
220 kV及以上	0	0	0	0.00	0	0	0	0	0
六、一般工商业用电	9153	37925831	0.7365	27931942.58	0.6893	26143022.29	0	0	0
1.非居民照明	1335	9934683	0.7131	7084443.41	0.6659	6615836	0	0	0
0.38/0.22 kV	982	1458019	0.7359	1072957.80	0.6887	1004184.28	0	0	0
1 kV～10 kV	352	8405022	0.7092	5960751.82	0.662	5564297.18	0	0	0
35 kV～110 kV	1	71642	0.7082	50733.79	0.661	47354.54	0	0	0
110 kV～220 kV	0	0	0	0.00	0	0	0	0	0
220 kV及以上	0	0	0	0.00	0	0	0	0	0
2.非、普工业	390	2198378	0.7741	1701806.58	0.727	1598111.13	0	0	0
0.38/0.22 kV	223	291716	0.757	220826.93	0.7098	207066.77	0	0	0
1 kV～10 kV	167	1906662	0.7767	1480979.65	0.7296	1391044.36	0	0	0
35 kV～110 kV	0	0	0	0.00	0	0	0	0	0
110 kV～220 kV	0	0	0	0.00	0	0	0	0	0
220 kV及以上	0	0	0	0.00	0	0	0	0	0
3.商业用电	7428	25792770	0.7423	19145692.59	0.6951	17929075.16	0	0	0
0.38/0.22 kV	7064	5748436	0.7529	4327733.85	0.7057	4056582.97	0	0	0
1 kV～10 kV	364	20044334	0.7393	14817958.74	0.6921	13872492.19	0	0	0
35 kV～110 kV	0	0	0	0.00	0	0	0	0	0
110 kV～220 kV	0	0	0	0.00	0	0	0	0	0
220 kV及以上	0	0	0	0.00	0	0	0	0	0
七、趸售用电	0	0	0	0.00	0	0	0	0	0
其中：趸售	0	0	0	0.00	0	0	0	0	0

图4-16　电力销售明细报表（本月）售电量

注意事项

1.无电量和电费的项均填“0”、不为0电费项小数点后面只填两位有效数据，无效的“0”不填，但到户电费和交易电费均保留两位小数，无金额的项填“0.00”。

2. 电价是此表中电费除以对应的电量，四舍五入保留四位小数，小数点后面只留有效数据，如不足四位均不需用“0”补足四位小数。

思考练习

1. 简答题：请举例说明电价的计算规则。
2. 简答题：请用图4-16中第5列的数据，统计到户电费。
3. 简答题：电力销售统计表的用电类别有哪些？

扫描二维码·参看答案40

模块三　应实未收平衡表的编制

学习导读

重点：应实未收平衡表的概念、组成。
难点：应实未收平衡表的编制方法。

一、应实未收平衡表的概念

应实未收平衡，是根据借贷记账法的“有借必有贷，借贷必相等”的平衡原理，检查和验证账户记录正确性的一种方法。借贷是否平衡，是通过编制平衡表并通过计算来完成的。

平衡表可分为两种，一种是将本期发生额和期末余额分别编制列表；另一种是将本期发生额和本期余额合并在一张表上进行计算平衡。

通过计算平衡来检查账簿记录是否正确，一般情况下是可行的，但并不意味绝对正确。从某种意义上讲，如果借贷不平衡，可以肯定账户记录或者计算是有错误的，但如果借贷平衡，也不能肯定账户记录没有错误，因此有些错误根本不影响借贷双方的平衡关系。

二、应实未收平衡表报编制

（一）编制步骤

比较给定电费数据××公司2024年05月止电费回收情况表（表4-17）与所填××年××月止应收、实收、未收电费动态情况表（表4-18）组成结构差异，分析两者之间的关系，简单对比见表4-19所列。

按表4-17电费项目应收、实收、总欠电费和时间节点，及电价分类逐一进行统计，填入表4-18对应表格内。

表4-17　××公司2024年05月止电费回收情况表

单位:元

序号	用户名	归集行业	计费时间	目录电费	水利基金	农网还贷资金	库区移民基金	可再生能源附加	合计电费	收费时间	备注
1	××汽车修理厂	非工业	2024年06月01日	6493.01	58.21	168.12	71.31	159.41	6950.06		本月未收
2	××大酒店	商业	2024年05年01日	1789.31	11.55	32.56	14.69	27.58	1875.69		本年往月未收
3	吴A	居民	2024年2月1日	218.15	15.51	34.58	4.86	0.42	273.52	2024年6月10日	实收本年往月
4	王B	居民	2023年11月1日	66.88	0.90	2.56	1.13	0.13	71.60	2024年6月5日	实收往年
5	××市政管理处(路灯用电)	非居民	2023年10月1日	125.40	2.02	5.78	2.54	0.29	136.03		往年未收
7	××养殖场	农业生产用电	2024年3月1日	4790.70	14.62	41.76	18.37	2.09	4867.54	2024年6月14日	实收本年往月

表4-18 ××年××月止应、实、未收电费动态情况表

统计单位：××公司　　　　统计时间：20××××

电费项目	应收				实收					总欠电费				
	小计	往年旧欠	本年往月电费	本月电费	小计	往年旧欠	本年往月电费	本月电费	实收已核销的	合计	往年旧欠	本年往月欠费	本月欠费	本月核销
栏次	1.	2.	3.	4.	5.	6.	7.	8.	9.	10.	11.	12.	13.	14.
电费总额														
一、销售收入														
1. 目录电费														
2. 电铁还贷														
二、××基金														
三、电力建设														
四、城市附加														
五、农网还贷														
六、库区移民														
七、差别电价														
八、再生能源														
九、农网维护														
十、移民扶持														
十一、同价均摊														
十二、代收维护														
十三、城乡电网建设资金														
十四、水利基金														
十五、惩罚电价														
十六、其他														
主管：××	审核：××				制表：制表人									

表4-19　给定电费数据与××年××月止应、实、未收电费动态情况表比应关系

××年××月止应收、实收、未收电费动态情况表	2024年05月止电费回收情况表
电价类别竖列	电价类别横列
应收小计(按计费时间:=往年旧欠+本年往月电费+本月电费)	有收费时间行的客户+无收费时间行的客户即所有客户电费合计
实收小计(按计费时间:=往年旧欠+本年往月电费+本月电费+实收已核销的)	有收费时间行的客户
总欠电费合计(按计费时间:=往年旧欠+本年往月欠费+本月欠费+本月核销)	无收费时间行的客户

(二)编制要求及规范

(1)利用电费数据，实现应收、未收、实收平衡，即应收等于实收与未收之和。

(2)报表填制规范、完整，涉及公司用“××”代替，统计时间年为四位数、月份为两位数，例如202405。

(3)应收、未收、实收平衡表中所有的数据均四舍五入保留两位小数，“零”值填写“不填”。

注意事项

计费时间为抄表例日1日，即为上月电费发行时间；电费回收考核节点为每月15日考核1日发行的上月电费。

(三)计算方法

一、销售收入=1.目录电费+2.电铁还贷

电费总额竖列=一、销售收入+二、××基金+三、电力建设+四、城市附加+五、农网还贷+六、库区移民+七、差别电价+八、再生能源+九、农网维护+十、移民扶持+十一、同价均摊+十二、代收维护+十三、城乡电网建设资金+十四、水利基金+十五、惩罚电价+十六、其他，同时电费总额横行即应收小计=实收小计+总欠费合计，如不相等，则统计有误。

应收小计1=往年旧欠2+本年往月电费3+本月电费4

实收小计5=往年旧欠6+本年往月电费7+本月电费8+实收已核销的9

总欠费合计10=往年旧欠11+本年往月欠费12+本月欠费13+本月核销14

三、典型案例分析

按表4-17电费项目应收、实收、总欠电费和时间节点，及电价分类逐一进行统计，填入表4-18对应表格内。

统计步骤如下：

（一）应收

应收是指在规定扎账的时间节点，所有实收和未收的合计，即给定的表4-17的合计。

1. 往年旧欠

王B+××市政管理处（路灯用电）见表4-17已给定数据，统计结果见表4-20第2栏竖列数据。

一、销售收入=1.目录电费+2.电铁还贷=66.88+125.40=192.28

五、农网还贷=2.56+5.78=8.34

六、库区移民=1.13+2.54=3.67

八、再生能源=0.13+0.29=0.42

十四、水利基金=0.90+2.02=2.92

电费总额2竖列=192.28+8.34+3.67+0.42+2.92=207.63与王B和××市政管理处（路灯用电）的合计电费=71.60+136.03=207.63相等，否则统计有误。

2. 本年往月电费

吴A+××养殖场+××大酒店见表4-17已给定数据，按1往年旧欠的统计方法统计竖列各项目，统计结果见表4-20第3栏竖列数据。

一、销售收入=1.目录电费+ 2.电铁还贷=218.15+4790.70+1789.31=6798.16

五、农网还贷=32.56+34.58+41.76=108.90

六、库区移民=14.69+4.86+18.37=37.92

八、再生能源=27.58+0.42+2.09=30.09

十四、水利基金=11.55+15.51+14.62=41.68

电费总额3竖列=6798.16+108.90+37.92+30.09+41.68=7016.75与吴A、××养殖场、××大酒店合计电费=1875.69+273.52+4867.54=7016.75相等。

3. 本年电费

××汽车修理厂见表4-17已给定数据，按1往年旧欠的统计方法统计竖列各项目，统计结果见表4-20第4栏竖列数据。

表 4-20　2024 年 05 月止应、实、未收电费动态情况表

统计单位：××公司　　　　统计时间：202405

电费项目	应收				实收					总欠电费				
	小计	往年旧欠	本年往月电费	本月电费	小计	往年旧欠	本年往月电费	本月电费	实收已核销的	合计	往年旧欠	本年往月欠费	本月欠费	本月核销
栏次	1.	2.	3.	4.	5.	6.	7.	8.	9.	10.	11.	12.	13.	14.
电费总额	14174.44	207.63	7016.75	6950.06	5212.66	71.60	5141.06			8961.78	136.03	1875.69	6950.06	
一、销售收入	13483.45	192.28	6798.16	6493.01	5075.73	66.88	5008.85			8407.72	125.40	1789.31	6493.01	
1. 目录电费	13483.45	192.28	6798.16	6493.01	5075.73	66.88	5008.85			8407.72	125.40	1789.31	6493.01	
2. 电铁还贷														
二、××基金														
三、电力建设														
四、城市附加														
五、农网还贷	285.36	8.34	108.90	168.12	78.90	2.56	76.34			206.46	5.78	32.56	168.12	
六、库区移民	112.90	3.67	37.92	71.31	24.36	1.13	23.23			88.54	2.54	14.69	71.31	
七、差别电价														
八、再生能源	189.92	0.42	30.09	159.41	2.64	0.13	2.51			187.28	0.29	27.58	159.41	
九、农网维护														
十、移民扶持														
十一、同价均摊														
十二、代收维护														
十三、城乡电网建设资金														
十四、水利基金	102.81	2.92	41.68	58.21	31.03	0.90	30.13			71.78	2.02	11.55	58.21	
十五、惩罚电价														
十六、其他														

主管：××　　　　审核：××　　　　制表：制表人

一、销售收入=1.目录电费+ 2.电铁还贷=6493.01

五、农网还贷=168.12

六、库区移民=71.31

八、再生能源=159.41

十四、水利基金=58.21

电费总额4竖列=6493.01+168.12+71.31+159.41+58.21=6950.06与××汽车修理厂合计电费=6950.06相等。

4. 小计

小计1栏横行相加：1=2+3+4

电费总额1竖列=207.63+7016.75+6950.06=14174.44

一、销售收入=192.28+6798.16+6493.01=13483.45

五、农网还贷=8.34+108.90+168.12=285.36

六、库区移民=3.67+37.92+71.31=112.90

八、再生能源=0.42+30.09+159.41=189.92

十四、水利基金=2.92+41.68+58.21=102.81

验证竖列相加：13483.45+285.36+112.90+189.92+102.81=14174.44与横行相加：207.63+7016.75+6950.06=14174.44相等。

（二）实收

表4-17中有收费时间的是实收，按照统计应收的方法，逐一统计并验证。

往年旧欠：王B各项电费见表4-20第6栏竖列数据。

本年往月电费：吴A+××养殖场见表4-20第7栏竖列数据。

本月电费：第8栏竖列数据，无。

实收已核销的：9栏竖列数据，无。

小计表4-20第5栏竖列相加：5075.73+78.90+24.36+2.64+31.03=5212.66与横行相加5=6+7+8+9=71.60+5141.06=5212.66相等。

（三）总欠电费

表4-17中无收费时间的是未收，按照统计应收的方法，逐一统计并验证。

往年旧欠：××市政管理处（路灯用电）见表4-20第11栏竖列数据。

本年往月欠：××大酒店见表4-20第12栏竖列数据。

本月欠费：××汽车修理厂见表4-20第13栏竖列数据。

本月核销：见表4-20第14栏竖列数据，无。

合计表4-20第10栏竖列相加：8407.72+206.46+88.54+187.28+71.78=8961.78与横行相加10=11+12+13+14=136.03+1875.69+6950.06=8961.78相等。

（四）验证

1小计=5小计+10合计，即电费总额1横行=5212.66+8961.78=14174.44与（二）应收电费总额1竖列=207.63+7016.75+6950.06=14174.44相等，说明统计无误。

四、核销

（一）无收费时间且部分核销

按计费时间将没核销的电费项目填在总欠电费大项对应的时间列，已核销的电费项目填在总欠电费大项对应的核销时间列。（见表4-21和表4-22所列）

表4-21　2024年03月止电费回收情况表

序号	用户名	归集行业	计费时间	目录电费	水利基金	农网还贷资金	库区移民基金	可再生能源附加	合计电费	收费时间	备注
1	××商场	商业用电	2020年3月13日	101.99	3.45	35.60	11.04	33.82	185.90		2024年3月核销除水利基金外的其他电费项目

（二）无收费时间且全部核销

按计费时间将全部核销的电费项目填在对应的核销时间列。（见表4-23和表4-24）

（三）有收费时间且部分核销

按计费时间将没核销的电费项目填在实收大项对应的时间列，已核销的电费项目填在总欠电费大项对应的核销时间列。

表 4-22　2024 年 03 月止应、实、未收电费动态情况表

统计单位：××公司　　　　　　　　　　　　　　　　统计时间：202403

电费项目	应收				实收					总欠电费				
	小计	往年旧欠	本年往月电费	本月电费	小计	往年旧欠	本年往月电费	本月电费	实收已核销的	合计	往年旧欠	本年往月欠费	本月欠费	本月核销
栏次	1.	2.	3.	4.	5.	6.	7.	8.	9.	10.	11.	12.	13.	14.
电费总额	185.90	185.90								185.90	3.45			182.45
一、销售收入	101.99	101.99								101.99				101.99
1. 目录电费	101.99	101.99								101.99				101.99
2. 电铁还贷														
二、××基金														
三、电力建设														
四、城市附加														
五、农网还贷	35.60	35.60								35.60				35.60
六、库区移民	11.04	11.04								11.04				11.04
七、差别电价														
八、再生能源	33.82	33.82								33.82				33.82
九、农网维护														
十、移民扶持														
十一、同价均摊														
十二、代收维护														
十三、城乡电网建设资金														
十四、水利基金	3.45	3.45								3.45	3.45			
十五、惩罚电价														
十六、其他														

主管：××　　　　　　审核：××　　　　　　制表：制表人

表4-23　2024年03月止电费回收情况表

序号	用户名	归集行业	计费时间	目录电费	水利基金	农网还贷资金	库区移民基金	可再生能源附加	合计电费	收费时间	备注
1	××商场	商业用电	2020年3月13日	101.99	3.45	35.60	11.04	33.82	185.90		2024年3月核销所有电费项目

表4-24　2024年03月止应收、实收、未收电费动态情况表

统计单位:××公司　　　　统计时间:202403

电费项目	应收				实收					总欠电费				
	小计	往年旧欠	本年往月电费	本月电费	小计	往年旧欠	本年往月电费	本月电费	实收已核销的	合计	往年旧欠	本年往月欠费	本月欠费	本月核销
栏次	1.	2.	3.	4.	5.	6.	7.	8.	9.	10.	11.	12.	13.	14.
电费总额	185.90	185.90								185.90				185.90
一、销售收入	101.99	101.99								101.99				101.99
1. 目录电费	101.99	101.99								101.99				101.99
2. 电铁还贷														
二、××基金														
三、电力建设														
四、城市附加														
五、农网还贷	35.60	35.60								35.60				35.60
六、库区移民	11.04	11.04								11.04				11.04
七、差别电价														
八、再生能源	33.82	33.82								33.82				33.82
九、农网维护														
十、移民扶持														
十一、同价均摊														
十二、代收维护														
十三、城乡电网建设资金														
十四、水利基金	3.45	3.45								3.45				3.45
十五、惩罚电价														
十六、其他														

主管:××　　　　审核:××　　　　制表:制表人

思考练习

1. 简答题：根据本模块典型案例，请说明为何××汽车修理厂是总欠电费中的本月欠费？

2. 简答题：根据本模块典型案例，请说明统计实收中的本年往月电费7竖列的具体步骤。

3. 案例题：按照给定2024年03月止电费回收情况表（表4-25），请统计2024年03月止应收、实收、未收电费动态情况表。

表4-25　2024年03月止电费回收情况表

序号	用户名	归集行业	计费时间	目录电费	水利基金	农网还贷资金	库区移民基金	可再生能源附加	合计电费	收费时间	备注
1	××商场	商业用电	2020年03月13日	91.99	2.40	24.44	7.58	23.95	150.36	2024年3月10日	2024年3月核销除水利基金外的其他电费项目

扫描二维码·参看答案41

单元二　电力经济指标统计与分析

单元目标

知识目标

1. 能理解电力经济指标统计的概念。
2. 能了解电力经济指标统计的重要性。
3. 能理解电力经济指标统计的规则。
4. 能掌握电力经济指标统计的逻辑关系。

能力目标

1. 能正确填制经营指标分析表。
2. 能正确分析电力经济各项指标。

素质目标

1.提高经营指标管理水平。
2.提高经济安全意识。
3.培养爱岗敬业、忠诚企业、服务社会的职业素质。

模块一　电力经济指标统计

学习导读

重、难点：电力经济指标统计方法。

一、电力经济指标统计概念

经济指标是反映一定社会经济现象数量方面的名称及其数量。

供电企业经济指标主要指电力经营部门在业务运营过程中所制定的各类衡量业务绩效、控制经营风险、提升经营效率的指标体系。该指标体系宗旨在促进电力经营部门业务的持续、高质量、可持续发展，进一步提高企业的整体经营水平，确保企业在市场中的竞争力。

考核供电企业的主要技术经济指标有线损、售电量和利润。

二、电力经济指标统计的重要性

电力经营指标分为两大类：效益类指标和控制类指标。

效益类指标包括收入指标、利润指标、资产回报率指标、经济价值指标等，用于衡量电力经营部门在业务过程中所创造的经济效益。

控制类指标包括供应安全指标、电量平衡指标、成本控制指标、环境保护指标等，用于控制电力经营部门在业务经营过程中的经营风险、确保业务连续性、提高企业的社会责任感。

三、经营指标分析表统计方法

根据给定的某年某月止及相对去年某月止电力销售情况汇总表，填制经营指标分析表。

（一）统计方法

将需要填写的经营指标分析表称为“目标表”（表4-28），将已给定的信息表电力销售情况汇总表称为“已知表”（表4-26和表4-27），直接填在目标表对应的项目内，没给定的数据则需要按照统计规则进行计算并统计。

（二）计算公式

1. 售电量

比去年同期增加（+，–）3=本期1–基期（同期）2

同比增长率（%）4=比去年同期增加（+，–）3÷基期（同期）2×100%

完成年度计划（%）5=截至统计月实际售电量1÷年度计划值（备注栏已知数据）×100%

2. 售电收入

同比8=本期6–基期（同期）7

同比增长率（%）9=同比8÷基期（同期）7×100%

3. 售电到户均价

同比12=本期10–基期（同期）11

同比增长率（%）13=同比12÷基期（同期）11×100%

4. 电量结构

占比（%）15=同年分类电量14÷同年合计总电量14×100%

占比增减18=本期占比15–基期（同期）占比17

售电比例影响均价19=售电收入同比增长8÷本期合计总售电量1×1000

售电结构变化对售电收入的影响（或引起售电收入的变化）20=（基期（同期）分类售电均价11列各类–基期（同期）总售电均价11列总）×该类别占比增减18×本期合计总售电量1÷1000，其中，合计=各大类别合计，一般工商业及其他用电=所含三小类别合计。

四、典型案例分析

【案例一】统计某大工业的各项经营指标（公式中均舍去了栏次数据前的“大工业”字样），计算步骤如下：

1. 售电量

本期1今年4月1与基期（同期）2去年4月2均按照已知表中的数据填写：

比去年同期增加（+，–）3=本期1–基期（同期）2=2999.03–2885.18=113.85

同比增长率（%）4=比去年同期增加（+，–）3÷基期（同期）2×100%=113.85÷2885.18×100%=3.95%（由于增长率已有符号“%”，所以填写数据时不需填“%”，下同）

2. 售电收入

本期今年4月6与基期（同期）去年4月7均按照已知表中的数据填写：

同比8=本期6–基期（同期）7=2321.85–2230.04=91.81

同比增长率（%）9=同比8÷基期（同期）7×100%=91.84÷2230.04×100%=4.12%

3. 售电到户均价

本期今年4月10与基期（同期）去年4月11均按照已知表中的数据填写：

同比12=本期10–基期（同期）11=774.20–772.93=1.27

同比增长率（%）13=同比12÷基期（同期）11×100%=1.27÷772.93×100%=0.16%

4. 电量结构

本期今年4月14与基期（同期）去年4月16均按照已知表中的数据填写：

占比（%）15=同年分类电量14÷同年合计总电量14×100%=2999.03÷30510.30×100%=9.83%

占比（%）17=去年分类电量16÷去年合计总电量16×100%=2885.18÷29452.67×100%=9.80%

占比增减18=本期占比15–基期（同期）占比17=9.83–9.80=0.03（由于此项没带符号“%”，所以在所填数据后面加%，于是该数据填0.03%）

售电比例影响均价19=售电收入同比增长8÷本期合计总售电量1×1000=91.81÷

30510.30×1000=3.01

售电结构变化引起售电收入的变化20=（基期（同期）分类售电均价11列各类-基期（同期）总售电均价11列总）×该类别占比增减18×本期合计总售电量1÷1000=（772.93-659.18）×0.03%×30510.30÷1000=1.04

注意事项

1. 表头的年四位数、月两位数、填报单位、表尾的主管：××、审核：××、均与给定信息表一致；表尾的制表填制表本人姓名。

2. 除电量外，计算结果均为四舍五入保留两位小数，不足两位用“0”补足。

3. 占比增减18填写数据时要加%。

4. 5栏只填合计行，其他为“空”；15栏、17栏、18栏、19栏合计为“空”；已知没有的类别数据，为“空”，比如本示例中的“五、趸售”项没有数据，在电价结构中此类别均为“空”。

5. 当占比15列合计和占比17列合计不等于100时，约定在占比最大的比例上调整，使合计等于100。

（1）先验证一般工商业及其他用电三类合计是否等于总，如不等则调整其三个类别中占比最大的类别，使三类合计等于一般工商业及其他用电。

（2）再验证合计是否等各大类相加的合计，如果不等，则调整比例最大的类别；如果此时一般工商业及其他用电比例最大，调整后还要调整其中三小类中比例最大的类别。

（3）在（表4-28）计算示范中：

①本期占比15栏：9.83＋44.74＋0.02＋45.41＝100，但一般工商业及其他用电比例44.74≠其中三小类合计（2.56＋12.49＋29.68＝44.73），按约定调整其中最大“3. 商业用电”的比例29.68为29.69。

②基期（同期）占比17栏：9.80＋44.15＋0.02＋46.04＝100.01，于是调整最大“四、居民用电”46.04为46.03；再验证“二、一般工商业及其他用电”占比44.15是否等于三小类合计3.02＋11.67＋29.46＝44.15，两者相等，则不需调整。

表 4-26　2024 年 04 月止电力销售情况汇总表

填报单位：××公司　　　　单位：电量/万 kW·h；金额/万元；单价/(元/kkW·h)；容量/万 kVA；需量/万 kW

项目		售电量		售电单价		售电收入	其中：								峰谷品迭累计收入
		本年累计	同比	本年累计	同比	本年累计	电度电费								
			(+,-)%		(+,-)		单价	金额	增加额	减少额	变压器容量	金额	最大需量	金额	
	栏次	1	2	3	4	5	6	7	8	9	10	11	12	13	14
	合计	30510.30	3.59	673.24	14.06	20540.78	636.65	19424.48	18.19	-16.73	6.96	146.39	7.94	238.39	-170.05
	一、大工业	2999.03	3.95	774.20	1.27	2321.85	727.04	2180.41	3.61	-10.36	6.01	127.50	6.82	199.62	-170.05
	二、一般工商业	13650.39	4.98	823.10	35.64	11235.57	775.93	10591.79	14.58	-6.37	0.95	18.89	1.12	38.77	
其中	1. 非、普工业	782.41	-93.98	848.48	61.02	663.86	801.32	626.96	13.85	-4.40	0.10	2.16	0.04	1.26	
	2. 非居民照明	3811.75	10.91	795.14	29.86	3030.86	747.97	2851.09	0.20	-1.07	0.85	16.73	0.33	11.40	
	3. 商业用电	9056.23	4.38	832.67	40.11	7540.85	785.51	7113.74	0.53	-0.90			0.75	26.11	
	三、农业用电	5.29	-11.39	495.27	-10.59	2.62	474.48	2.51							
	四、居民用电	13855.59	2.19	503.82	-8.21	6980.74	479.93	6649.77							
	五、趸售用电														

主管：××　　　　审核：××　　　　制表：××

表4-27　2023年　04月止电力销售情况汇总表

填报单位：××公司

单位：电量/万kW·h；金额/万元；单价/(元/kkW·h)；容量/万kVA；需量/万kW

项目		售电量		售电单价		售电收入	其中：								峰谷品迭累计收入
		本年累计	同比	本年累计	同比	本年累计	电度电费		功率因数调整电费		基本电费				
			(+,-)%		(+,-)		单价	金额	增加额	减少额	变压器容量	金额	最大需量	金额	
栏次		1	2	3	4	5	6	7	8	9	10	11	12	13	14
合计		29452.67	1.37	659.18	-5.03	19414.67	608.70	17927.81	29.59	-17.53	7.82	172.08	6.97	230.14	-106.72
一、大工业		2885.18	-1.00	772.93	59.03	2230.04	585.85	1690.28	12.50	-11.02	7.82	172.08	6.97	230.14	-106.72
四、一般工商业		13002.67	0.46	787.46	-0.92	10239.02	739.50	9615.49	17.09	-6.51					
其中	1. 非、普工业	889.41	-13.42	823.34	8.19	732.29	764.60	680.04	16.29	-5.98					
	2. 非居民照明	3436.88	-0.03	765.28	12.57	2630.19	718.14	2468.17	0.70	-0.52					
	3. 商业用电	8676.38	2.35	792.56	-7.04	6876.54	745.39	6467.28	0.10	-0.01					
三、农业用电		5.97	-24.17	505.86	-2.38	3.02	484.09	2.89							
四、居民用电		13558.85	2.80	512.03	-19.46	6942.59	488.18	6619.15							
五、趸售															

主管：××　　　　审核：××　　　　制表：××

表 4-28　2024 年 04 月份经营指标分析表

填报单位：××公司

单位：电量/万 kW·h；金额/万元；单价/(元/kkW·h)；容量/万 kVA；需量/万 kW

	项目	售电量					售电收入				售电到户均价			
		今年4月	去年4月	比去年同期增加(+,-)	同比增长率	完成年度计划%	今年4月	去年4月	同比	同比增长率	今4月	去年4月	同比	同比增长率
					(+,-)%				(+,-)	(+,-)%			(+,-)	(+,-)%
	栏次	1	2	3(1-2)	4	5(1合计/计划*100)	6	7	8(6-7)	9(8/7*100)	10	11	12	13(12/11*100)
	合计	30510.30	29452.67	1057.63	3.59	30.51	20540.78	19414.67	1126.11	5.80	673.24	659.18	14.06	2.13
	一、大工业	2999.03	2885.18	113.85	3.95		2321.85	2230.04	91.81	4.12	774.20	772.93	1.27	0.16
	二、一般工商业及其他用电	13650.39	13002.67	647.72	4.98		11235.57	10239.02	996.55	9.73	823.10	787.46	35.64	4.53
其中	1. 非、普工业	782.41	889.41	-107.00	-12.03		663.86	732.29	-68.43	-9.34	848.48	823.34	25.14	3.05
	2. 非居民照明	3811.75	3436.88	374.87	10.91		3030.86	2630.19	400.67	15.23	795.14	765.28	29.86	3.90
	3. 商业用电	9056.23	8676.38	379.85	4.38		7540.85	6876.54	664.31	9.66	832.67	792.56	40.11	5.06
	三、农业用电	5.29	5.97	-0.68	-11.39		2.62	3.02	-0.40	-13.25	495.27	505.86	-10.59	-2.09
	四、居民用电	13855.59	13558.85	296.74	2.19		6980.74	6942.59	38.15	0.55	503.82	512.03	-8.21	-1.60
	五、趸售													

续表

项目		电量结构					售电比例影响均价	售电结构变化引起售电收入的变化	备注
		今年4月	占比(%)	去年4月	占比(%)	占比增减			
栏次		14	15(14各类别电量/14合计*100)	16	17(同15)	18(15-17)如果没有%,则每个数据后都要加%	19(8各类别/1合计*1000)	20((11各类别-11合计)*18对应类别*1合计/1000)	已知数据： 1. 2024年度售电量计划100000万kW·h; 2. 因国家电价调整4月增加收入206.12万元； 3. 月该单位停电总条次11条，损失电量20万kW·h
合计		30510.30		29452.67				41.74	
其中	一、大工业	2999.03	9.83	2885.18	9.80	0.03%	3.01	1.04	
其中	二、一般工商业及其他用电	13650.39	44.74	13002.67	44.15	0.59%	32.66	12.86	
其中	1. 非、普工业	782.41	2.56	889.41	3.02	-0.46%	-2.24	-23.04	
其中	2. 非居民照明	3811.75	12.49	3436.88	11.67	0.82%	13.13	26.54	
其中	3. 商业用电	9056.23	29.69	8676.38	29.46	0.23%	21.77	9.36	
其中	三、农业用电	5.29	0.02	5.97	0.02	0.00%	-0.01	0.00	
其中	四、居民用电	13855.59	45.41	13558.85	46.03	-0.62%	1.25	27.84	
其中	五、趸售								

思考练习

1. 简答题：售电结构变化引起售电收入的变化20=（各类别11–合计11）×对应类别18×合计1÷1000，请问公式中的1000的含义。

2. 简答题：请计算示例中售电比例影响一般工商业及其他用电均价。

3. 简答题：一般工商业及其他用电的售电到户均价怎么计算？

扫描二维码·参看答案42

模块二　经济指标分析与报告填写

学习导读

重点：电力经济指标分析内容。
难点：电力经济指标报告填写。

一、经济指标分析与报告数据来源

经济指标分析与报告数据来源于模块一电力经营指标统计，已统计完成的2024年04月份经营指标分析表见表4-28所列。

二、计算公式

累计售电量增减引起的增减收入=累计增减的售电量×本期售电均价÷1000

累计售电量增减对售电收入的贡献率=累计售电量增减引起的增减收入÷（本期售电收入–基期（同期）售电收入）×100

累计售电均价增减引起的增减收入=基期（同期）累计电量×售电均价增减值÷1000

累计售电均价增长对售电收入增长贡献率=累计售电均价增减引起的增减收入÷（本期售电收入–基期（同期）售电收入）×100

三、填写分析与报告

按照分析与报告的格式，根据2024年04月份经营指标分析表，按计算规则进行计算后填写。参考如下：

××供电公司2024年4月经营指标分析与报告

一、指标完成情况

1. 售电量完成情况

2024年04月止完成售电量30510.30万kW·h，同比增加：1057.63万kW·h，同比增长：3.59%。

2024年4月完成上级下达售电量2024年度计划指标100000.00万kW·h的：30.51%。

2. 售电收入完成情况

2024年04月止完成售电收入20540.78万元，同比增长5.80%，扣除政策性因素的影响，同比所减少的收入206.12万元，完成实际售电收入20334.66万元，同比增长4.74%。

3. 售电均价完成情况

2024年04月完成售电均价673.24元/kkW·h，同比增长14.06元/kkW·h，同比增长2.13%。

二、售电量完成情况简析

1. 按用电类别分析

2024年04月售电量同比增长最快的是非居民照明，同比增长：10.91%，原因是：城市建设路灯用电、新建医院和政府办公楼用电等迅速增长；同比下降幅度最大的用电类别是农业用电，减少率为：11.39%，原因是：雨水较多，储水量充足，不需要抽水、洒水、浇灌等，自然雨水能充分满足农业生产用电。

2. 停电及拉闸限电损失电量

2024年04月全局停电总条次11条，损失电量万20万kW·h。

三、售电收入完成情况简析

（1）2024年04月售电量增加1057.63万kW·h，增加收入712.04万元。售电量增减对售电收入的贡献率63.23%。

（2）2024年04月售电均价同比增加14.06元/kkW·h，增加收入414.10万元，售电均价增减少对售电收入的贡献率36.77%。

（3）国家电价政策调整使2024年04月增加收入206.12万元。

（4）2024年04月居民生活用电低谷时段下浮优惠减少收入：20.28万元。

四、售电均价完成情况简析

1.分类售电均价完成情况

2024年04月分类售电均价增长幅度最大的用电类别是商业用电；同比提高40.11元/kkW·h。增长的原因：一是商业逐渐恢复正常；二是调整峰平谷时段，将原早高峰1小时、晚高峰7小时，优化调整为早高峰2小时、晚高峰6小时，在1月、7月、8月和12月夏冬两季负荷高峰时期，对专用变压器容量在2000 kVA及以上的大型商业用户，不再参照全省商业用户原分时电价与目录电价平均差额执行平均电价，须执行峰谷分时浮动电价。

2. 影响售电均价的主要原因分析

（1）国家电价政策调整的影响：因国家电价政策调整，04月增加收入206.12万元，使公司售电均价提高6.76元/kkW·h。

（2）执行电价的影响

①基本电费的影响：04月累计基本电费为384.78万元，比去年同期减少17.44万元，降低售电均价0.57元/kkW·h。

②功率因数调整电费的影响：04月累计功率因数调整电费为1.46万元，比去年同期减少10.60万元，提高（降低）售电均价0.35元/kkW·h。

③执行峰谷电价的影响：04月峰谷电价品迭电费收入为−170.05万元，比去年同期减少63.33万元，降低售电均价2.08元/kkW·h。

（3）售电结构变化的影响

各分类电量所占比例较去年同期增加的有大工业、非居民用电、商业用电，减少的有非、普工业、居民用电。由于各分类电量结构的变化，与去年同期售电结构相比增加电费收入41.74万元，使售电均价提高1.37元/kkW·h。

五、措施与建议

（1）加快业扩工程内部工作进度，促使新用户尽快投运用电。

（2）争取政府的理解和支持，共同倡导企业客户调整生产计划，鼓励企业客户错峰用电，低谷时段多用电，积极配合实施电力供需平衡方案。

（3）加强计量外校和抄表管理，提高采集成功率，加大费控购电协议及监控管理。

（4）加大用电检查工作，减少发生因计量不准、抄表不到位、窃电等造成电量损失，最大限度保障电费的及时准确收回。

（5）进一步加强停送电管理，科学安排检修工作，缩小停电范围，减少停电时间。

（6）推进工商业客户全部进入电力市场。

思考练习

1.简答题：请计算除政策性因素的影响外实际到户均价。

2.简答题：按现行电价政策和电力体制改革，说明影响到户电价降低的原因。

3.简答题：如何计算完成年度计划（%）5?

扫描二维码·参看答案43

模块三　费控管理

学习导读

重点：费控的推行与实施。

难点：费控管理。

为全面落实国网公司要求，进一步规范客户费控购电管理，更好地实现通过技术手段严控电费风险的目的，四川省电力公司严格执行费控购电制。公司立足于电力营销信息系统开展费控工作，这对于降低电费回收风险，促进经济持续稳定发展有着重要积极作用。实际费控工作的开展中，费控工作人员依托于电力营销信息系统相关功能，对客户每日电量数据进行采集，对费控金额进行测算，通过测算结果进行基准比较，生成对应的预收代扣、预警、提醒、停电、复电等策略实现业务之间的贯通。

一、适用范围

所有电网企业的用电客户，均应按要求执行费控制。

二、费控测算规则

（一）测算电价

在电力营销信息系统中，根据每日电量数据，结合该户对应电价进行费控测算。商业测算（市场化）：测算周期内，市场化交易客户每日按优先级规则（优先等级为：协议电价＞特殊交易品种均价＞常规直购均价＞代理购电均价）进行测算。

（1）代理购电用户：取每月发布的代理购电价，结合采集推送的电量数据进行电费测算；

（2）常规直购市场化用户：取每月发布的常规直购交易均价，结合采集推送的电量数据进行电费测算；

（3）特殊品种市场化用户：优先取协议电价结合采集推送的电量数据进行电费测算，若无协议电价，则取特殊品种交易均价。

（二）业务场景

暂停（暂停恢复）、减容（减容恢复）、增容：按变更前后分段计算电量电费，具体分段计算规则见表4-29所列。

表4-29 分段计算规则

业务场景	测算电价	变损电量	基本电费	功率因数标准
两部制用户暂停(暂停恢复、减容、减容恢复)后,仍为两部制用户	未变化	前后折天计算	前后折天计算	未变化
两部制用户增容后,仍为两部制用户	未变化	前后折天计算	前后折天计算	未变化
两部制用户暂停(减容)后,变更为单一制用户	变化	前后折天计算	前:折天计算 后:不计算	前:0.9 后:0.9(160 kVA以上) 0.85(160 kVA及以下)
单一制用户暂停恢复(减容恢复、增容)后,变更为两部制用户	变化	前后折天计算	前:不计算 后:折天计算	前:0.9(160 kVA以上) 0.85(160 kVA及以下) 后:0.9
单一制用户暂停恢复(减容恢复、增容)后,仍为单一制用户	未变化	前后折天计算	不计算	前:0.9(160 kVA以上) 0.85(160 kVA及以下) 后:0.9(160 kVA以上) 0.85(160 kVA及以下)

（三）其他计费场景下费控测算，测算规则见表4-30所列。

表4-30　费控测算规则

典型场景	测算变化
商业测算(市场化)	市场化用户取工商业测算电价进行费控测算，按市场化类型选择不同均价进行测算
居民阶梯跨月	测算电费时，用户未发行电费跨月，跨月部分电量应按新阶梯额度来计算电费
换表	居民阶梯用户换表，按户进行阶梯分档计算
基本电费跨月	按实际使用天数来测算基本电费，基本电费跨月＝整月基本电费＋跨月基本电费
变损跨月	按实际使用天数计算，以抄表例日为界，分段计算，变损跨月＝整月变损＋跨月变损
线损跨月	按实际使用天数计算，以抄表例日为界，分段计算，线损跨月＝整月线损＋跨月线损
两部制改单一制变更	按变更前后分段计算不同用电性质电价电费，基本电费按天折算
暂停(暂停恢复)、增容、减容(减容恢复)	客户发生变更后，变损电量、线损电量、基本电费等能够按变更前(变更日—例日)、变更后(测算日—变更日)折天计算

三、费控预警管理

根据系统测算的当前剩余可用余额与预警阈值比对，基准比较后，若剩余可用余额触发提醒或预警条件，则自动发送相应短信通知，确保及时响应。另外，费控监测工作人员可通过电力营销信息系统中费控用户电费测算，对重要用户余额进行监测，可查看客户当前测算电量、测算电费及可用余额等信息，通过与该户预警阈值比对，及时通知客户购电。根据用户分类不同，预警阈值各不相同，四川电网低压居民用户可通过网上国网App进行信息订阅，自主选择预警阈值。高压用户预警阈值根据用户用电情况设定。

四、停电管理

跳闸阈值一般按0度电量设置，特殊情况经过必要的批准程序，可与客户协商确定。

停电管理主要分为物联预警策略执行、特殊停复电、欠费停电三大类。

（一）物联预警策略执行

物联预警策略主要针对费控用户根据测算的可用余额与用户设置的阈值进行比较，生成对应的策略信息（提醒、预警、取消预警、停电、复电）。为适应新供电营业规则相关业务条款调整，远程费控物联策略预警执行流程也进行相应修改，一是增加判断条件，短信发送成功且回执状态为“成功”，用户校验回执成功时间是否满足30分钟限制；二是预警2次后才能对用户进行停电。

1. 低压停电申请

“预警当日停电”模式，预警通知发送当天可以申请停电；“预警次日停电”模式，预警通知发送第二天至第四天（默认T-3至T-1，可选择，但不能超过当前区间）可以申请停电。

2. 高压停电申请

“高压预警当日停电”模式，高压催收高风险非集团用户可以申请停电；“高压预警次日停电”模式，高压非催收高风险非集团用户可以申请停电。高压停电流程审批完成后，系统自动发送停电前半小时短信。等待半小时后，可下发停电指令。

3. 集团用户停电申请

“集团预警当日停电”模式，集团费控用户维护“可停电标记”可以申请停电，集团停电申请只有预警次日停电。

（二）特殊停复电

特殊停电主要内容：政策性、无欠费、违约、窃电、安全隐患、小区新装、法院判决强制执行、政府强制执行、补发停电的停电申请用户，特殊用户停电可当日停电；特殊复电针对特殊停电用户发送推送复电流程。

（三）欠费停电

欠费停电主要针对后付费用户，停电的客户必须是发行之日起，欠费超过N日仍未结清的客户（增加查询条件可支持台区经理选择N日，支持分用户类型选择）。可根据客户实际情况及电费回收工作要求，确定客户停电方式为审批停电或是自动停电。自动停电任务实施须满足条件：一是用户未纳入保电任务；二是短信回执确认成功。自动停电的范畴，需剔除集团户、特定保护用户（如独居老者、重要设备持有者、医疗设施用户）及党政军等白名单客户。

五、费控监测管理

（一）采集管理

在费控监测管理工作中，采集数据的准确完整推送、系统测算电费的准确是费控工作的基础。采集运维人员负责用电客户抄表数据采集的完整性和准确性，采集的用电数据通过采集系统推送至电力营销信息系统。台区经理也可在电力营销信息系统监测每日客户采集数据及其对应的费控测算数据。若出现采集数据异常、缺失等，可由采集运维人员通过重新推送采集数据、下派工单至掌机处理等方式处理。若采集运维人员通过掌机现场抄录客户用电数据，则需将抄录回的用电数据上传至采集系统，采集系统将同步推送至电力营销信息系统，进而完成客户正常费控测算。

（二）费控异常管理

费控异常管理是费控监测管理中的核心。费控异常分类有档案异常、测算异常、账务处理异常、收费异常。

1. 费控异常分类

（1）档案异常：主要为用户基础档案信息异常，造成费控异常，包括客户计量计费档案信息、停复电类物联策略信息、联系方式及集团策略信息等。这就要求业务人员在费控管理工作中做好事前管控，全面精准设置用户档案参数基础信息等，为后续费控工作打好基础。

（2）测算异常：测算异常引起的原因较多，主要为线损变损电量异常、电量电费波动异常、采集示数异常、供电单位异常等。生成异常后，需要进行深入分析核实再做处理。

（3）账务异常：账务异常分为停复电异常、业务执行异常两类。主要异常情况为各类停电指令、停电状态异常及停复电规范性、时限性异常。

（4）收费异常：主要有应收、实收欠费异常。

2. 费控异常处理

（1）异常派单

对于费控异常用户，若异常属实，且需整改处理，则可勾选该项异常记录。在电费异常处理分类中选择异常派单，然后工单派发，该笔异常派发至对应台区经理账户进行下一环节处理、消缺。

（2）设为正常

针对监测到的用户，若经核实无异常，则可勾选该项异常记录，在电费异常处理分类中选择设为正常，然后过滤名单，该笔异常即完成消缺。

六、电费结算协议

按照新版《供电营业规则》及当下费控工作的新形势，国网营销部对电费结算协议出台了新的要求。四川省电力公司结合自身实际情况，要求自2024年9月起，全面启用新版电费结算协议。

（一）适用范围

新版电费结算协议适用于所有用电客户，主要包括两方协议和三方协议两类使用场景。《电费结算协议（两方）》适用于用电人承担电费支付业务并接收供电人开具发票的情形；《电费结算协议（三方）》适用于物业、商铺、厂房（园区）租赁、能源托管、集团总部付款等合同用电人与实际付款人不一致，且用电人申请供电人向付款人开具发票的情形。

（二）签订要求

自2024年9月起，对新装、更名、过户等涉及用电主题变更的业务，在签订供用电合同时，需同步完成电费结算协议签订或变更。当用电人或付款人主体、缴费方式等内容变更时，需要重新签订《电费结算协议》，签订完成后同步上传至电力营销信息系统。

（三）电费结算协议填写相关事项

1. 缴费方式

用电人根据用电情况，采用智能缴费、单次缴费、分次（划拨）缴费、分次结算方式支付电费，以上方式四选一，一般费控用户默认选“智能缴费”，确定方式后其他方式删除。

2. 支付方式

网上国网“95598网站”为供电人官方线上服务渠道，用电人可通过该渠道支付电费；用电人选择通过银行对公转账、代扣（托收）方式，向供电人支付电费，按照双方协商一致原则选择电费支付方式，若客户无银行对公转账、代扣需求，可不选择，未选择的方式可删除。建议主要通过银行对公转账方式。支付宝平台支持代扣（主要对象为低压居民用户），用电人需要在支付宝平台签订代扣协议。

3. 发票获取

（1）两方协议：用电人结清电费后，供电人按电费账单金额向用电人开具电费发票，开票信息以协议签署页相关信息为准；用电人为集团用户的，默认按“电费总金额合并开票”，也可选择按照“用户编号”开票；低压用户默认通过“网上国网App下载电子发票”获取，高压用户默认通过“邮箱订阅电子发票”，用户也可以通过“短信”方式获取（客户接收到的短信为发票的下载链接），也可以多选。

（2）三方协议：付款人结清电费后，供电人按电费账单金额向付款人、用电人开具电费发票，开票信息以协议签署页相关信息为准；用电人为集团用户的，默认按“电费总金额合并开票”，也可选择按照“用户编号”开票；低压用户默认通过“网上国网App下载电子发票”获取，高压用户默认通过“邮箱订阅电子发票”。用户也可通过“短信”方式获取，也可多选。

4. 工作联络

用电人选择“网上国网”App、95598网站、微信公众号、手机短信、电子邮箱渠道（最多选3个）获取电费账单、缴费提醒通知、停电通知等信息。供电人应通过上述渠道及时提供相关信息；供电人、用电人分别指定专人负责电费结算有关工作联络。用电人应确保提供的联系方式真实、准确，联系人、联系方式发生变化的，应及时告知供电人。供电人通过用电人提供的联系方式无法及时告知有关事项的，引起的后果由用电人承担。

5. 协议解除

双方可按以下约定解除本协议。协议解除不影响协议既有债权、债务的处理：

（1）供电人与用电人签订的供用电合同解除（包含销户）的，债务关系清算后，任何一方可解除本协议。

（2）供电人、用电人任何一方认为有必要解除本协议的，经本协议其他方同意并结清债务的，可以解除本协议。

（3）出现法律法规规定的可解除协议的其他情形的，按照法律法规的规定解除协议。

在协议未解除的情况下，用电人未通知供电人私自过户或私自变更付款责任人，协议存续期间发生的电费债务及违约责任的，供电人可继续向本协议用电人追偿。

6. 其他事项

供电人应当根据用电人需要，提供国家电价政策、市场交易规则以及电量电费账单解释服务。用电人不得以对国家电价政策、市场交易规则有异议为由拒交或拖欠电费。用电人对用电计量有异议时，有权向供电人提出校验申请，在申请验表期间应当按期支付电费，然后双方协商解决。

用电人违反本协议约定拖欠电费的，供电人可根据国家及地方有关规定，对违约行为进行信息披露或失信评价。

用电人支付电费不足以抵扣全部应交电费的，用电人应明确冲抵的电费及违约金的月份，用电人未明确的，供电人默认按电费及违约金产生时间先后顺序冲抵。

协议签署后，如供电人、用电人需要对本协议有关约定内容进行变更的，可按以下原则处理：

（1）用电人需要变更支付方式的，以用电人办理相关业务的单据为准；如用电人私自变更支付方式，造成未按时支付电费的，供电人需承担《电费结算协议》中规定的违约责任。

（2）用电人需要变更缴费方式、工作联络人的，可通过供电人提供的线上、线下渠道办理变更手续，经供电人同意后，完成相关变更业务，业务办理凭证作为协议事项变更的依据。

（3）供电人、用电人需要变更本协议其他约定事项的，双方重新协商签订《电费结算协议》。

用电人不得利用电费参与洗钱等违法犯罪行为。用电人因使用非供电人官方收费渠道或非指定的代收渠道缴费造成的资金损失和法律责任，由用电人承担。

本协议自双方法定代表人或其授权代表签字（协议主体为自然人时，由其本人签字），并加盖公章或合同专用章（含电子签章；协议主体为自然人时，由其本人按指印）后生效。

思一思

电力相关报表统计与分析的重要性？

电力相关报表统计与分析对电力企业经营起着至关重要的作用，是电力行业工作的重要组成部分，是保障电力行业运行和发展的关键，并具有重要意义和广泛的应用范围。通过对电力相关报表的统计与分析，可以发现问题、预测趋势，更好地促进电力行业的发展，提高电力行业的效率和竞争力，为经济社会的可持续发展做出积极贡献。电力相关报表统计与分析工作在未来电力的发展中将扮演着重要的角色，电力工作人员需要不断适应新的挑战和发展方向，加强电力相关报表统计与分析工作，提高数据统计的准确性和完善性，为推动电力行业的发展贡献力量。

思考练习

1. 简答题：怎样设置跳闸阈值？
2. 简答题：怎样设置电量报警阈值？
3. 简答题：签订《电费结算协议》的基本要求有哪些？

扫描二维码·参看答案44

参 考 文 献

[1]《〈供电营业规则〉释义》编委会.《供电营业规则》释义[M]. 北京：中国电力出版社，2024.

[2] 国网能源研究院有限公司.电力价格简明知识[M]. 北京：中国电力出版社，2024.

[3] 彭娟娟，沈鸿. 抄表核算收费业务知识问答[M]. 北京：中国电力出版社，2022.

[4] 国家电网有限公司. 国家电网有限公司技能人员专业培训教材电费核算账务[M]. 北京：中国电力出版社，2022.

[5] 国网四川省电力公司营销部，国网四川省电力公司技能培训中心组. 电力营销稽查典型案例分析[M].北京：中国电力出版社，2021.